电 工 实 训 教 程

主　编　王小宇
副主编　文秀海　王元利　卞金玉
参　编　胡同礼　司忠志　王　果　胡成志
主　审　李吉彪

机 械 工 业 出 版 社

本书突出了电气工程实践知识和技能训练，内容新颖、实用。本书主要内容有电工实训基础知识、安全用电常识、电工基本操作技能、楼宇配电线路的安装、常用照明线路的安装、常用低压电器及其应用、低压成套设备的安装与调试、三相异步电动机的拆装与检修、可编程序控制器和变频器的使用。

　　本书可作为高职高专、成人高校电工类专业的实训教程，也可作为职业教育、职工培训教材，或供其他从事电气操作与维修的工程技术人员使用参考。

图书在版编目（CIP）数据

电工实训教程 / 王小宇主编 .—北京：机械工业出版社，2013.7
（2015.1 重印）
　ISBN 978-7-111-42668-4

　Ⅰ.①电…　Ⅱ.①王…　Ⅲ.①电工技术 – 教材　Ⅳ.①TM

中国版本图书馆 CIP 数据核字（2013）第 138235 号

机械工业出版社（北京市百万庄大街 22 号　邮政编码 100037）
策划编辑：付承桂　责任编辑：任　鑫
版式设计：霍永明　责任校对：张　媛
封面设计：赵颖喆　责任印制：乔　宇
北京机工印刷厂印刷（三河市南杨庄国丰装订厂装订）
2015 年 1 月第 1 版第 3 次印刷
184mm×260mm · 16.25 印张 · 398 千字
标准书号：ISBN 978-7-111-42668-4
定价：39.80 元

凡购本书，如有缺页、倒页、脱页，由本社发行部调换
电话服务　　　　　　　　　　网络服务
社 服 务 中 心：(010) 88361066　教 材 网：http：//www.cmpedu.com
销 售 一 部：(010) 68326294　机工官网：http：//www.cmpbook.com
销 售 二 部：(010) 88379649　机工官博：http：//weibo.com/cmp1952
读者购书热线：(010) 88379203　**封面无防伪标均为盗版**

前　言

　　实践性教学在高职高专人才培养工作中占有重要的地位，为了解决广大企事业单位对高素质工程应用型人才的迫切需求，也为了培养出合格的工程性应用人才，各高等工科院校在实践教学环节的内容和方法等诸多方面进行了深化改革。其中建设具有特色鲜明的综合性和工程性的校内电工实训基地已成为工科院校的办学特色。此外，教材建设也是培养高素质人才的最基本保障条件之一。

　　本书从企事业单位对人才需求类型的实际出发，参考中级维修电工岗位考试的部分内容和要求，结合我校开设的电工实训项目的实际情况，在全书的内容上注重职业岗位能力培养和职业技能训练，使学生了解电工基本知识，并运用基本知识训练基本技能。本书着力解决在后续专业课程及在生产、生活中电气应用方面的基本技能操作，并通过实训使学生到企业后能解决电气工程中的实际问题，缩短企业的生产一线应用型人才的培养周期。

　　本教程主要有以下三个特色：

　　1）基础性强，充分强调基本技能，在内容上多靠近企业生产所必需的基本工艺与基本技能。

　　2）实用性强，将当前电工行业中广泛应用的新知识、新技术、新工艺和新方法融入教程，增强了本书的可读性和可适用性。

　　3）全面性强，内容涉及生活和生产中的知识，具有基础性宽、针对性强和适用面广的特点。

　　全书共分9章，主要内容包括电工实训基础知识、安全用电常识、电工基本操作技能、楼宇配电线路的安装、常用照明线路的安装、常用低压电器及其应用、低压成套设备的安装与调试、三相异步电动机的拆装与检修、可编程序控制器和变频器的使用。

　　本书由王小宇任主编，文秀海、王元利、卞金玉任副主编，胡同礼、司忠志、王果、胡成志参编，其中，河南机电高等专科学校的文秀海编写第1章和第8章的8.1～8.3节，胡同礼编写第3章，司忠志编写第4章，王果编写第5章，王小宇编写第6、7章，卞金玉编写第8章的8.4～8.8节，王元利编写第8章的8.9节、第9章及附录；新乡市热力有限责任公司的胡成志编写第2章。全书由李吉彪教授审阅，王小宇统稿。

　　本书在编写过程中，借鉴参考了部分院校电工实训课程的教学经验和内容以及实训教材，并得到校内专业课教师和企业的工程技术人员的大力帮助，在此表示衷心的感谢。

　　随着电工技术的不断发展，技术和工艺更新很快，同时也由于编者学识水平有限，加之编写时间仓促，书中难免有错误和不妥之处，请广大读者提出宝贵意见，以便修订时进行修改，使之更加完善。

编　者

目 录

第1章　电工实训基础知识

本章讲述电工实训的基础知识，为电工技能实训奠定基础。首先简要说明电力系统供配电的基本知识，然后讲述常用电工材料的组成和选用以及电工工具的使用，使学生了解电力系统的基本供配电知识 、电工材料的区分、各种电工工具的用途和使用方法等。

1.1　供配电系统基本知识

供配电技术主要是研究电力的供应和分配问题。电力是现代工业生产的主要动力和能源，是现代文明的物质技术基础。今天我们已步入一个电气化时代，电如同我们每天呼吸的空气一样与我们形影不离，无时无刻不在影响着我们的工作和生活。现在，电的使用已渗透到了社会生产的各个领域和人类生活的各个方面，离开了电，人类的一切活动都将难以正常进行。因此，供配电工作要很好地为工业生产和国民经济服务，切实保证工业生产和整个国民经济生活的需要，切实做到安全、可靠、优质、经济供电。

1.1.1　电力系统

由发电厂、变电所和电力用户联系起来组成发电、输电、变电、配电和用电的整体称为电力系统，如图 1-1 所示。发电机输出电压为 3.15～26kV。为了提高输电效率并减少输电线路上的损耗，通常都利用升压变压器将电压升高后经高压输电线路进行远距离输电。目前我国高压输电线路的电压有 35kV、110kV、220kV、330kV、500kV、750kV 等几个等级，输电容量越大，输电距离越远，则输电电压也就越高。高压输电到用户区后，先经过区域降压变电所（工厂总降压变电所）降至 6～10kV 后，送到变配电所。

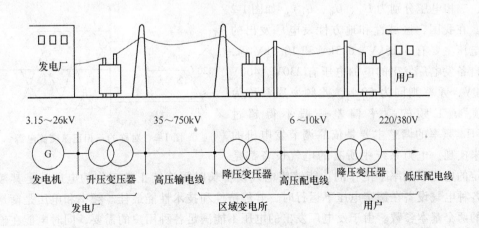

图 1-1　电力系统示意图

1.1.2 发电厂

1. 发电厂类型

（1）火力发电厂

火力发电是利用燃烧燃料（煤、石油及其制品、天然气等）所得到的热能发电。火力发电的发电机组有两种主要形式：利用锅炉产生高温高压蒸汽使汽轮机旋转带动发电机发电，称为汽轮发电机组；燃料进入燃气轮机将热能直接转换为机械能驱动发电机发电，称为燃气轮机发电机组。火力发电厂通常是指以汽轮发电机组为主的发电厂。

（2）水力发电厂

水力发电是将高处的河水（或湖水、江水）通过导流引到下游形成落差，进而推动水轮机旋转带动发电机发电。以水轮发电机组发电的发电厂称为水力发电厂。

（3）核能发电厂

核能发电是利用原子反应堆中核燃料（例如铀）慢慢裂变所放出的热能产生蒸汽（代替了火力发电厂中的锅炉）驱动汽轮机再带动发电机旋转发电。以核能发电为主的发电厂称为核能发电厂，简称核电站。

（4）风力发电厂

利用风力吹动建造在塔顶上的大型桨叶旋转带动发电机发电称为风力发电，由数座甚至数十座风力发电机组成的发电场地称为风力发电厂。

（5）其他还有地热发电厂、潮汐发电厂、太阳能发电厂等

根据发电厂容量大小及其供电范围不同，可分为区域性发电厂、地方性发电厂和自备发电厂等。区域性发电厂大多建在水力、煤炭资源丰富的地区附近，其容量大，距离用电中心较远（往往是几百千米至 1000 千米以上），需要通过超高压输电线路进行远距离输电。地方性发电厂一般为中小型发电厂，建在用户附近。自备发电厂建在大型厂矿企业附近，作为自备电源，对重要的大型厂矿企业和电力系统起到后备作用。

2. 发电厂发出的电的电压和频率

一般发电厂的发电机发出的是对称的三相正弦交流电（有效值相等、相位分别相差 120°、三相电压分别为 U_A、U_B、U_C），如图 1-2 所示。在我国，区域性和地方性发电厂发出的电的电压主要有 3.15kV、6.3kV 和 10.5kV 等，一般自备发电厂发出的电的电压有 230V、400V 和 690V，频率则同为 50Hz，此频率通常称为"工频"。工频的频率偏差一般不得超过 ±0.5Hz。频率的调整主要是依靠调节发电机的转速来实现。电力系统中所有的电气设备都是

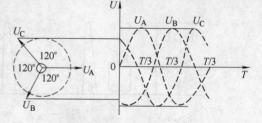

图 1-2　对称的三相正弦交流电源

在一定的电压和频率下工作的。能够使电气设备长时间连续正常工作的电压就是其额定电压，各种电气设备在额定电压下运行时，其经济性和技术性能最佳。频率和电压是衡量电能质量的两个基本参数。由于发电厂发出的电压不能满足各种用户的需要，同时电能在输送过程中也会产生不同程度的损耗，所以需要在发电厂和用户之间建立电力网，使电能安全、可靠、经济地输送和分配给用户。

1.1.3　电力网

1. 电力网的概念及分类

电力网是由变电所和不同电压等级的输电线路组成的，其作用是输送、控制和分配电能。按供电范围、输送功率和电压等级的不同，电力网可分为地方网、区域网和远距离网三类。电压为 110kV 及 110kV 以下的电力网，其电压较低，输送功率小，线路距离短，主要供电给地方变电所，称为地方网；电压在 110kV 以上、330kV 以下的电力网，其传输距离和传输功率都比较大，一般供电给大型区域性变电所，称为区域网；供电距离在 300km 以上，电压在 330kV 及 330kV 以上的电力网，称为远距离网。如果仅从电压的高低来划分，则电力网可分为低压电网（1kV 以下）、中压电网（1 ~ 20kV）、高压电网（35 ~ 220kV）及超高压电网（330kV 及 330kV 以上），以及新近发展的特高压（交流 1000kV、直流 ±800kV）电网。另外，电网按种类特征的不同，可分为直流电网和交流电网；我国电网按地区划分，可分为东北电网、华北电网、西北电网、华东电网和华中电网五大跨地区电网以及南方电网。

2. 输电线路

输电的基本过程是创造条件使电磁能量沿着输电线路的方向传输。线路输电能力受到电磁场及电路的各种规律的影响。以大地电位作为参考点（零电位），线路导线均需处于由电源所施加的高电压下，称为输电电压。

输电线路在综合考虑技术、经济等各项因素后所确定的最大输送功率，称为该线路的输送容量。输送容量大体与输电电压的二次方成正比。因此，提高输电电压是实现大容量或远距离输电的主要技术手段，也是输电技术发展水平的主要标志。

通常将 35 ~ 220kV 的输电线路称为高压线路，330 ~ 750kV 的输电线路称为超高压线路，750kV 以上的输电线路称为特高压线路。一般来说，输送电能容量越大，线路采用的电压等级就越高。采用超高压输电，可有效地减少线损，降低线路单位造价，减少耕地占用，使线路走廊得到充分利用。我国第一条世界上海拔最高的"西北 750kV 输变电示范工程"——青海官亭至甘肃兰州东 750kV 输变电工程，于 2005 年 9 月 26 日正式投入运行。"1000kV 交流特高压试验示范工程"晋东南—南阳—荆门 1000kV 输电线路工程，于 2006 年 8 月 19 日开工建设。该工程起自晋东南 1000kV 变电站，经南阳 1000kV 开关站，止于荆门 1000kV 变电站，线路路径全长约 650.677km。此外，还有 ±500kV 高压直流输电线路、±800kV 特高压直流输电示范工程。±500kV 主要有葛洲坝—上海南桥线、天生桥—广州线、贵州—广东线、三峡—广东线。向家坝—上海 ±800kV 特高压直流输电示范工程是我国首个特高压直流输电示范工程。该工程由我国自主研发、设计、建设和运行，是目前世界上运行直流电压最高、技术水平最先进的直流输电工程。

在输电线路中，为节省资源，一般采用三相三线方式输电，并有时采取同塔双回、甚至同塔四回的超高压输电线路。电力输电线路一般采用钢芯铝绞线，通过架空线路将电能送到远方的变电所。但在不允许采用架空线路的区域，需采用电缆线路。

3. 变电所

变电所的功能是接受电能、变换电压和分配电能。变电所由电力变压器、配电装置和二次装置等构成。按变电所的性质和任务不同，将其分为升压变电所和降压变电所。升压变电所通常紧靠发电厂，降压变电所通常远离发电厂而靠近负荷中心。根据变电所在电力系统中所处的地位和作用，可将其分为枢纽变电所、地区变电所和用户变电所。枢纽变电所位于电力系统的枢纽点，联系多个电源，出线回路多，变电容量大，电压等级一般为 330kV 或 330kV 以上；地区变电所一般用于地区或中、小城市配电网，其电压等级一般为 110 ~ 220kV；用户变电所位于配电线路的终端，接近负荷处，高压侧为 10 ~ 110kV 引入线，经降压后向用户供电。

4. 配电线路

从降压变电站把电力送到配电变压器或将配电变压器的电力送到用电单位的线路称为配电线路。配电线路电压为 3.6 ~ 40.5kV，称高压配电线路；配电电压不超过 1kV、频率不超过 1000Hz、直流不超过 1500V 的配电线路，称低压配电线路。配电线路的建设要求安全可靠，保持供电连续性，减少线路损失，提高输电效率，保证电能质量良好。

1.1.4　电力负荷

1. 电力负荷的概念

电力负荷又称电力负载。它有两种含义：一是指耗用电能的用电设备或用电单位（用户），如重要负荷、不重要负荷、动力负荷、照明负荷等；二是指用电设备或用电单位所耗用的电功率或电流大小，如轻负荷（轻载）、重负荷（重载）、空负荷（空载）、满负荷（满载）等。电力负荷的具体含义视具体情况而定。在交流电路中，描述功率的量有有功功率、无功功率和视在功率。有功功率又称为有功负荷，单位为千瓦（kW）；无功功率称为无功负荷，单位为千乏（kvar）；视在功率是电压与电流的乘积，单位为千伏安（kVA）。由于系统电压比较稳定，系统中的电力负荷，也可以通过负荷电流反映出来。

2. 电力负荷的分级及对供电电源的要求

在用电单位中，各类负荷的运行特点及重要性是不一样的，所以它们对供电的可靠性和电能质量的要求也不相同。按用电性质的重要性，用电负荷可分为三个级别，即Ⅰ类负荷、Ⅱ类负荷和Ⅲ类负荷。Ⅰ类负荷如医院、炼钢厂、煤矿、大使馆等应由两个以上独立电源供电，严禁将其他非重要用电负荷与其接入同一供电系统。

1.1.5　对供电系统的基本要求和电能质量

1. 供电系统的基本要求

供电质量是指用电方与供电方之间相互作用和影响中供电方的责任，包括供电服务质量和电压质量。供电质量对工业和公用事业用户的安全生产、经济效益和人民生活有着很大的影响。供电质量恶化会引起用电设备的效率和功率因数降低、损耗增加、寿命缩短、产品品质下降、电子和自动化设备失灵等。

供电服务质量的基本要求为供电可靠，供电质量合格，安全、经济、合理，电力网运行调度的灵活性。

2. 电能质量

为了保证用户用电设备正常工作，除了要保证供电不间断外，还要使供电电压幅值与波形符合要求。电能质量指供应到用户端电能的品质，通常指供电电压幅值及其波形的质量。配电网用电设备一般都是按照额定频率（我国规定是 50Hz）和额定电压的标准正弦波设计的，并且要求三相电压和电流对称，即各相电压、电流幅值相等，相位相差 120°。如果供电电压幅值、波形以及三相对称性出现偏差，将影响用电设备的运行性能和效率，缩短用电设备的寿命，同时也会影响由这些设备生产产品的质量和数量，严重情况下可能造成停工停产、危害人身安全、影响社会秩序等严重后果。

电能质量是由一系列指标来度量的。按照我国颁布的电能质量标准，电能质量指标包含电压偏差、频率、电压波动与闪变、谐波、三相不平衡等几个方面。在电力走向市场化的今天，研究电能质量问题，要把用户"感受"到的电能质量不合格，或者说电能质量扰动是否会给用户带来不良影响，作为考虑电能质量问题的重要方面。例如，电压骤降或供电瞬时中断极易使一些高科技用电设备出现异常，引起严重后果，应该重视并予以解决。

(1) 电压偏差

电压偏差指某一时段内，电压幅值（指电压有效值）缓慢变化而偏离额定值的程度。电压偏差超过一定的范围，用电设备会由于过电压或过电流而损坏。电网电压过低或无功功率远距离传输，会使电网线损（有功功率损耗）增加，导致电网运行的经济性降低。我国规定，供电电压与额定电压的允许偏差：35kV 及以上的供电电压，正负偏差的绝对值之和小于 10% 的额定电压；10kV 及以下的用户端三相供电电压，为额定电压的 ±7%；220V 单相用户端供电电压，为额定电压的 +7%、-10%。

(2) 额定电压

额定电压是指电气设备长期稳定正常工作的电压。变压器、发电机、电动机等电气设备均有规定的额定电压，电器设备在额定电压下运行时经济效果最佳。同时因电气设备在电力系统中所处的位置不同，其额定电压也有不同的规定。

用电设备的额定电压规定与同级电网的额定电压相同。发电机的额定电压规定高于同级电网额定电压的 5%，以补偿线路上的电压损失。变压器的额定电压分为一次绕组额定电压和二次绕组额定电压。

1) 变压器一次绕组额定电压分两种情况。

当变压器直接与发电机相连时，其额定电压与发电机额定电压相同，即高于同级电网额定电压的 5%；当变压器连接在线路上时，成为电网上的一个负荷，其一次绕组额定电压与电网额定电压相同。

变压器的二次绕组额定电压也分两种情况：当变压器二次侧供电线路较长时，其额定电压应高于同级电网额定电压的 10%，其中 5% 用来补偿变压器二次绕组的内阻抗电压降，另外 5% 用来补偿线路上的电压损失；当变压器二次侧供电线路不太长时，其额定电压只需高于电网额定电压的 5% 即可，用于补偿变压器内部的电压损耗。

2) 电压分类及高低电压的划分。

按国标规定，额定电压分为三类：第一类额定电压为 100V 及以下，如 12V、24V、36V 等，主要用于安全照明、潮湿工地建筑内部的局部照明及小容量负荷；第二类额定电压为 100V 以上、1000V 以下，如 127V、220V、380V、600V 等，主要用做低压动力电源和照明电源；第三类额定电压为 1kV 以上，有 6kV、10kV、35kV、110kV、220kV、330kV、500kV、750kV 等，主要用于高压用电设备、发电及输电设备。

在电力系统中，通常把 1kV 以下的电压称为低压，1kV 上的电压称为高压，220kV 上的电压称为超高压、1000kV 以上的电压称为特高压。

(3) 频率偏差

频率偏差指电力系统实际频率与额定频率的差值或其差值与额定值的百分比。如果频率过高或过低，则动力设备的转速将随频率的高低而改变，因而会影响对速度敏感的工业品的质量；同时系统内一些与频率有关的损耗也将升高，影响运行的经济性。我国规定频率允许偏差为：$\pm 0.2\text{Hz}$，系统容量较小时，允许偏差为 $\pm 0.5\text{Hz}$。我国大区域电力系统实际运行频率偏差都在 $\pm 0.1\text{Hz}$ 之内。

（4）电压波动与闪变

电压波动指某一段时间内电压急剧变化而偏离额定值的现象。通常电压变化速率大于 $1\%/\text{s}$ 时，即为电压急剧变化。电压波动与电压偏差概念不一样，电压偏差主要指电压有效值的缓慢变化，而电压波动反映的是电压有效值的快速变化。电压波动通常都是由配电网中冲击性大负荷引起的。国家标准规定电压波动允许值 $\Delta U\%$：10kV 以下系统为 2.5%，35 ~ 110kV 为 2%。如果电压有效值波动呈周期性，将会引起白炽灯、电视机闪烁，造成人眼视觉主观感觉不舒适的现象，称为闪变。荧光灯和电视机等设备对电压波动的敏感程度远低于白炽灯，因此一般选白炽灯的工况作为判断电压波动值是否被接受的依据。

（5）波形畸变

近年来，随着硅整流、晶闸管变流设备、微机和网络以及各种非线性负荷使用的增加，致使大量谐波电流注入电网，造成电压正弦波波形畸变，使电能质量大大下降，给供电设备及用电设备带来了严重危害，不仅使损耗增加，还会使某些用电设备不能正常运行，甚至可能引起系统谐振，从而在线路上产生过电压，击穿线路设备绝缘；还可能造成系统的继电保护和自动装置发生误动作；对附近的通信设备和线路产生干扰。因此国家标准规定了电压的畸变率。例如，380V 电网电压总谐波畸变率限值为 5.0%，110kV 电网电压总谐波畸变率限值 2.0%。

（6）可靠性

供电的可靠性是指确保用户能够随时得到供电，它是衡量供电质量的一个重要指标，涉及系统中供电电源的保证率、输配电设备的完好率以及各个环节设备的事故率等。供电的可靠性可用供电企业对电力用户全年实际供电小时数与全年总小时数（8760h）的百分比值来衡量，也可用全年的停电次数和停电持续时间来衡量。我国在《中国县（市）电力企业现代化标准》中要求城网供电可靠率应达到 99.8% 以上，农网应达到 98% 以上。

造成用户供电中断的原因主要包括预安排停电、设备故障停电以及系统停电三个方面。其中，预安排停电占绝大多数。供配电系统应不断提高供电可靠性，减少设备检修和电力系统事故对用户的停电次数及每次停电持续时间。供电设备计划检修应做到统一安排。供电设备计划检修时，对 35kV 及 35kV 以上电压供电的用户，每年停电不应超过 1 次；对 10kV 供电的用户，每年停电不应超过 3 次。

1.1.6　低压供电系统

1. 供电系统接线方式

在三相交流电力系统中，作为供电电源的发电机和变压器的中性点有三种运行方式：电源中性点不接地、中性点经阻抗接地和中性点直接接地。前两种运行方式称为小接地电流系统或中性点非直接接地系统。后一种运行方式称为大接地电流系统或中性点直接接地系统。

我国 3 ~ 66kV 系统，特别是 3 ~ 10kV 系统一般采用中性点不接地的运行方式。如果单相接地电流大于一定数值（3 ~ 10kV 系统中接地电流大于 30A，20kV 及以上系统中接地电流大于

10A），应采用中性点经消弧线圈接地的运行方式。对于 110kV 及以上的系统，一般采用中性点直接接地的运行方式。我国 220/380V 低压配电系统，广泛采用中性点直接接地的运行方式，而且在中性点引出中性线（代号 N）、保护线（代号 PE）或保护中性线（代号 PEN）。

中性线（N 线）与相线形成单相回路，连接额定电压为相电压（220V）的单相用电设备。流经中性线的电流为三相系统中的不平衡电流和单相电流，同时，中性线还起到减小负荷中性点电位偏移的作用。

保护线（PE 线）是为保障人身安全、防止发生触电事故用的接地线。电力系统中所有设备的外露可导电部分（指正常不带电压但故障情况下可能带电压的易被触及的导电部分，如金属外壳、金属构架等）均应通过保护线接地，可在设备发生接地故障时减小触电危险。保护中性线（PEN 线）兼有中性线（N 线）和保护线（PE 线）的功能。

在低压配电系统中，按结构形式不同，可分为 TN 系统、TT 系统和 IT 系统。

TN 系统中的所有设备的外露可导电部分均接公共保护线（PE 线）或公共的保护中性线（PEN 线）。这种接公共 PE 线或 PEN 线也称"接零"。如果系统中的 N 线与 PE 线全部合为 PEN 线，则此系统称为 TN-C 系统，如图 1-3 所示。

如果系统中的 N 线与 PE 线全部分开，则此系统称为 TN-S 系统，如图 1-4 所示。

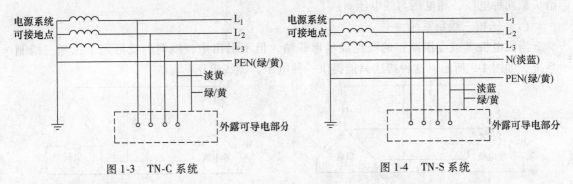

图 1-3 TN-C 系统   图 1-4 TN-S 系统

如果系统的前一部分，其 N 线与 PE 线合为 PEN 线，而后一部分线路，N 线与 PE 线则全部或部分地分开，则此系统称为 TN-C-S 系统，如图 1-5 所示。TT 系统中的所有设备的外露可导电部分均各自经 PE 线单独接地，如图 1-6 所示。

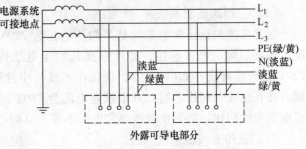

图 1-5 TN-C-S 系统

IT 系统中的所有设备的外露可导电部分也都各自经 PE 线单独接地，如图 1-7 所示。它与 TT 系统不同的是，其电源中性点不接地或经 1000Ω 阻抗接地，且通常不引出中性线。

引出中性线的三相系统包括 TN 系统、TT 系统也称为三相四线制系统，没有引出中性线的三相系统，如 IT 系统，属于三相三线制系统。

IT 系统属于三相三线制系统。在三相交流电力系统中，作为供电电源的发电机和变压器的三相绕组的接法通常采用星形联结，如图 1-8 所示。将三相绕组的三个末端连在一起，形成一个中性点，从始端 U、V、W 引出三根导线作为电源线，称为相线或端线，俗称火

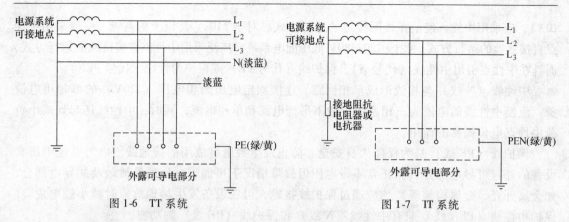

图 1-6　TT 系统　　　　　　　　　　图 1-7　IT 系统

线。从中性点引出一根导线，与三根相线分别形成单相供电回路，这根导线称为中性线（N）。以这种方式供电的系统称为三相四线制系统。通常 U、V、W 三根相线分别用黄、绿、红三种颜色的电线给予区分，中性线则采用黑色线，保护线采用黄绿双色线。

　　发电机（或变压器）每相绕组始端与末端的电压，即相线与中性线间的电压称为相电压，而任意两始端的电压即相线与相线间的电压称为线电压。这样三相四线制系统就能提供给负载两种电压，相电压与线电压。

　　（1）三相三线制系统

　　当发电机（或变压器）的绕组成星形联结，但不引出中性线时，就形成了三相三线制系统，如图 1-9 所示。这种接法只能提供一种电压，即线电压。

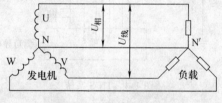
图 1-8　三相四线制系统

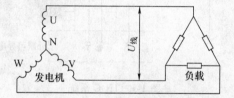
图 1-9　三相三线制系统

　　（2）三相四线制系统

　　通常我国的低压配电系统是采用相电压为 220V，线电压为 380V 的三相四线制配电系统。负载如何与电源连接，必须根据其额定电压而定，具体如图 1-10 所示。额定电压为 220V 的单相负载（如白炽灯），应接在相线与中性线之间。额定电压为 380V 的单相负载，则应接在相线与相线之间。对于额定电压为 380V 的三相负载（如三相电动机），必须与三根电源相线相接。如果负载的额定电压不等于电源电压，则必须利用变压器。

　　（3）三相五线制系统

　　由于运行和安全的需要，我国的 220/380V 低压供配电系统广泛采用电源中性点直接接地的运行方式（这种接地方式称为工作接地），同时还引出中性线（N）和保护线（PE），形成三相五线制系统，如图 1-11 所示。中性线应该经过剩余电流保护器，可通过单相回路电流和三相不平衡电流。保护线是为保障人身安全、防止发生触电事故而专设的接地线，专用于通过单相短路电流和漏电电流。

　　2. 低压配电柜

　　一套典型的低压配电系统设备主要包括计量柜、进线柜、联络柜、出线柜、补偿柜等。

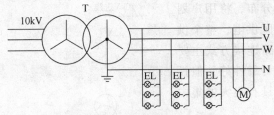
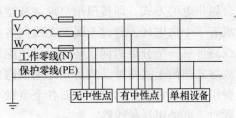

图 1-10　负载与电源的连接　　　　　　图 1-11　三相五线制系统

配电变压器将 10kV 电压降压为 220V/380V，经过计量柜送至进线柜，再由出线柜分别送到各用户。工业与民用建筑设施中 6～10kV 供电系统，当配电变压器停电或发生故障时，通过联络柜可将另外一路备用电源投入使用。如图 1-12 所示为低压配电系统示意图。

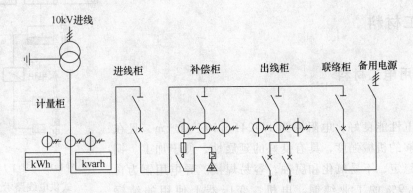

图 1-12　低压配电系统示意图

（1）进线柜

进线柜是接通和断开变压器低压侧到低压配电屏的主要装置，主要由断路器和刀开关组成。其母线上串有计量回路的电流互感器。

（2）计量柜

计量柜是计量电能的装置，由电力部门安装校验，分有功计量和无功计量。有功计量是计量用户用电量，按照峰、谷、平电价收费。无功计量是用于衡量用户单位负载功率因数情况。

（3）联络柜

联络柜是连接其他线路电源的装置，主要由断路器和刀开关组成。

（4）补偿柜

补偿柜由电容器组、接触器和无功功率自动补偿器组成。其主要作用是对感性负载进行无功功率补偿。

（5）出线柜

出线柜是由许多断路器对多路低压负载供电的组合装置。

3. 低压配电线路

低压配电线路是指经配电变压器，将高压 10kV 降低到 220/380V 等级的线路，车间变电所（配电室）到用电设备的线路就属于低压配电线路。通常一个低压配电线路的容量在几十千伏安到几百千伏安的范围，负责几十个用户的供电。为了合理地分配电能，一般都采用分级供电的方式，即按照用户地域或空间的分布，将用户划分成若干个供电区，通过干线、支线向各供电区供电，整个供电线路形成一个分级的网状结构。低压配电线路连接方式主要有放射式和树干式两种。放射式配电线路线路可靠性好，但投资费用高。当负载点比较分散而各个负载点又具有很大的集中负载时，可采用这种线路。

树干式配电线路敷设费用低廉，灵活性大，因此得到广泛的应用。

但是采用树干式供电可靠性又比较低。图 1-13 是工厂树干式供电线路示意图。

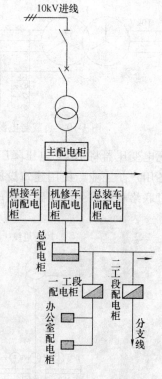

图 1-13　某工厂树干式供电线路示意图

1.2　电工材料

1.2.1　常用电工材料

1. 铜

铜的导电性能良好，电阻率为 $1.7241 \times 10^{-8} \Omega \cdot m$，且在常温下有足够的机械强度，具有良好的延展性，便于加工。铜的化学性能稳定，不易氧化和腐蚀，容易焊接。导电用铜为含铜量大于 99.9% 的工业纯铜。电机、变压器上使用的纯铜（俗称紫铜）含铜量为 99.5% ~ 99.95%。其中硬铜可用做导电零部件，软铜可用做电机、电器等的线圈。影响铜性能的因素主要有杂质、冷变形、温度和耐蚀性等。

2. 铝

铝的导电性能稍次于铜，电阻率为 $2.864 \times 10^{-8} \Omega \cdot m$。铝的导热性及耐蚀性好，易于加工。铝的机械强度比铜低，但密度比铜小，而且资源丰富、价格低廉，是目前推广使用的导电材料。目前，架空线路、动力线路、照明线路、汇流排、变压器和中小型电机线圈都已广泛使用铝线。铝的唯一不足之处是焊接工艺比较复杂。影响铝的性能时因素主要有杂质、冷变形、温度和耐蚀性等。

3. 电线电缆

电线电缆一般由线芯、绝缘层、保护层三部分组成。

（1）裸导线和裸导体制品

主要有圆线、软接线、型线、裸绞线等。圆线有硬圆铜线（TY）、软圆铜线（TR）、硬圆铝线（LY）、软圆铝线（LR）。软接线有裸铜电刷线（TS）、软裸铜编织线（TRZ）、软铜编织蓄电池线（QC）。型线有扁线（TBY、TBR、LBY、LBR）、铜带（TDY、TDR）、铜排（TPT）、钢铝电车线（GLC）、铝合金电车线（HLC）。裸绞线有铝绞线（LJ）、铝包钢绞线（GLJ）、铝合金绞线（HLJ）、钢芯铝绞线（LGJ）、铝合金钢绞线（HLGJ）、防腐钢芯铝绞线（LGJF）、特殊用途绞线等。

（2）电磁线

常用的电磁线有漆包线和绕包线两类。漆包线有 QQ、QZ、、QX、QY 等系列，绕包线有 Z、Y、SBE、QZSB 等系列。电磁线的选用一般应考虑耐热性、空间因素、力学性能、电性能、相容性、环境条件等因素。耐高温的漆包线将成为电磁线的主要品种。

（3）电气装备用电线电缆

包括通用电线电缆、电机电器用电线电缆、仪器仪表用电线电缆、信号控制用电线电缆、交通运输用电线电缆、地质勘探电线电缆、直流高压软电缆等。通用绝缘电线有 BX、BV 系列，通用绝缘软线有 RV、RF、RX 系列，通用橡套电缆有 YQ、YZ、YC 系列。电机电器用电线电缆有 J 系列引接线（JB）、YH 系列电焊机用电缆、YHS 系列潜水电机用防水橡套电缆。

4. 电热材料

电热材料用来制造各种电阻加热设备中的发热元件，要求电阻率高、加工性能好、有足够的机械强度和良好的抗氧化性能，能长期处于高温状态下工作。常用的电热材料有镍铬合金 Cr20Ni80、Cr15Ni60，铁铬铝合金 1Cr13A14、0Cr13Al6Mo2、0Cr25Al5、0Cr27Al7Mo2 等。

5. 电碳制品

电机用电刷主要有石墨电刷（S）、电化石墨电刷（D）、金属石墨电刷（J）。电刷选用时主要考虑：接触电压降、摩擦系数、电流密度、圆周速度、施于电刷上的单位压力。其他电碳制品还有碳滑板和滑块、碳和石墨触头、各种电板碳棒子、各种碳电阻片柱、通信用送话器碳砂等。

1.2.2 常用绝缘材料

绝缘材料又称电介质。绝缘材料的电阻率$\left(R=\rho\dfrac{L}{S}\right)$极高，电导率极低。影响绝缘材料电导率的因素主要有杂质、温度和湿度。绝缘材料受潮后，绝缘电阻会显著下降，介电系数会显著增大。为了提高设备的绝缘强度，必须避免在固体绝缘材料中存在气泡或受潮。为了提高沿面闪络电压，必须保持固体绝缘材料表面的清洁和干燥。促使绝缘材料老化的主要原因，在低压设备中是过热，在高压设备中是局部放电。绝缘材料的耐热等级，按最高允许工作温度分为 Y、A、E、B、F、H、C 七级，最高允许工作温度分别为 90℃、105℃，120℃、130℃、150℃、180℃、≥180℃。常用绝缘材料有以下几种。

1. 绝缘漆

包括浸渍漆和涂覆漆两大类。浸渍漆分为有溶剂浸渍漆和无溶剂浸渍漆两种。涂覆漆包括覆盖漆、硅钢片漆、漆包线漆、防电晕漆等。

2. 绝缘胶

常用的绝缘胶有黄电缆胶 1810，黑电缆胶 1811、1812，环氧电缆胶，环氧树脂胶 630，环氧聚酯胶 631，聚酯胶 132、133 等。

3. 绝缘油

绝缘油有天然矿物油、天然植物和合成油。天然矿物油有变压器油 DB 系列、开关油 DV 系列、电容器油 DD 系列、电缆油 DL 系列等。天然植物油有蓖麻油、大豆油等。合成油有氯化联苯、甲基硅油、苯甲基硅油等。实践证明，空气中的氧和温度是引起绝缘油老化的主要因素，而许多金属对绝缘油的老化也起催化作用。

4. 绝缘制品

绝缘制品种类繁多，主要有绝缘纤维制品、浸渍纤维制品、绝缘层压制品、电工用塑料、云母制品和石棉制品、绝缘薄膜及其复合制品、电工玻璃与陶瓷、电工橡胶及电工绝缘包扎带等。

1.2.3　常用磁性材料

1. 电工用纯铁

电工用纯铁具有优良的软磁特性，但电阻率低。电工用纯铁为 DT 系列。

2. 硅钢片

硅钢片为软磁材料，磁导率高、铁损耗小。常用的有热轧硅钢片 DR 系列、冷轧无取向硅钢片 DW 系列、冷轧有取向硅钢片 DQ 系列。

3. 铝镍钴合金

铝镍钴合金是硬磁材料，剩磁和矫顽力都较大，结构稳定、性能可靠。可分为各向同性系列、热处理各向异性系列、定向结晶各向异性系列等三大系列，主要用来制造各种永久磁铁。

4. 铁氧体材料

铁氧体由陶瓷工艺制作而成，硬而脆、不耐冲击、不易加工，是内部以 Fe_2O_3 为主要成分的软磁性材料。适用于 100kHz ~ 500MHz 的高频磁场中导磁，可作为中频变压器、高频变压器、脉冲变压器、开关电源变压器、高频电焊变压器、高频扼流圈、中波与短波天线导磁材料。

5. 硬磁性材料

又称永磁材料，具有较强的剩磁和矫顽力。在外加磁场撤去后仍能保留较强剩磁。按其制造工艺及应用特点可分为铸造铝镍钴系永磁材料、粉末烧结铝镍钴系永磁材料、铁氧体永磁材料、稀土钴系永磁材料、塑性变形永磁材料五类。

铸造铝镍钴系和粉末烧结铝镍钴系永磁材料多用于磁电式仪表、永磁电机、微电机、扬声器、里程表、速度表、流量表等内部作为导磁材料。铁氧体永磁材料可用于制作永磁电机、磁分离器、扬声器、受话器、磁控管等内部的导磁元件；稀土钴系永磁材料可用于制作力矩电机、起动电机、大型发电机、传感器、拾音器及医疗设备等的磁性元件；塑性变形永磁材料可用于制作罗盘、里程表、微电机、继电器等内部的磁性元件。

1.2.4　电机常用轴承及润滑脂

1. 电机常用轴承

中小型电机所用轴承大多是普通的滚动轴承。选用轴承的基本依据是承受载荷的大小和性质、转速的高低、支承刚度和结构状况。一般以径向载荷为主，轴向载荷较小，转速较高时选用向心球轴承；径向载荷大，无轴向载荷、转速较低时选用向心滚珠轴承；同时承受较大的径向、轴向载荷时选用向心推力轴承；只承受轴向载荷时选用推力轴承。

2. 常用润滑脂

常用的钙基润滑脂 ZG 系列耐水性好，耐热性差，用于 55 ~ 60℃ 封闭式电机的轴承润滑；钠基润滑脂 ZN 系列耐热性好，耐水性差，用于温度较高、环境不潮湿的开启式电机；

钙钠基润滑脂 ZGN 系列用于 80~100℃较潮湿环境的电机；石墨钙基润滑脂 ZG-S 系列耐磨性、耐压性、耐水性都较好，适用于 60℃以下粗糙、重载的摩擦部位润滑；锂基润滑脂 ZL 系列是具有良好的抗水性、耐热性，良好的机械与化学安定性的通用长寿命润滑脂，适用于高温、高速且与水接触的电机润滑；复合钙基润滑脂 ZFG 系列耐热性好，滴点高，有一定抗水性，适用于高温、较高转速、有较重水分场合的封闭式电机的滚动轴承；二硫化钼润滑脂，适用于负载特别重、转速又很高的轴承润滑；铝基润滑脂 ZU 系列，有良好的抗水性和防护性，耐热性差、滴点低，适用于常温下工作有严重水分场合的电机润滑。

1.3　常用电工工具

电工工具是电气操作人员使用的工具，选用合格的工具并正确使用，有助于电气操作人员高效、安全地工作，因而每一个电气操作人员必须掌握常用电工工具的结构、性能和正确的使用方法。

1.3.1　常用电工工具

常用电工工具是指一般专业电工都要使用的工具。

1. 验电器

验电器是检验线路和电气设备是否带电的一种常用电工工具，分高压验电器和低压验电器两大类。

（1）低压验电器

低压验电器又称测电笔（简称电笔），有钢笔式和螺钉旋具式（又称螺丝刀式）两种，如图 1-14 所示。

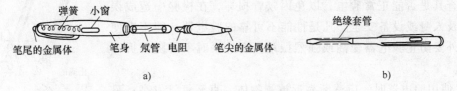

图 1-14　低压验电器

a）钢笔式低压验电器　b）螺钉旋具式低压验电器

使用低压验电器时，必须按照如图 1-15 所示的正确方法操作。注意手指必须接触笔尾的金属体（钢笔式）或测电笔顶部的金属螺钉（螺钉旋具式），使电流由被测带电笔和人体与大地构成回路。只要被测带电体与大地之间电压超过 60V 时，氖管就会起辉发光，观察时应将氖管窗口背光朝着自己。一般低压测电笔检测电压的范围为 60~500V。

低压验电器的使用方法如下：

1）用低压验电器分别测试交流电源的相线和零线，观察氖管的发光情况。正常情况下，氖管发亮时，测试的是相线；氖管不发亮，测试的是零线。

2）用低压验电器区别直流电与交流电。分别用低压验电器测试直流电源和交流电源，可以观察到，当交流电通过验电器时，氖管里两个极同时发亮；直流电通过验电器时，氖管里两个极只有一个亮。

3）用低压验电器区别电压的高低。将调压器接到电源上，并将调压器的输出电压调至

100V 左右，分别用验电器测试调压器的输入电压和输出电压，观察氖管发光的亮度。

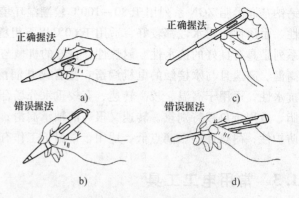

4）用低压验电器识别相线接地故障。在三相四线制线路，发生单相接地后，用验电器测试中性线，氖管会发亮，在三相三线制星形联结的线路中，用验电器测试三根相线，如果两相很亮，另一相不亮，则这一相有接地故障。

（2）高压验电器

高压验电器又称高压测电器。10kV 高压验电器由握柄、护环、固紧螺钉、氖管窗、氖管和金属钩组成，如图 1-16 所示。

图 1-15　低压验电器的握法
a）钢笔式正确握法　b）钢笔式错误握法
c）螺钉旋具式正确握法　d）螺钉旋具式错误握法

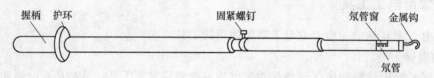

图 1-16　10kV 高压验电器

使用高压验电器时，应特别注意手握部位不得超过护环，如图 1-17 所示。

高压验电器使用注意事项如下：

1）高压验电器在使用前，应先在确认有电的带电体上进行试验，检查其是否能正常验电，以免因氖管损坏，在检验中造成误判，危及人身或设备安全。凡是性能不可靠的验电器一律不准使用。另外要防止验电器受潮或强烈振动，而且平时不得随便拆卸验电器。

2）使用验电器时，应逐渐靠近被测物体，直至氖管发亮；只有氖管不亮时，才可与被测物体直接接触。

3）室外使用高压验电器，必须在气候条件良好的情况下；雪、雨、雾及湿度较大的天气不宜使用，以防发生危险。

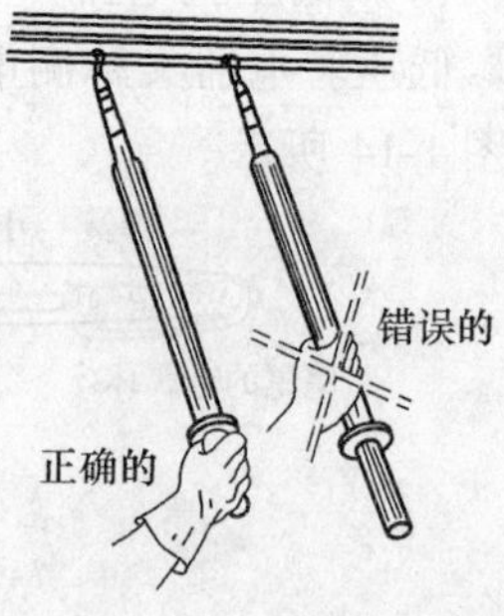

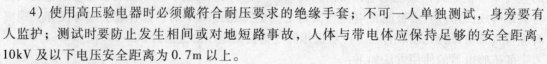

图 1-17　高压验电笔

4）使用高压验电器时必须戴符合耐压要求的绝缘手套；不可一人单独测试，身旁要有人监护；测试时要防止发生相间或对地短路事故，人体与带电体应保持足够的安全距离，10kV 及以下电压安全距离为 0.7m 以上。

2. 螺钉旋具

螺钉旋具又称螺丝刀、改锥、起子，是一种紧固或拆卸螺钉的工具。

（1）螺钉旋具的式样和规格

螺钉旋具的式样和规格很多，按头部形状的不同，可分为一字形和十字形两种，如图 1-18 所示。

一字形螺钉旋具常用的规格有 50mm、100mm、150mm、200mm 等四种，电工必备的，一般是 50mm 和 150mm 两种。

（2）使用螺钉旋具的安全注意事项

1）电工不得使用金属杆直通柄顶的螺钉旋具，否则容易造成触电事故。

2）用螺钉旋具紧固或拆卸带电的螺钉时，手不得触及螺钉旋具的金属杆，以免发生触电事故。

3）为了避免螺钉旋具的金属杆触及皮肤或邻近的带电体，应在金属杆上套上绝缘管。

（3）螺钉旋具的使用

1）大螺钉旋具的使用。用 150mm 螺钉旋具在木配电板上旋紧木螺钉时，除大拇指、食指和中指夹住握柄外，手掌还要顶住柄的末端，这样就可使出较大的力气，使用方法如图 1-19a 所示。

2）小螺钉旋具的使用。用 50mm 螺钉旋具在木配电板上旋紧木螺钉时，可用大拇指和中指夹着握柄，用食指顶住柄的末端捻旋，如图 1-19b 所示。

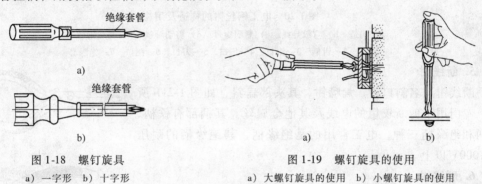

图 1-18　螺钉旋具
a）一字形　b）十字形

图 1-19　螺钉旋具的使用
a）大螺钉旋具的使用　b）小螺钉旋具的使用

3. 钢丝钳

钢丝钳又名克丝钳，是电工用于剪切或夹持导线、金属丝、工件的常用钳类工具。钢丝钳规格较多，电工常用的有 175mm、200mm 两种。电工用钢丝钳柄部加有耐压 500V 以上的塑料绝缘套。

（1）钢丝钳的构造和用途

电工钢丝钳由钳头和钳柄两部分组成。钳头有钳口、齿口、刀口和铡口四部分组成。其中钳口用于弯绞线头或其他金属、非金属体；齿口用于紧固或旋动螺钉螺母；刀口用于切断电线、起拔铁钉、剥削导线绝缘层等；铡口用于铡断硬度较大的金属丝，如钢丝、铁丝等。其构造及用途如图 1-20 所示。

（2）电工钢丝钳的使用注意事项

1）使用电工钢丝钳以前，必须检查绝缘柄的绝缘是否完好，绝缘套破损的钢丝钳不能使用，以免发生触电危险。

2）用电工钢丝钳剪切带电的导线时，不得用刀口同时剪切相线和零线，以免发生短路故障。

4. 尖嘴钳

尖嘴钳的头部尖细，适用于在狭小的工作空间操作。尖嘴钳的绝缘柄的耐压为 500V，其外形如图 1-21a 所示。它除头部形状与钢丝钳不完全相同外，其功能相似。它主要用于切断较细的导线、金属丝，夹持小螺钉、垫圈，并可将导线端头弯曲成型。

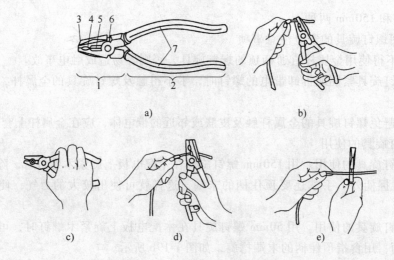

图 1-20　电工钢丝钳的构造及用途

a) 构造　b) 弯绞导线　c) 紧固螺母　d) 剪切导线　e) 铡切钢丝

1—钳头　2—钳柄　3—钳口　4—齿口　5—刀口　6—铡口　7—绝缘套

5. 断线钳

断线钳又名斜口钳、扁嘴钳，其头部扁斜，如图 1-21b 所示。专门用于剪断较粗的电线及其他金属丝。其柄部有铁柄、管柄和绝缘柄三种，电工常用的是绝缘柄，其绝缘柄的耐压在 1000V 以上。

6. 剥线钳

剥线钳是用于剥削 6mm 以下小直径导线绝缘层的专用工具，主要由钳头和手柄组成，如图 1-22 所示。剥线钳的钳口工作部分有 0.5~3mm 的多个不同孔径的切口，以便剥削不同规格的线芯绝缘层。剥线时为了不损伤线芯，应放在大于线芯的切口上剥削。

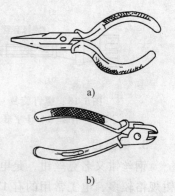

图 1-21　尖嘴钳和断线钳

a) 尖嘴钳　b) 断线钳

7. 活扳手

活扳手又叫活络扳头，是用来紧固和起松螺母的一种专用工具。

（1）活扳手的构造和规格

活扳手由头部和柄部组成。头部由活扳唇、呆扳唇、扳口、涡轮和轴销等构成，如图 1-23a 所示。旋动涡轮可调节扳口的大小。活扳手的规格较多，电工常用的有 150mm×19mm、200mm×24mm、250mm×30mm 和 300mm×36mm 四种。

（2）活扳手的使用方法

1）扳动较大螺杆螺母时，所需力矩较大，手应握在手柄尾部，如图 1-23b 所示。

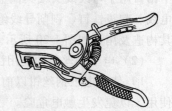

图 1-22　剥线钳

2）扳动较小型的螺杆螺母时，为防止钳口处打滑，手可握在接近头部的地方，如图 1-23c 所示，可随时调节涡轮，收紧活扳唇防止打滑。

3）使用活扳手时，不能反方向用力，否则容易扳裂活扳唇，也不准用钢管套在手柄上

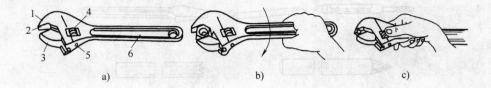

图 1-23　活扳手

1—呆扳唇　2—扳口　3—活扳唇　4—涡轮　5—轴销　6—手柄

作加力杆使用，更不准用作撬棍撬重物或当锤子敲钉。

4）旋动螺杆螺母时，必须把工件的两侧平面夹牢，以免损坏螺杆螺母的棱角。

8. 电工刀

电工刀是用来剖削电线线头、切割木台缺口、削制木枕的专用工具，其外形如图 1-24 所示。

使用电工刀时，应将刀口朝外剖削；剖削导线绝缘层时，应使刀面与导线成较小的锐角，以免割伤导线。电工刀柄是无绝缘保护的，不能在带电导线或器材上剖削，以免触电。

图 1-24　电工刀

9. 压线钳

用于压接导线的压接钳，其外形与剥线钳相似，适用芯线截面为 0.2 ~ 0.6mm 的软导线的端子压接。它主要由压接钳头和钳把组成，压接钳口带有一排直径不同的压接口，其外形如图 1-25 所示。

用于压接电缆的压接钳，其体积较大，手柄较长，适用于芯线截面积为 10 ~ 240mm² 电缆的端子压接。其压接钳口镶嵌在钳头上，可自由拆卸。规格从 10 ~ 240mm² 不等，与电缆芯线截面积相对应。

压接钳是用于导线或电缆压接端子的专用工具，用它实现端子压接，具有操作方便、连接良好的特点。

使用压线钳时应注意压接端子的规格应与压接钳口的规格保持一致。

钳口　钳头　齿板　棘轮　拉簧　钳把

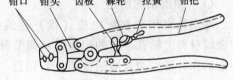

图 1-25　压线钳外形图

电缆压接钳型号较多，常见的有机械式和液压式，使用时应严格按照产品说明书操作使用。

1.3.2　线路装修工具

线路装修工具是指电力内外装修工程必备的工具，它包括用于打孔、割、剥线和登高的工具。

1. 电工用凿

电工用凿是在建筑物上手工打孔使用的工具，按用途可分为麻线凿、小扁凿、大扁凿和长凿等，其外形如图 1-26 所示。

（1）麻线凿

麻线凿又叫圆榫或鼻冲。它主要用于在混凝土结构或砖石结构的建筑物上凿打木榫孔或膨胀螺栓孔。电工常用有 16 号（凿 8mm 孔）、18 号（凿 6mm 孔），外形如图 1-26a 所示。

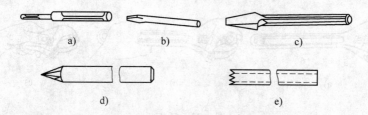

图 1-26　电工用凿

a）麻线凿　b）小扁凿　c）大扁凿　d）圆钢长凿　e）钢管长凿

在凿打墙孔时，应边敲打，边转动圆榫，使灰沙碎石能及时从孔中排出。

（2）小扁凿

小扁凿外形如图 1-26b 所示，用来凿打砖墙上的方形木榫孔，电工常用的小扁凿口宽约为 12mm。

（3）大扁凿

大扁凿主要用于砖结构建筑上凿打较大的孔，如角钢支架、吊挂螺栓、拉线耳等较大的预埋件孔。电工常用的大扁凿口宽度约为 16mm，如图 1-26c 所示。

（4）长凿

长凿外形如图 1-26d、e 所示，主要用于凿打穿墙孔，为安装墙套管做准备。长凿分圆钢长凿和钢管长凿两类。圆钢长凿由中碳钢锻制，常用于凿打混凝土建筑物上的孔；钢管长凿由无缝钢管制成，常用于在砖结构建筑物上打孔。

2. 冲击钻

冲击钻的外形如图 1-27 所示。

（1）冲击钻的用途

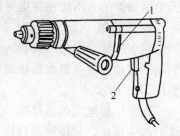

图 1-27　冲击钻

1—锤、钻调节开关　2—电源开关

冲击钻常用于在配电板（盘）建筑物或其他金属材料、非金属材料上钻孔。它的用法是：调节开关置于"钻"的位置，钻头只旋转而没有前后的冲击动作，可作为普通钻使用。若调到"锤"的位置，通电后钻头边旋转边前后冲击，可用来冲打混凝土或砖结构等建筑物上的木榫孔和导线穿墙孔，通常可冲打直径 6～16mm 的圆孔。有的冲击钻调节开关上没有标明"钻"或"锤"的位置或没有装调节开关，它通电后只有边旋转边冲击一种动作。

（2）冲击钻的使用注意事项

1）在钻孔时应经常把钻头从钻孔中拔出以便排除钻屑。

2）钻较硬的工件或墙体时，不能施加过大的压力，否则将使钻头退火或电钻因过载而损坏。

3）作为普通钻用时，应选用麻花钻头；作冲击钻用时，应采用专用冲击钻头。

3. 管子钳

管子钳是用于电气管道装修或在给排水工程中用于旋动接头及其他圆形金属工件的专用工具，主要由手柄、活扳唇、呆扳唇和涡轮等组成，如图 1-28 所示。

4. 紧线器

紧线器又名收线器或收线钳，用来收紧室内外架空线路的导线。紧线器的种类很多，常用的钳形紧线器的外形及构造如图 1-29 所示。使用时先将直径为 4～6mm 的多股绞合钢丝绳的一端绕于滑轮上拴牢；另一端固定在角钢支架、横担或被收紧导线端部附近紧固的部位，并用夹线钳夹紧待收导线，适当用力摇转手柄，使滑轮转动，将钢丝逐步卷入滑轮内，最后将架空线收紧到适当的程度。

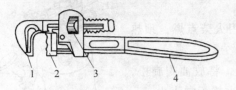

图 1-28　管子钳

1—活扳唇　2—呆扳唇　3—涡轮　4—手柄

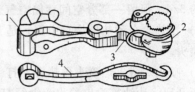

图 1-29　紧线器外形及构造图

1—夹线钳　2—滑轮　3—收紧器　4—摇柄

5. 弯管器

弯管器是用于管道配线中将管道弯曲成型的专用工具，可分为管弯管器、木架弯管器、滑轮弯管器。

（1）管弯管器

管弯管器由钢管手柄和铸铁弯头组成。它的结构简单、操作方便，适用于手工弯曲直径 50mm 及以下的线管。弯管时先将管子要弯曲部分的前缘送入管弯管器弯头，然后操作者用脚踏住管子，手适当用力扳动管弯管器手柄，使管子稍有弯曲，再逐点依次移动弯头，每移动一个位置，扳弯一个弧度，最后将管子弯成所需要的形状。

（2）木架弯管器

木架弯管器是用方木做的，可用于较大直径的弯曲。木架弯管器不如管弯管器简便，搬运不便，使用受限制。

（3）滑轮弯管器

直径在 50～100mm 的线管可用滑轮弯管器进行弯管，其结构示意图如图 1-30 所示。对于直径大于 100mm 的管子，应采用电动或液压的顶管机进行弯管。

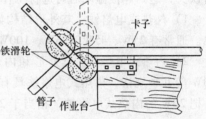

图 1-30　滑轮弯管器

1.3.3　设备维修工具

1. 拉具

拉具又称拉扒、拉钩、拉模，在电机维修中主要用于拆卸轴承、联轴器、带轮等紧固件。它按结构形式的不同，分为双爪或三爪两种。使用时，爪钩要抓住工件的内圈，顶杆轴心与工件轴心线重合。为了防止爪钩从工件上滑出，可用绳子将拉杆捆牢。在顶杆上加力要均匀，边旋转手柄边观察紧固件的松动情况。若工件锈死或太紧，拉不下来时不可勉强用力，否则会损坏拉具。

2. 套筒扳手

套筒扳手是由不同规格的套筒和公用手柄组合的旋具套件，主要用于旋动有沉孔或其他扳手不便使用部位的螺栓或螺母。

3. 喷灯

喷灯是一种利用喷射火焰对工件进行加热的工具。在电气维修中，常作为铅焊热源。喷灯按燃料不同分为汽油喷灯和煤油喷灯两种，外形结构如图 1-31 所示。喷灯的使用方法如下：

1）加油。旋下加油阀上的螺栓，倒入适量的油，一般不超过筒体的 3/4，保留一部分空间存储空气。

2）预热。在预热燃烧盘中倒入适量燃油，用火柴点燃，预热火焰喷头。

3）喷火。待火焰喷头预热后，打气 3～5 次，将放油阀旋松，使阀杆开启，让油雾喷出着火，继续打气，直至火焰正常为止。

4）熄火。需要熄灭喷灯时，应先关闭放油调节阀，直至火焰熄灭，再慢慢旋松加油螺栓，放出筒体压缩空气。

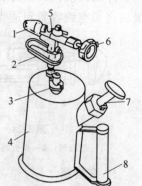

4. 焊接工具

在电子和电器装配与维修过程中，需大量焊接工作，目前常用的焊接工具有电烙铁和电焊机。

图 1-31　喷灯外形结构图
1—火焰喷头　2—预热燃烧盘
3—加油阀　4—筒体
5—喷油针孔　6—放油调节阀
7—打气阀　8—手柄

（1）电烙铁的种类及结构

常用的电烙铁有外热式和内热式两大类，随着焊接技术的发展，又研制出恒温电烙铁和吸锡电烙铁。无论哪一种电烙铁，它们的工作原理基本上是相似的。都是在接通电源后，电流使电阻丝发热，并通过传热筒加热烙铁头，达到焊接温度后可进行工作。

1）外热式电烙铁。其外形结构如图 1-32 所示，由烙铁头、传热筒、烙铁心和支架等组成。通常有 25W、45W、75W、100W、150W、200W 和 300W 等多种规格。

2）内热式电烙铁。其外形和内部结构如图 1-33 所示。常见的有 20W、30W、35W 和 50W 等几种规格，内热式电烙铁具有发热快、耗省、效率高、体积小、便于操作等优点。一把 20W 的内热式电烙铁，相当于 25～45W 外热式电烙铁产生的温度。

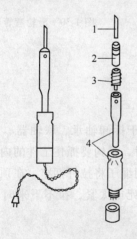

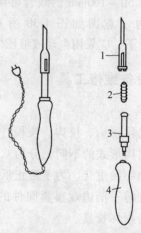

图 1-32　外热式电烙铁外形结构图
1—烙铁头　2—传热筒　3—烙铁心　4—支架

图 1-33　内热式电烙铁外形和内部结构图
1—烙铁头　2—发热元件　3—连接杆　4—胶木

3）恒温电烙铁。其外形和内部结构如图 1-34 所示。它是借助于电烙铁内部的磁控开关自动控制通电时间而达到恒温的，这种磁控开关是利用软金属被加热到一定温度而失去磁性

作为切断电源的控制信号。当电烙铁通电
时，软金属块具有磁性，发热器通电升温。
当烙铁头温度升到一定值，软金属去磁，发
热器断电，电烙铁温度下降。当温度降到一
定值时，软金属块恢复磁性，发热器电路又
被接通。如此断续通电，可以把烙铁温度控
制在一定范围之内。

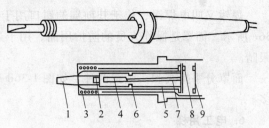

图 1-34　恒温电烙铁外形和内部结构图

1—烙铁头　2—软磁金属块　3—发热器　4—永久磁铁

5—磁性开关　6—支架　7—小轴

8—触头　9—接触弹簧

　　4）吸锡电烙铁。吸锡电烙铁的外形，
如图 1-35 所示，它主要用于电工和电子技术
装修中拆换元件。操作时先用吸锡电烙头加
热焊点，待焊锡熔化后，按动吸锡装置，即可把锡液从焊点上吸走，便于拆焊。

　　（2）电烙铁的选用

　　从总体上考虑，电烙铁的选用应遵循下面几个原则：

　　1）烙铁头的形状要适应被焊物面的要求及焊点的密度。

　　2）烙铁头顶端温度应能适应焊锡的熔点，通常这个温
度应比熔点高 30 ~ 80℃。

　　3）电烙铁的热容量应能满足被焊物的要求。

　　4）烙铁头的温度恢复时间应能满足被焊物的热要求。

5. 电弧焊的设备与工具

　　电气安装中，焊接电线管道、横担、配电盘和其他金属
物体，不宜采用烙铁锡焊，通常使用手工电弧焊。

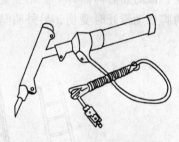

图 1-35　吸锡电烙铁外形图

　　（1）电焊机

　　电焊机的主体是一台特殊的变压器，叫电焊变压器，也叫交流弧焊机，其外形如图
1-36a所示。它是按照变压器原理，将一次绕
组中的较高电压和较小电流转换成二次绕组中
的低电压和大电流，为电焊条和电弧提供能
源。电能通过焊条和电弧转换成热能，用于对
工件的局部加热，使接触处的金属熔化，同时
焊条熔化作填充金属，使需要连接的两块金属
连成整体，焊接电路如图 1-36b 所示。

　　焊接电流的大小，可以根据焊条的大小、
形状、焊缝的深度和宽度进行调节。对常用的
动铁式交流电焊机，焊接电流的调整分粗调和
细调两种。粗调是调换接线板上的连接片，细
调是调整露出电焊机罩壳外的摇手柄。移动手
柄，可调节位于电焊变压器中心动铁心的位
置，以改变电焊变压器的磁通，从而调节输出
电流的大小。

　　（2）焊钳和面罩

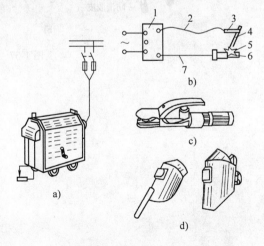

图 1-36　电焊设备和工具

a）电焊机　b）电焊电路　c）焊钳　d）面罩

1—电焊机　2—电焊电缆　3—电焊钳　4—电焊条

5—电弧　6—工件　7—接地线

焊钳又叫电焊钳，位于其前端的钳口用于夹持电焊条，后面的胶木手柄供操作用如图1-36c 所示。面罩是操作人员的防护用品，用于遮滤电弧光，以保护操作人员的面部，特别是眼睛。

面罩分手持式和头戴式两种，如图1-36d 所示。在电气焊接安装中，手持式面罩用得较多。

6. 电工用梯

梯子是电工登高作业的工具，电工常用的有直梯和人字梯两种，如图1-37 所示。直梯用于户外登高作业，人字梯用于户内登高作业。

使用梯子要注意的是，在光滑坚硬的地面上使用时，梯脚应加装胶套或胶垫之类的防滑材料，如图1-37a 所示，用在泥土地面时，梯脚最好加铁尖。人字梯应在中间绑扎两道防自动滑开的安全绳，如图1-37b 所示。靠墙站直姿势如图1-37c 所示。为避免靠梯翻倒，梯脚与墙距离不得小于梯子长的1/4，但也不得大于梯长的1/2，以免梯子滑落，使用时最好有人扶梯。作业人员登梯高度，腰部不得超过梯顶，切忌站在梯顶或顶上一、二级横档上作业，以防朝后仰面摔下。站立姿势要正确，不可采取骑马方式在人字梯上作业，以防人字梯两脚自动滑开时受伤，另外骑马站立的姿势，对人体操作也极不方便。

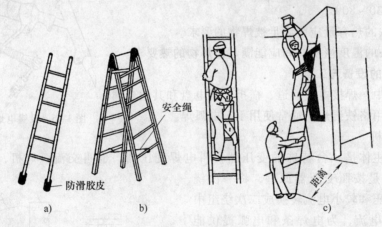

安全绳

防滑胶皮

距离

a)　　　　　　　　b)　　　　　　　　c)

图 1-37　电工用梯

第2章　安全用电常识

随着国民经济的迅速发展和人民生活水平的提高，电力已成为工农业生产和人民生活不可缺少的能源。电气安全是以安全为目标，以电气为领域的应用科学。平常所言用电安全和电器安全包含在电气安全之中。

电气安全工作主要包括两方面的任务：一方面是研究各种电气事故，研究各种电气事故的机理、原因、构成、规律、特点和防治措施；另一方面是研究用电气的方法解决安全生产问题，也就是研究应用电气监测、电气检查和电气控制的方法来评价系统的安全性或解决生产中的安全问题。

电气安全具有抽象性（电看不见，听不见，嗅不着）、广泛性（电的应用广泛，电气安全涉及多种学科）和综合性（工程技术工作和综合管理工作）等特点。

2.1　安全作业常识

由于电气作业有其危险性和特殊性，所以从事电气工作的人员属于特种作业人员，必须经过专门的安全技术培训和考核，经考试合格取得安全生产监督部门核发的操作证书后，才能独立作业。电工作业人员要严格遵守电工作业安全操作规程和各种安全规章制度，养成良好的工作习惯，严禁违章作业。

2.1.1　电工安全操作基本要求

1）电工在进行安装或维修电气设备时，应严格遵守各项安全操作规程，如《电气设备维修安全操作规程》和《手提移动电动工具安全操作规程》等。

2）做好操作前的准备工作（如检查工具的绝缘情况），并穿戴好劳动防护用品（如绝缘鞋、绝缘手套）等。

3）严格禁止带电操作，遵守停电操作的规定。操作前应先断开电源，再检查电器、线路是否已停电，未经检查的都应视为有电。

4）切断电源后，应及时挂上"禁止合闸，有人工作"的警示牌，必要时应加锁并带走电源开关内的熔断器，然后再开始工作。

5）工作结束后应遵守送电制度，禁止约时送电。送电时，先取下警示牌，装上电源开关的熔断器，然后送电。

6）低压线路带电操作时，应设专人监护，使用有绝缘柄的工具，必须穿长袖衣裤，扎紧袖口，穿绝缘鞋，戴绝缘手套，工作时必须站在绝缘垫上。

7）发现有人触电，应立即采取抢救措施，绝不允许临危逃离现场。

2.1.2　电气设备安全运行的基本要求

1）对各种电气设备应根据环境的特点建立相适应的电气设备安装规程和电气设备运行

管理规程，以保证设备处于良好的安全工作状态。

2）为保证正常运行，必须制定维护检修规程，定期对各种电气设备进行维护检修，消除隐患，防止设备事故和人身事故的发生。

3）应建立各种安全操作规程，如变配电室值班安全操作规程、电气装置安装规程、电气装置检修安全操作规程，以及手持式电动工具的使用、检查和维修安全操作规程等。

4）对电气设备制定的安全检查制度应认真执行。例如，定期检查电气设备的绝缘情况、保护接零和保护接地是否牢靠、灭火器材是否齐全、电气连接部位是否完好等，发现问题应及时维护检修。

5）应遵守负荷开关和隔离开关操作顺序：断开电源时，应先断开负荷开关，再断开隔离开关；接通电源时，则应先合上隔离开关，再合上负荷开关。

6）为了尽快排除各种故障和不正常运行情况，电气设备一般都应装有过载保护、短路保护、欠电压保护和失电压保护、断相保护和防止误操作保护等装置。

7）凡有可能遭雷击的电气设备，都应装有防雷装置。

8）对于使用中的电气设备，应定期测定其绝缘电阻；对接地装置应定期测定接地电阻，对安全工具、避雷器、变压器油等，也应定期检查、测定或进行耐压试验。

2.2　电气事故种类

2.2.1　电气事故基本原因

电气事故按照事故基本原因可分为以下几类：

1. 触电事故

触电事故是由电流的能量造成的，是电流对人体的伤害。电流对人体的伤害可分为电击和电伤。电击是电流通过人体内部，破坏人的心脏、神经系统、肺部，造成的伤害。电伤是电流的热效应、化学效应或机械效应对人体造成的局部伤害。通常所说的触电事故是指电击。

按照人体触及带电体的方式和电流通过人体的途径，触电可分为单相触电、两相触电、跨步电压触电、悬浮电路上的触电四种情况，其中前三种情况如图 2-1 所示。

单相触电指人体在地面，人体其他部位触及一相带电体的事故。单相触电事故的危险程度与电网运行方式有关。两相触电指人体两处同时触及两相带电体的触电事故，危险性一般比较大。跨步电压触电指人在接地点附近，由于两脚之间的跨步电压引起的触电事故。

220V 工频电流通过变压器相互隔离的一次、二次绕组后，从二次绕组输出的电压零线不接地，变压器绕组间不漏电时，即相对于大地处于悬浮状态。若人站在地上接触其中一根带电导线，不会构成电流回路，没有触

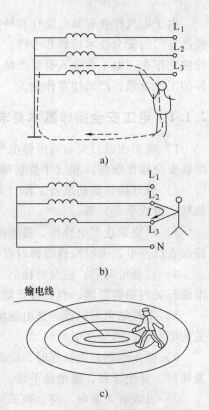

图 2-1　触电情况
a）单相触电　b）两相触电
c）跨步电压触电

电感觉。如果人体一部分接触二次绕组的一根导线，另一部分接触该绕组的另一根导线，则会造成触电。如音响设备的电子管功率放大器或部分彩色电视机，它们的金属底板是悬浮电路的公共接地点，在接触或检修这类机器的电路时，如果一只手接触电路的高电位点，另一只手接触低电位点，即用人体将电路连通造成触电，这就是悬浮电路触电。在检修这类机器时，一般要求单手操作，特别是电位差比较大时更应如此。

2. 雷电和静电灾害

雷电是大气电，其放电具有电流大、电压高的特点，有极大的破坏力。建筑物及个人都要考虑防雷措施。

静电是生产工艺过程中积累起来的正电荷和负电荷。能量不大，不会直接使人致命，但是，静电可能高达数万伏或更高，可产生静电火花，在石油、化工、粉末加工等场所，必须充分注意静电的危险。

3. 电路故障

电路故障是电能传递、分配、转换失去控制造成的。电气线路或电气设备故障可能影响到人身安全。

2.2.2 触电事故分析

1. 电流的生理作用及人体电气参数

触电事故是由电流的能量作用于人体而造成的，人体在电流的作用下，防卫能力迅速降低。研究表明，电流通过人体，对人体的伤害程度与通过人体的电流大小、持续时间、通过途径、电流频率以及人体状况等多种因素有关，各因素中，电流大小和通电时间起关键作用。电流大小与人体电气参数直接相关。

人体电阻主要由体内电阻和皮肤电阻组成。体内电阻基本上不受外界因素影响，其数值约为 500Ω。皮肤电阻随不同的条件在很大范围内变化，皮肤厚薄、潮湿程度、接触面积、是否有导电性粉尘都能影响到其大小。一般情况下，人体电阻可按 $1000\sim3000\Omega$ 考虑。

2. 电流对人体作用的影响因素

（1）电流大小

通过人体电流越大，人体的生理反应越明显，危险性越大。对于工频交流电，按照通过人体电流大小的不同，人体呈现的不同状态，可将电流划分为以下四级：

1）感知电流。能引起人体感觉的最小电流叫感知电流。通过对人体直接进行的大量实验表明，对不同的人，不同的性别，感知电流是不同的。成年男性的平均感知电流约为 1.1mA，成年女性的平均感知电流约为 0.7mA。

2）反应电流。引起意外的不由自主反应的最小电流叫反应电流。这种预料不到的电流可能导致高空摔跌或其他不幸。因此反应电流可能会给工作人员带来危险，而感知电流则不会造成什么后果。在数值上反应电流一般略大于感知电流。

3）摆脱电流。人触电后，在不需要任何外来帮助的情况下能自主摆脱电源的最小电流叫摆脱电流。摆脱电流是一项十分重要的指标，大量的实验表明，正常人在能摆脱电源所需的时间内，反复经受摆脱电流，不会有严重的不良后果。正常男性的摆脱电流为 9mA，正常女性的摆脱电流为 6mA。

4）死亡电流。触电后，引起心室纤维颤动概率大于 5% 的极限电流叫死亡电流。大量的实验表明，当触电电流大于 30mA 时有发生心室纤维颤动的危险，而心室纤维颤动是引起死亡的最主要的因素。

（2）电流持续时间的影响

触电时间越长，电流对人体引起的热伤害、化学伤害及生理伤害就越严重。另外，触电时间长，人体电阻因出汗等原因而降低，将导致触电电流进一步增加，这也将使触电的危险性进一步增加。

（3）电流流经途径的影响

电流流经人体的途径，对于人体的伤害程度影响很大。电流通过心脏会引起心室纤维颤动，较大的电流还会使心脏停搏；电流通过中枢神经或脊椎时，会引起有关的生理机能失调，如窒息致死等；电流通过脊髓，会使人截瘫；电流通过头部会使人昏迷，若电流较大，会对大脑产生伤害而致死。因此从左手到胸部以及从左手到右脚是最危险的电流途径。从右手到胸部或从右手到脚、从手到手等也都是很危险的电流途径，从脚到脚一般危险性就较小，但不等于说没有危险。例如由于跨步电压而造成触电时，开始电流仅通过两脚间，触电后由于双足剧烈痉挛而摔倒，此时电流就会经过其他要害部位，同样会造成严重后果。另一方面即使两脚触电，也会有一部分分流电流流经心脏，这同样会带来危险。

（4）人体电阻的影响

在一定的电压作用下，流经人体的电流大小和人体电阻成反比，因此人体电阻的大小将对触电后果产生一定的影响。体内电阻和皮肤电阻都将对触电后果产生影响，对电击来说，体内电阻的影响最为显著，但皮肤电阻有时却能对电击后果产生一定的抑制作用，而使其转化为电伤。由于人体皮肤潮湿，表面电阻较小，使电流极大部分从皮肤表面通过的缘故。夏天多汗，触电时较多出现烧伤事故。

人体电阻的大小和皮肤的状态有关。当皮肤处于干燥、洁净和无损伤时，人体电阻可高达 $40 \sim 100 k\Omega$；当皮肤处于潮湿状态，如湿手、出汗或受到损伤时，人体电阻会降到 1000Ω 左右。此外，人体电阻还和触电的状态有关，当接触面积加大，接触压力增加时也会降低人体电阻；通过的电流加大，通电的时间加长，会增加发热出汗，或使皮肤炭化，也会降低人体电阻；接触电压增高，会击穿角质层，也会降低人体电阻。

（5）电流频率的影响

电流的频率除了会影响人体电阻外，还会对触电的伤害程度产生直接的影响。$25 \sim 300 Hz$ 的交流电对人体的伤害远大于直流电。同时对交流电来说，当低于或高于以上频率范围时，它的伤害程度就会显著减轻。

（6）人体状况的影响

电流对人体的作用，女性较男性更为敏感，女性的感知电流和摆脱电流约比男性低 1/3。由于心室颤动电流约与体重成正比，因此小孩遭受电击较成人更危险。另外，身体的健康状况与精神状态正常与否，对于触电伤害后果有一定的影响，如患有心脏病、神经系统疾病、结核病等病症的人因电击引起的伤害程度要比正常人来得严重。

2.2.3　触电原因及预防措施

触电包括直接触电和间接触电两种。直接触电是指人体直接接触或过分接近带电体而触电；间接触电指人体触及正常时不带电只在发生故障时才带电的金属导体。下面首先分析触电的常见原因，从而提出预防直接触电和间接触电的几种措施。

1. 触电的常见原因

触电的场合不同，引起触电的原因也不同。下面根据在工农业生产、日常生活中发生的不同触电事例，将常见触电原因归纳如下：

（1）线路架设不合规格

室内、室外线路对地距离、导线之间的距离小于允许值；通信线、广播线与电力线间隔距离过近或同杆架设；线路绝缘破损；有的地区为节省电线而采用一线一地制送电等。

（2）电气操作制度不严格、不健全

带电操作时没有采取可靠的保安措施；不熟悉电路和电器而盲目修理；救护已触电的人时自身未采取安全保护措施；停电检修时未悬挂警示牌；检修电路和电器时使用不合格的绝缘工具；人体与带电体过分接近又无绝缘措施或屏护措施；在架空线上操作时未在相线上加临时接地线（零线）；无可靠的防高空跌落措施等。

（3）用电设备不合要求

电器设备内部绝缘层损坏，金属外壳又未加保护措施或保护接地线太短、接地电阻太大，开关、闸刀、灯具、携带式电器等的绝缘外壳破损，失去防护作用；开关、熔断器误装在中性线上，一旦断开，就会使整个线路和设备带电。

（4）用电不谨慎

违反布线规程，在室内乱拉电线；随意加大熔断器熔丝的规格；在电线上或电线附近晾晒衣物；在电杆上拴牲畜；在电线（特别是高压线）附近打鸟、放风筝；未断开电源就移动家用电器；打扫卫生时，用水冲洗或用湿布擦拭带电的电器或线路等。

2. 预防触电的措施

（1）预防直接触电的措施

1）绝缘措施。用绝缘材料将带电体封闭起来的措施叫绝缘措施。良好的绝缘是保证电气设备和线路正常运行的必要条件，是防止触电事故的重要措施。

2）屏护措施。采用屏护装置将带电体与外界隔绝开来，以杜绝不安全因素的措施叫屏护措施。常用的屏护装置有遮拦、护罩、护盖、栅栏等。如常用电器的绝缘外壳、金属网罩、金属外壳、变压器的遮拦、栅栏等都属于屏护装置。凡是金属材料制作的屏护装置，应妥善接地或接零。

3）间距措施。为防止人体触及或过分接近带电体，避免车辆或其他设备碰撞或过分接近带电体，也为防止火灾、过电压放电及短路事故和操作的方便，在带电体与地面之间、带电体与带电体之间、带电体与其他设备之间，均应保持一定的安全间距，这叫做间距措施。安全间距的大小取决于电压的高低、设备的类型、安装的方式等因素。如导线与建筑物的最小距离见表 2-1。

表 2-1　导线与建筑物的最小距离

线路电压/kV	1.0 以下	10.0	35.0
垂直距离/m	2.5	3.0	4.0
水平距离/m	1.0	1.5	3.0

（2）预防间接触电的措施

1）加强绝缘措施。对电气线路或设备采取双重绝缘，加强绝缘或对组合电气设备采用共同绝缘被称为加强绝缘措施。采用加强绝缘措施的线路或设备绝缘牢靠，难于损坏，即使工作绝缘损坏后，还有一层加强绝缘，不易发生带电金属导体裸露而造成间接触电。

2）电气隔离措施。采用隔离变压器或具有同等隔离作用的发电机，使电气线路和设备的带电部分处于悬浮状态。即使该线路或设备工作绝缘损坏，人站在地面上与之接触也不易触电。

应注意的是，被隔离回路的电压不得超过 500V，其带电部分不得与其他电气回路或大地相连，才能保证其隔离要求。

3）自动断电措施。在带电线路或设备上发生触电事故或其他事故（短路、过载、欠电压）时，在规定时间内，能自动切断电源而起保护作用的措施叫自动断电措施。如漏电保护、过电流保护、过电压或欠电压保护、短路保护、接零保护等均属自动断电措施。

3. 安全电压

我国有关标准规定，12V、24V 和 36V 三个电压等级为安全电压级别，不同场所选用的安全电压等级不同。

在湿度大、狭窄、行动不便、周围有大面积接地导体的场所（如金属容器内、矿井内、隧道内等）使用的手提照明灯，应采用 12V 的安全电压。

凡手提照明器具、在危险环境或高危险环境的局部照明灯、高度不足 2.5m 的一般照明灯、便携式电动工具等，若无特殊的安全防护装置或安全措施，均应采用 24V 或 36V 安全电压。

4. 接地与接零

（1）接地

电力、电子设备的接地是保障设备安全、操作人员安全和设备正常运行的必要措施。可以认为，凡是与电网连接的所有仪器设备都应当接地；凡是电力需要到达的地方，就是接地工程需要做到的地方。电气设备的某部分与土壤之间进行良好的电气连接，称为接地。与土

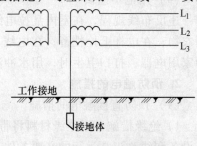

图 2-2　工作接地

壤直接接触的金属物体，称为接地体或接地极。接地按用途不同又分为工作接地和保护接地。

1）工作接地。根据电力系统运行的要求而进行的接地（如发电机中性点的接地），称为工作接地，如图 2-2 所示。工作接地有如下作用：

①　减轻高压窜入低压侧的危险。由于配电变压器中存在高压窜入低压侧的可能性，一旦高压窜入低压侧，整个低压系统都将带上非常危险的对地电压。有了工作接地，就能稳定低压电网的对地电压，高压窜入低压侧时将低压系统的对地电压限制在规定的 120V 以下。

②　减轻低压一相接地时的触电危险。在中性点不接地系统中，一相接地时，导线和地面之间存在电容和绝缘电阻，可构成电流的通路，但由于阻抗很大，以致接地电流很小，不足以使保护装置动作而切断电源，所以接地故障不易被发现，可能长时间存在。而在中性点接地的系统中，一相接地后的接地电流较大，接近单相短路，保护装置迅速动作，断开故障点。

我国的 220/380V 低压配电系统，都采用中性点直接接地的运行方式。工作接地是保证低压电网正常运行的主要安全设施。工作接地电阻必须不大于 4Ω。

2）保护接地。将电气装置的金属外壳和构架与接地装置作电气连接，因为它对间接触电有防护作用，所以称作保护接地。由于绝缘破坏或其他原因而可能呈现危险电压的金属部

分，都应采取保护接地措施。如电动机、变压器、开关设备、照明器具及其他电气设备的金属外壳，都应采取保护接地措施。一般低压系统中，保护接地电阻应小于 4Ω，如图 2-3 所示。保护接地是中性点不接地系统的主要安全措施。

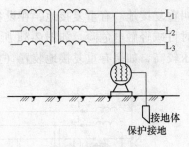

图 2-3　保护接地

当设备的绝缘损坏（如电动机某一相绕组的绝缘受损）而使外壳带电，且外壳没有保护接地的情况下，人体一旦触及外壳就相当于单相触电，如图 2-4 所示。这时接地电流 I_e 的大小取决于人体电阻 R_b 和线路绝缘电阻 R_0，当系统的绝缘性能下降时，就有触电的危险。

如果设备的绝缘损坏（如电动机某一相绕组的绝缘受损）而使外壳带电，在外壳已进行保护接地的情况下，若人体触及外壳（见图 2-5）由于人体电阻 R_b 与接地电阻 R_e 并联，而接地电阻远远小于人体电阻，通过人体的电流很小，不会有危险。

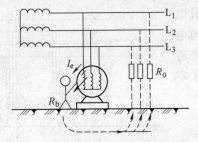

图 2-4　没有保护接地时的触电危险

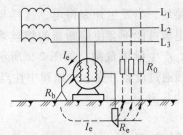

图 2-5　有保护接地时的触电危险

3）保护接零。就是将电气设备在正常情况下不带电的金属部分与电网的零线（或中性线）紧密连接起来，如图 2-6 所示。当电动机某一相绕组因绝缘损坏而与外壳相接时，就形成相应电源相线与零线的直接短路。很大的短路电流（通常可以到达数百安培使电路上的保护装置迅速动作，例如使熔断器烧断或使断路器跳闸，从而及时切断电源，使外壳不再带电。保护接零是中性点接地的三相四线制和三相五线制低压配电电网采取的最主要的安全措施。在保护接零系统中，零线回路不允许装设熔断器和开关，以防止零线断线。对中性点不接地系统，不可采用保护接零。

4）重复接地。在保护接零的电气设备的外壳带电时，相线和零线形成回路，设备的对地电压较高，为了改善上述情况，在设备接零处再加一接地装置，如图 2-7 所示，这种方式

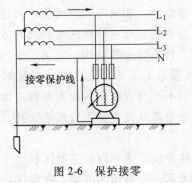

图 2-6　保护接零

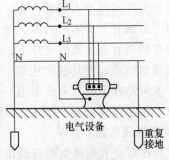

图 2-7　重复接地

叫重复接地。有重复接地，在设备外壳碰电时，外壳电压较低，无危险；另外，在零线断裂时可减轻触电危险。如图 2-8a 所示，甲设备外壳碰电，零线某处断开，甲、乙设备外壳电压较高，如果有重复接地装置（见图 2-8b），甲、乙设备外壳电压都较低。

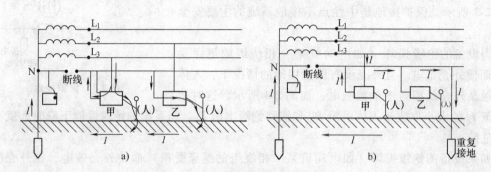

图 2-8　重复接地的作用

在接零系统中应避免部分设备采用保护接零，另一些设备采用保护接地。因为如果某设备外壳接地，当发生外壳碰电，这样与接零系统形成电流，而电流可能不会使熔断器的熔丝熔断。零线对地电压升高，产生触电危险。如图 2-9 所示，B 设备外壳碰电，相线通过设备外壳、大地到中性点形成电流 I_B 使零线 N 的电压升高。

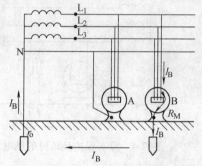

图 2-9　有的设备接地，有的设备接零

2.3　触电急救

触电事故总是突然发生的，情况危急，刻不容缓，现场人员必须当机立断，用最快的速度、以正确的方法，首先使触电者脱离电源，然后立即进行现场救护。只要方法得当，坚持不懈，多数触电者可以"起死回生"。因此，每个电气工作者和其他有关人员必须熟练掌握触电急救方法。

2.3.1　脱离电源

触电急救首先要使触电者迅速脱离电源。触电时间越长，触电者的危险性越大。下面介绍使触电者脱离电源的几种方法，可根据具体情况，选择采用。

1. 脱离低压电源

如果开关距离救护人较近，应迅速拉开开关，切断电源。如果开关距离救护人较远，可用绝缘电工钳或有干燥木柄的刀、斧等将电源切断，但要防止带电导线断落触及人体。如果导线搭落在触电者身上或压在身下，可用干燥的木棒、竹竿等挑开导线，或用干燥的绝缘绳套拉导线或触电者，使其脱离电源。如果触电人的衣服是干燥的，且导线并非紧缠在其身上，救护人可站在干燥的木板上用一只手拉住触电者的不贴身衣服将其拉离电源。如果人在高空触电，还必须采用安全措施，以防电源断开后，触电者从高空摔下致残或致死。

2. 脱离高压电源

抢救高压触电者脱离电源与低压触电者脱离电源的方法大为不同，主要区别在于：在高电压下，一般绝缘物不能保证抢救者的安全；电源开关远，不易切断电源；电源保护装置灵敏度比低压高。为此，脱离电源的方法不同。

1）立即通知有关部门停电。

2）戴上绝缘手套、穿上绝缘靴，拉开高压断路器；用相应电压等级的绝缘工具拉开高压跌落开关，切断电源。

3）抛掷裸金属软导线，造成线路短路，迫使保护装置动作，切断电源。但应保证抛掷导线不触及人体。

具体的注意事项如下：

1）救护人不得用金属和其他潮湿的物品当作救护工具。

2）未采取任何绝缘措施，救护人不得直接触及触电者的皮肤和潮湿的衣服。

3）在使触电者脱离电源的过程中，救护人最好用一只手操作，以防触电。

4）夜晚发生触电事故，应考虑切断电源后的临时照明，以利于救护。

2.3.2　现场救护

触电者脱离电源后，应立即就近转移至干燥、通风的地方，并迅速进行现场急救。同时，通知医务人员到现场并做好送往医院的准备工作。

现场救护大体有以下三种情况：

1）如果触电者受伤不太严重，神志清醒，只是有些心慌、四肢发麻、全身无力，一度昏迷，但未失去知觉，则应使触电者静卧休息，不要走动。严密观察，同时请医生前来或送医院治疗。

2）如果触电者失去知觉，但呼吸与心跳正常，应使其舒适平卧，四周不要围人，保持空气流通，可解开衣服，以利呼吸。天冷时要注意保暖。同时立即请医生前来或送医院治疗。

3）如果触电者呈现假死症状，即呼吸停止，应立即进行人工呼吸；如心脏停搏，应立即进行胸外心脏按压；当触电者呼吸和心脏跳动均已停止，应立即进行人工呼吸和胸外心脏按压。现场抢救工作应做到医生到来前不等待，送医院中途不中断，否则触电者会很快死亡。

现场抢救中特别是触电者出现假死的情况，人工呼吸和胸外心脏按压是现场救护主要方法，任何药物不能代替。另外，对触电者用药或注射针剂，必须由有经验的医生诊断后确定，要慎重使用。

2.3.3　人工呼吸法和胸外心脏按压法

呼吸和心脏跳动是人存活的基本表征。正常的呼吸是由呼吸中枢神经支配的，由肺的扩张和缩小，吸入氧气，排除二氧化碳，维持机体的正常生理功能。呼吸一旦停止，机体不能建立正常的气体交换，会导致人的死亡。人工呼吸法是采用人工机械的强制作用维持气体交换并恢复正常呼吸。

心脏是血液循环的发动机。正常的心脏跳动是一种自主行为，同时受交感神经、副交感神经及体液的调节。由于心脏的收缩和舒张，把氧气和养料输送给机体，并把机体的二氧化碳和废料带回。心脏一旦停止跳动，血液循环停止，机体会因缺乏氧气和养料而丧失正常功能，最后导致死亡。体外心脏按压法是采用人工机械的强制作用维持血液循环，并逐步过渡到正常的心脏跳动。

1. 口对口（或口对鼻）人工呼吸法

如果触电人伤害较严重，失去知觉，停止呼吸，但心脏微有跳动时，应采用口对口人工呼吸法。具体做法是：

1）迅速解开触电人的衣服、裤带，松开其上身的紧身衣、护胸罩和围巾等，使其胸部能自由扩张，不妨碍呼吸。

2）使触电人仰卧，不垫枕头，头侧向一边，清除其口腔内的血块、假牙及其他异物等。如其舌根下陷，应将舌头拉出，使呼吸畅通。如触电者牙关紧闭，救护人员应以双手托住其下巴骨的后角处，大拇指放在下巴角的边缘，用手持下巴骨慢慢向前推移，使下牙移到上牙之前，也可用开口钳、小木片、金属片等，小心从口角伸入牙缝撬开牙齿，清除口腔异物。然后将其头部扳正，使之尽量后仰，鼻孔朝天，使呼吸畅通。

3）救护人位于触电人头部的左边或右边，用一只手捏紧鼻孔，不便漏气；另一只手将其下巴拉向前下方，使其嘴巴张开，嘴上可盖一层纱布，准备接受吹气。

4）救护人员深呼吸后，紧贴触电人的嘴巴，向他大口吹气，如图 2-10 所示。同时观察触电人胸部隆起程度，一般应以胸部略有起伏为宜。胸部起伏过大，说明吹气太多，容易吹破肺泡。胸部无起伏或起伏太小，则吹气不足，应适当加大吹气量。

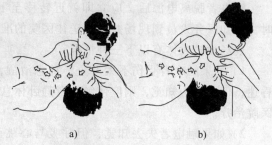

5）救护人吹气至需要换气时，应立即离开触电人的嘴巴，并放松紧捏的鼻子，让其自由排气，如图 2-10b 所示，这时应注意观察

图 2-10　口对口人工呼吸法
a）吹气　b）换气

触电人胸部的复原情况，倾听口鼻处有无呼气声，从而检查呼吸是否阻塞。

6）按照上述要求对触电人反复地吹气、换气，每分钟约 12 次。对幼儿施行此法时，鼻子不必捏紧，可任其漏气，且吹气不能过猛，以免将肺泡胀破。

2. 人工胸外挤压心脏法

人工胸外挤压心脏的具体操作步骤如下：

1）解开触电人的衣裤，清除口腔内异物，使其胸部能自由扩张。

2）使触电人仰卧，姿势与口对口吹气法相同，但背部着地处的地面必须牢固，如硬地或木板之类。

3）救护人员位于触电人一边，最好是弯腰跪在触电人的腰部，将一只手的掌根放在心窝稍高一点的地方（掌根放在胸骨的下 1/3 部位），中指指尖对准锁骨下边缘，另一只手压在那只手的背上呈两手交叠状（对儿童可用一只手）。

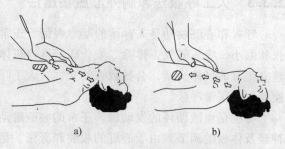

4）救护人员找到触电人的正确按压点，自上而下，垂直均衡地用力向下挤压，压出心脏里面的血液，如图 2-11a 所示。对儿

图 2-11　人工胸外挤压心脏法
a）挤压　b）放松

童用力要适当小一些。

5）挤压后，迅速放松（但手掌不要离开胸部）。使触电人胸部自动复原，心脏扩张，血液又回到心脏里来，如图 2-11b 所示。

按照上述方法反复地对触电人的心脏进行挤压和放松，每分钟约 60 次。挤压时定位要准确，用力要适当。不可用力过猛，以免将胃肠中的食物也挤压出来，堵塞气管，影响呼吸，或折断肋骨，损伤内脏；也不可用力过小，达不到挤压血流的作用。

在施行人工呼吸和心脏按压时，救护人员应密切观察触电人的反应，只要发现触电人有苏醒征兆，如眼皮微动或嘴唇微动，就应中止操作几秒钟，以让触电人自行呼吸和心跳。

施行人工呼吸和心脏按压，对救护人员来说是非常劳累的，但必须坚持不懈，直到触电人苏醒或医务人员前来救治为止。只有医生才有权宣布触电人真正死亡。事实说明，只要正确地坚持施行人工救治，触电假死的人被抢救复活的可能性是非常大的。

2.4 电气装置的防火和防爆

工业企业电气设备的绝缘，大部分是采用易燃物质组成的，在运行中导体通过电流要发热，开关切断电流也要产生火花，或由于短路事故等原因产生的电弧，而将周围的易燃物质引燃，从而会发生火灾或爆炸。

2.4.1 电气火灾和爆炸的原因

发生电气火灾和爆炸要具备两个条件：首先要有可燃物，其次要有引燃条件。

1. 易燃易爆环境

在各类生产和生活场所中，广泛存在着可燃易爆物质，其中石油、煤炭、化工和军工等工业生产部门尤为突出。炸药等一些物质接触到火源即可引起爆炸；纺织工业和食品工业生产场所的可燃气体、粉尘或纤维一类物质，接触火源就会燃烧，与空气混合，即可形成爆炸性混合物。

2. 电气设备产生火花和高温的原因

在生产场所的动力、控制、保护、测量等系统中，各种电气设备和线路在正常工作或事故中常会产生电弧火花和危险的高温。

1）有些电气设备在正常工作情况下就能产生火花、电弧和高温。开关电器开合、运行中的直流电机电刷与集电环间等总有或大或小的火花；电焊机就是靠电弧工作的；碘钨灯管壁温度高达 500 ~ 700℃ 。

2）电气设备和线路，由于绝缘老化或绝缘损伤，导致相间短路或对地短路，从而产生火花、电弧或高温。

3）雷电过电压、内部过电压和静电也会引起火花或电弧。

3. 发生电气火灾与爆炸的条件

如果在生产场所或生活场所中存在可燃易爆物质，当空气中的含量超过其危险浓度时，或在电气设备和线路正常或事故状态下产生的火花、电弧或危险高温的作用下，就会造成电气火灾和爆炸。

2.4.2　电气火灾和防爆的措施

根据电气火灾和爆炸形成的原因，防火和防暴措施应是改善环境条件，设法从场所空气中排除易燃易爆物质，还应避免电器装置产生火灾和爆炸的火源。

1. 排除易燃易爆物质

1）保持良好通风，加速空气流通和交换，将粉尘浓度限制在不会发生火灾和爆炸的范围内。

2）加强密封，减少易燃易爆物质的来源。

2. 排除电气火源

在设计、安装电器装置时，应采取以下措施排除电气火源：

1）正常运行时能够产生火花、电弧和危险高温的电器装置应放在非易燃易爆的场所。

2）在火灾和爆炸危险的场所，应少用或不用便携式电气设备。

3）火灾和爆炸危险场所的电气设备，应根据危险场所的等级合理选择电气设备的种类，以适应场所的条件和要求。

4）在爆炸危险场所，绝缘线应敷设在钢管内，严禁明敷。

5）在火灾危险场所，应采用无延燃性外层的电缆和无延燃性护套的绝缘导线，用钢管或塑料管敷设。

6）正确选用保护装置，以便在严重过负荷或发生事故的情况下，准确、及时地将设备切除。

7）突然停电有可能引起电气火灾或爆炸的场所，应有两路及以上的电源供电。

8）爆炸和火灾危险场所内的电气设备的金属外壳要可靠接地，以便发生碰壳接地短路时迅速切断电源。

3. 土建和其他方面的措施

在土建和其他方面应采取以下措施以防止火灾扩大并保护人身安全：

1）变配电装置室等建筑的耐火等级不应低于二级，且变压器与多油断路器室应为一级。

2）变配电装置、室等建筑的门及有爆炸、火灾危险的门，均应向外开启。

3）室内装设的充油电气设备，单台总油量 60kg 以下时，一般安装在有隔离板的间隔内；总油量为 60～600kg 时，应安装在有防爆隔离墙的间隔内；总油量超过 600kg 时，应安装在单独的防爆间内。

4）油量为 2500kg 以上的室外油浸变压器，彼此间无防火墙时，其防火净距不应小于 10m。

5）爆炸和火灾危险场所的地面用耐火材料铺设，对爆炸和火灾危险场所的房间应采取隔热和遮阳措施。

4. 扑灭电气火灾的常识

电气火灾对国家和人民生命有很大威胁，因此，应以预防为主，防患于未然。同时，还要做好扑灭电气火灾的充分准备。

（1）电气火灾的特点

电气火灾与一般火灾相比，有两个突出特点：

1）着火后电器装置可能仍然带电，并且电气绝缘损坏或带电导线断落等接地短路事故发生时，一定范围内存在危险的接触电压和跨步电压，灭火时要注意安全。

2）充油电气设备如变压器、油断路器等，受热后可能喷油，甚至爆炸，造成火灾蔓延并危及救火人员的安全。所以，扑灭电气火灾，应根据电器装置的具体情况，做一些特殊的规定。

(2) 灭火前的电源处理

发生电气火灾时，为防止人员触电，应尽可能先切断电源，而后再扑救。切断电源时应注意以下几点：

1）停电时，应按规定进行操作，严防带负荷拉刀开关。火场的开关电器，其绝缘可能降低或破坏，因此，操作时应戴绝缘手套、穿绝缘鞋并使用相应等级的绝缘工具。

2）切断带电线路导线时，切断点应选择在电源侧的支持物附近，以防导线断落后触及人体或短路。

3）夜间发生电气火灾，切断电源，要考虑临时照明，以利扑救。

4）需要电力部门切断电源时，应迅速用电话联系，说明情况。切断电源后的电气火灾，多数情况下可按一般火灾扑救。

(3) 不切断电源灭火的保安措施

1）扑救人员及使用的导电消防器材与带电部分应保持足够的安全距离。

2）高压电气设备或线路发生接地时，在室内，扑救人员不得进入距故障点 4m 以内；在室外，不得进入距故障点 8m 以内。否则，扑救人员应穿绝缘鞋、戴绝缘手套。

3）扑救架空线路的火灾时，人体与带电导线的仰角不应大于 45°，并应站在线路外侧，以防导线断落后触及人体。

4）使用水枪带电灭火时，扑救人员应穿绝缘鞋、戴绝缘手套并将水枪的金属喷嘴接地。

5）应使用不导电的灭火剂和化学干粉灭火剂，如二氧化碳、四氯化碳、二氟一氯一溴甲（简称1211）。因泡沫灭火剂导电，在带电灭火时禁止使用。

(4) 充油电气设备的灭火措施

充油电气设备着火时，应立即切断电源，然后灭火。备有事故储油池时，应设法将油泄放入储油池，池内的油火可用干沙和灭火剂扑灭。地面上的油火不得用水喷射，以防油火蔓延扩大。

5. 灭火器适用的火灾及使用方法

(1) 泡沫灭火器

泡沫灭火器筒身内悬挂装有硫酸铝水溶液的玻璃瓶或聚乙烯塑料制的瓶胆。筒身内装有碳酸氢钠与发沫剂的混合溶液，使用时将筒身颠倒过来，碳酸氢钠与硫酸两溶液混合后发生化学反应，产生二氧化碳气体泡沫由喷嘴喷出。

泡沫灭火器适用于扑救一般 B 类火灾，如油制品、油脂等火灾，也可适用于 A 类火灾，但不能扑救 B 类火灾中的水溶性可燃、易燃液体引起的火灾，如醇、酯、醚、酮等物质引起的火灾；也不能扑救带电设备及 C 类和 D 类火灾。

泡沫灭火器存放应选择干燥、阴凉、通风并取用方便之处，不可靠近高温或可能受到曝晒的地方，以防止碳酸分解而失效；冬季要采取防冻措施，以防止冻结；并应经常擦除灰尘、疏通喷嘴，使之保持通畅；泡沫灭火器只能立着放置，筒内溶液一般每年更换一次。泡沫灭火器的使用方法如图 2-12 所示。右手握着压把，左手托着灭火器底部，轻取下灭火器，然后用右手提筒体上部的提环，迅速奔赴火场。这时应注意不得使灭火器过分倾斜，更不可横拿或颠倒，以免两种药剂混合而提前喷出。当距离着火点 10m 左右，用右手捂住喷嘴，左手执筒底边缘；把灭火器颠倒过来呈垂直状态，用劲上下晃动几下，然后放开喷嘴；将射流对准燃烧物，站在离火源 8m 的地方喷射。在扑救可燃液体火灾时，如已呈流淌状燃烧，则将泡沫由远而近喷射，使泡沫完全覆盖在燃烧液面上；如在容器内燃烧，应将泡沫射向容器的内壁，使泡沫沿着内壁流淌，逐步覆盖着火液面。切忌直接对准液面喷射，以免由于射流的冲击，反而将燃烧的液体冲散或冲出容器，扩大燃烧范围。在扑救固体物质火灾时，应将射流对准燃烧最猛烈处。灭火时随着有效喷射距离的缩短，使用者应逐渐向燃烧区靠近，并始终将泡沫喷在燃烧物上，直到扑灭。使用时，灭火器应始终保持倒置状态，否则会中断喷射。灭火后，将灭火器卧放在地上，喷嘴朝下。

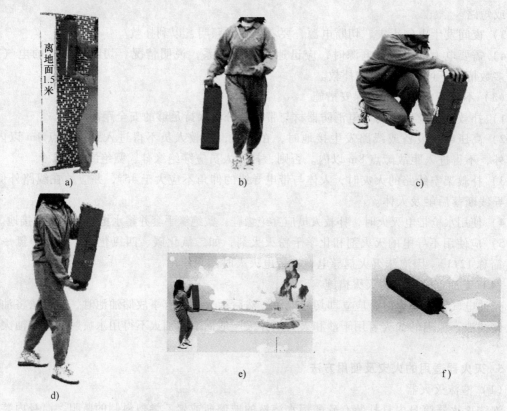

图 2-12　泡沫灭火器的使用方法

（2）二氧化碳灭火器适用的火灾和使用方法

二氧化碳呈液态灌入钢瓶内，在 20℃ 时钢瓶内的压力为 6MPa，使用时液态二氧化碳从灭火器喷出后迅速蒸发，变成固态雪花状的二氧化碳，又称干冰，其温度为 −78℃。固体二氧化碳在燃烧物体上迅速挥发而变成气体。当二氧化碳气体在空气中含量达到 30% ～35% 时，物质燃烧就会停止。

二氧化碳灭火器主要适用于各种易燃、可燃液体和可燃气体火灾，还可用于扑救仪器仪表、图书档案、工艺品和低压电器设备等的初起火灾。

二氧化碳灭火器的使用方法如图 2-13 所示。灭火时只要将灭火器提到或扛到火场，在距燃烧物 5m 左右，放下灭火器拔出保险销，一手握住喇叭筒根部的手柄，另一只手紧握启动阀的压把。对没有喷射软管的二氧化碳灭火器，应把喇叭筒往上扳 70°～90°。使用时，不能直接用手抓住喇叭筒外壁或金属连线管，也不要把喷筒对着人，以防冻伤。喷射方向应顺风。灭火时，当可燃液体呈流淌状燃烧时，使用者将二氧化碳灭火剂的喷流由近而远向火焰喷射。如果可燃液体在容器内燃烧时，使用者应将喇叭筒提起。从容器的一侧上部向燃烧的容器中喷射。但不能将二氧化碳射流直接冲击可燃液面，以防止将可燃液体冲出容器而扩大火势，造成灭火困难。

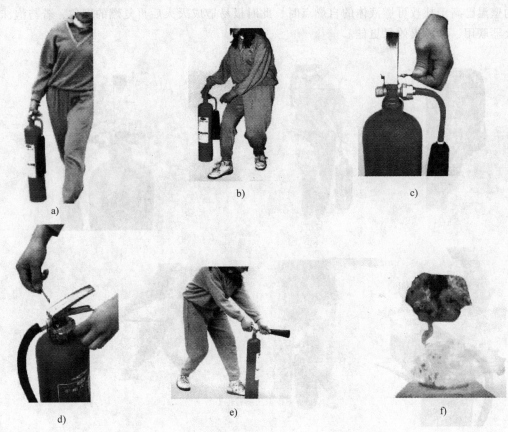

图 2-13　二氧化碳灭火器的使用方法

（3）干粉灭火器适用的火灾和使用方法

干粉灭火器是利用二氧化碳或氮气作动力，将干粉从喷嘴内喷出，形成一股雾状粉流，射向燃烧物质灭火。

碳酸氢钠干粉是普通干粉又称 BC 干粉，适用于易燃、可燃液体、气体及带电设备的初起火灾，对固体火灾则不适用。磷酸铵盐干粉是多用干粉又称 ABC 干粉，除可用于上述几类火灾外，还可扑救固体类物质的初起火灾，但都不能扑救金属燃烧火灾。

干粉灭火器应保持干燥、密封，以防止干粉结块，同时应防止日光曝晒，防止二氧化碳受热膨胀而发生漏气。

干粉灭火器的使用方法如图 2-14 所示。灭火时，可手提或肩扛灭火器快速奔赴火场，距燃烧处 5m 左右，放下灭火器。如在室外，应选择在上风方向喷射。操作者应先将开启健上的保险销拔下，然后握住喷射软管前端喷嘴部，另一只手将开启压把压下进行灭火。干粉灭火器扑救可燃、易燃液体火灾时，应对准火焰腰部扫射，如果被扑救的液体火灾呈流淌燃烧时，应对准火焰根部由近而远，并左右扫射，直至把火焰全部扑灭。

如果可燃液体在容器内燃烧，使用者应对准火焰根部左右晃动扫射，使喷射出的干粉流覆盖整个容器开口表面；当火焰被赶出容器时，使用者仍应继续喷射，直至将火焰全部扑灭。在扑救容器内可燃液体火灾时，应注意不能将喷嘴直接对准液面喷射，防止喷流的冲击力使可燃液体溅出而扩大火势，造成灭火困难。当可燃液体在金属容器中燃烧时间过长，容器的壁温已高于扑救可燃液体的自燃点时，此时极易造成灭火后再复燃的现象，若与泡沫类灭火器联用，则灭火效果更佳。

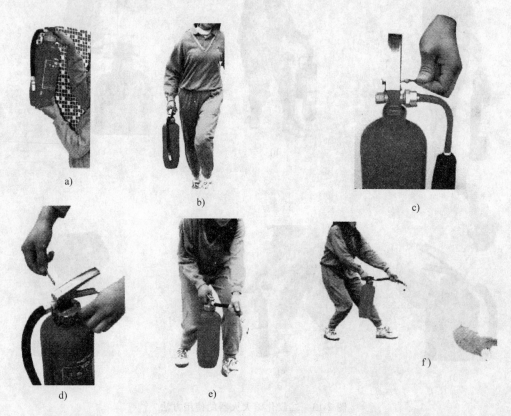

a)   b)   c)

d)   e)   f)

图 2-14 干粉灭火器的使用方法

2.5 防雷常识

雷击是一种自然现象，它往往威胁着人们的生产和生活安全。人们通过长期对雷电的探索研究，找出了它的活动规律，也研究出了一系列防雷措施。

2.5.1 雷电的形成与活动规律

闪电和雷鸣是大气层中强烈的放电现象。在云块的形成过程中，由于摩擦和其他原因，有些云块可能积累正电荷，另一些云块又可能积累负电荷，随着云块间正、负电荷的分别积累，云块间的电场越来越强，电压也越来越高。当这个电压高达一定值或带异种电荷的云块接近到一定距离时，会将其间的空气击穿，发生强烈放电。云块间的空气被击穿电离发出耀眼闪光，形成闪电。空气被击穿时受高热而急剧膨胀，发出爆炸的轰鸣，形成雷声。人们在长期的生产实践和科学实验中，逐步认识和总结出了雷电活动的规律。在我国，雷电发生的总趋势是：南方比北方多，山区比平原多，陆地比海洋多，热而潮湿的地方比冷而干燥的地方多，夏季比其他季节多。在同一地区，凡是电场分布不均匀、导电性能较容易感应出电荷以及云层容易接近的区域，更容易产生雷电而导致雷击。

具体地说，下列物体或地点容易受到雷击：

1）空旷地区的孤立物体、高于 20m 的建筑物或构筑物，如宝塔、水塔、烟囱、天线、旗杆、尖形屋顶、输电线路杆塔等。

2）冒出热气（含有大量导电质点、游离态分子）的烟囱、排出导电尘埃的厂房、排废气的管道和地下水出口。

3）金属结构的屋面，砖木结构的建筑物或构筑物。

4）特别潮湿的建筑物、露天放置的金属物。

5）金属的矿床、河岸、山坡系与稻田接壤的地区，土壤电阻率小的地区，土壤电阻率变化大的地区。

6）山谷风口处，在山顶行走的人畜。

上述这些容易受雷击的地方，在雷雨时应特别注意。

2.5.2 雷电的种类与危害

1. 雷电的种类

1）直击雷：雷云离大地较近，附近又没有带异种电荷的其他雷云与之中和，这时带有大量电荷的雷云与地面凸出部分将产生静电感应，在地面凸出部分感应出大量异性电荷而形成强电场，当其间的电压达到一定值时，将发生雷云与地面凸出部分之间的放电，这就是直击雷。

2）感应雷：感应雷分为静电感应雷和电磁感应雷两种。静电感应雷是由于雷云接近地面，先在地面凸出物顶部感应出大量异性电荷，当雷云与其他雷云或物体放电后，地面凸出物顶部的感应电荷失去束缚，以雷电波的形式从凸出部分沿地面极快地向外传播，在一定时间和部位发生强烈放电，形成静电感应雷。电磁感应雷是在发生雷电时，巨大的雷电流在周围空间产生迅速变化的强大磁场，这种变化的强磁场在附近的金属导体上感应出很高的冲击电压，使其在金属回路的断口处发生放电而引起强烈的火光和爆炸。

3）球形雷是一种很轻的火球，能发出极亮的白光或红光，通常以 2m/s 左右的速度从门、窗、烟囱等通道侵入室内，当它触及人畜或其他物体时发生爆炸或燃烧而造成伤害。

雷电侵入波是雷击时在架空线或空中金属管道上产生的高压冲击波，它会沿着线路或管道侵入室内，危及人、牲畜和设备安全。

2. 雷电的危害

地面附近的雷云的电场强度高达 $5\sim300kV/m$，电位高达数十到数十万千伏，放电电流为数十到数百千安，而放电时间只有 $0.00015\sim0.001s$。可见雷电的电场特别强，电压特别高，电流特别大，在极短的时间释放出巨大能量，其破坏作用无疑是相当严重的。雷电的危害大致有以下四个方面：

（1）电磁性质的破坏

发生雷击时，可产生高达数百万伏的高压冲击波，还可在导线或金属物体上感应出几万乃至几十万伏的特高电压。这种特高电压足以破坏电气设备和导线的绝缘层，或在金属物体的间隙及连接松动处形成火花放电，引起爆炸，或者形成雷电侵入波侵入室内危及人、牲畜或设备安全。

（2）热性质的破坏

强大的雷电流在极短的作用时间内，转换成强大的热能，足以使金属熔化、飞溅，树木烧焦。如果击中易燃品或房屋，还将引起火灾。

（3）机械性质的破坏

当雷电击中树木、电杆等物体时，被击物缝隙中的气体，受高热急剧膨胀，其中的水分又因受热而急剧蒸发，产生大量气体，造成被击物体的破坏和爆炸。

此外，由于电流变化极大，同性电荷之间强大的静电斥力、同方向电流之间的电磁吸力也有很强的破坏作用，雷击时产生的冲击气浪也将对附近的物体造成破坏。

（4）跨步电压破坏

雷电电流通过接地装置或地面雷击点向周围土壤中扩散时，在土壤电阻的作用下，向周围形成电压降，此时若有人、牲畜在该区域站立或行走，将受到雷电跨步电压的伤害。

3. 防雷常识

1）为了避免避雷针上雷电的高电压通过接地体传到输电线路而引入室内，避雷针接地体与输电线路接地体在地下至少应相距 10m。

2）为防止感应雷和雷电侵入波沿架空线进入室内，应将进户线最后一根支承物上的绝缘子铁脚可靠接地，在进户线最后一根电杆上的中性线应加重复接地。

3）雷雨时在野外不要穿湿衣服，雨伞不要举得过高，特别是有金属柄的雨伞。若有几个人同路时，要相距几米远分散避雷，不得手拉手聚在一起。

4）躲避雷雨应选择有屏蔽作用的建筑或物体，如金属箱体、汽车、电车、混凝土房屋等。

不能站在孤立的大树、电杆、烟囱和高墙下，不要乘坐敞篷车或骑自行车，因这些物体容易受直击雷轰击。

5）雷雨时不要停留在易受雷击的地方，如山顶、湖泊、河边、沼泽地、游泳池等；在野外遇到雷雨时，应蹲在低洼处或躲在避雷针保护范围内。

6）雷雨时，在室内应关好门窗，以防球形雷飘入；不要站在窗前或阳台上，也不要停留在有烟囱的灶前。应离开电力线、电话线、水管、煤气管、暖气管、天线馈线 1.5m 以外；不要洗澡、洗头，应离开厨房、浴室等潮湿的场所。

7）雷雨时，不要使用家用电器，应将电器的电源插头拔下，以免雷电沿电线侵入电器内部损伤绝缘，击毁电器，甚至使人触电。

8）对未装设避雷装置的天线，应抛出户外或干脆与地线短接。

9）如果有人遭到雷击，切不可惊慌失措，应迅速而冷静地处理：受雷击者即使不省人事，心跳、呼吸都已停止，也不一定是死亡，应不失时机地进行人工呼吸和胸外心脏压挤，并尽快送往医院救治。

第3章 电工基本操作技能

在工农业生产中，电工仪表广泛应用在生产生活等各个方面。电工仪表的正确使用，是保证电力拖动系统和照明系统正常运行的前提。本章讲解了电工仪表正确使用的基本技能，这对提高劳动生产率和安全生产具有重大作用。接头的制作是电气安装和布置中一道非常重要的工序，必须按标准和规程操作，对于减少设备的故障率有很好的作用。同时，这种基本操作技能也是电工操作人员必备的基本技能。

3.1 常用电工仪表的使用

电工仪表是用来测量电流、电压、电功率以及电阻、电容和电感等电学量的仪表。它具有结构简单、价格低廉、稳定可靠、反应迅速的特点，可使我们随时掌握生产中各种电气设备的工作情况，从而保证它们的正常运行。如电流表、电压表可以用来监视电气设备的运行情况，绝缘电阻表可以检查已安装的电气线路的绝缘情况。在电气线路、用电设备的安装、使用与维修过程中，电工仪表对整个电气系统的检测和监视起着极为重要的作用。所以了解仪表的安装和接线以及正确使用是电工应掌握的基本知识。

3.1.1 电工仪表的分类

电工仪表可按其原理、用途等特征进行分类。

1. 按作用原理分类

常用的电工仪表主要有电磁式、磁电式、电动式和感应式四种，其他还有振动式、热电式、热线式、静电式、整流式和电解式等。

2. 按准确度分类

根据其准确度可分为 0.1、0.2、0.5、1.0、1.5、2.5、5.0 等 7 级。级数越小，表明准确度越高。

0.2 级仪表的允许基本误差为 ±0.2%；0.5 级仪表为 ±0.5%，依此类推。0.1 级和 0.2 级仪表用作计量标准表；0.5 级和 1.0 级表用于实验，其中 0.5 级表还可用来校正准确度低的仪表；1.0 和 1.5 级表可带到现场使用；1.5 级、2.5 级、5.0 级的仪表用于一般工程测量，可以装在配电盘和操作台上用来监视电气设备的运行情况。

3.1.2 电流表与电压表

电流与电压是两个基本的电量。实际中，不仅需要直接测量电流与电压，而且其他电量和非电量也可以通过变换器转换成电流和电压，然后进行测量。因此，电流与电压的测量是电工测量中的基础。而在电流与电压的测量中，主要使用电流表和电压表。

常用的电流表和电压表按其工作原理的不同可分为：磁电式仪表（根据通电导体在磁场中产生电磁力的原理制成）、电磁式仪表（根据铁磁物质在磁场中被磁化后产生电磁吸力或推斥力的原理制成）和电动式仪表（根据两个通电线圈之间产生电动力的原理制成）三类。

磁电式仪表广泛用于直流电流和直流电压的测量。与整流元件配合，可用于交流电流与交流电压的测量；与变换电路配合，可用于功率、频率、相位等其他电量的测量。

电磁式仪表是一种用于测量直流和交流的直读式电工仪表。其测量机构主要是由固定线圈和可动铁心组成。由于它具有结构简单坚固、过载能力强、稳定、造价低廉等特点，所以广泛地应用在安装式和可携式仪表中。

电动式仪表用于交流精密测量及作为交流标准表。与电磁式仪表相比，其最大区别是以可动线圈代替可动铁心，以消除磁滞和涡流的影响，使它的准确度得到提高。另外，电动式有固定和可动两套线圈，可以用来测量像功率这类与两个电量有关的物理量。

1. 电流表

电流表按被测量的波形可分为直流电流表和交流电流表，按其测量的范围又可分为千安表、安培表、毫安表和微安表，其外形如图 3-1 所示。测量线路电流时，电流表必须串入被测电路。为了尽可能减小电流表串入后对被测电路的影响，要求电流表的内阻应尽量小。

（1）直流电流表的接线与使用

直流电流表通常是磁电式仪表。

1）直流电流表的接线。用直流电流表测量直流电流的电路如图 3-2 所示。接线时，要注意电流的极性，并根据电流表上标出的"＋"、"－"接线端子正确连接，使电流从"＋"端流进，"－"端流出。由于磁电式电流表的表头内阻一般都很小，一旦误接成并联，将会使仪表烧坏。对于多量程表，使用时应注意将线圈串联或并联起来。

图 3-1　直流电流表的外形

2）分流器的使用。由于直流电流表是磁电式的，仪表线圈导线和游丝的截面积很小，所以只能测量较小的电流。如果测量几十、几百、几千安培的直流电流，就要在电流表上并联一只低阻值电阻（这只电阻就称为分流器），使大部分电流从分流器中通过。这样就扩大了电流表的测量范围。分流器上一般注明额定电压和额定电流。额定电压统一规定为 30V、45V、75V、100V、150V、300V。当电流表测量机构的电压量程与分流器的额定电压值相等时即可配用。此时电流表的量程等于分流器上的额定电流值。量程较大的直流电流表一般都附有外附分流器，并在表盘上注有"外附分流器"字样。接线时要检查分流器与电流表表盘所示量程是否相等。如果不相等，就不能使用。附有分流器的直流电流表接线，如图 3-3 所示。

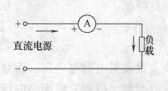

图 3-2　直流电流表接线图

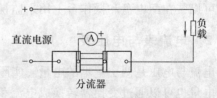

图 3-3　附有分流器的直流电流表接线

3）注意事项。为了减小接触电阻对分流的影响，外附分流器具有两对接线端钮。粗的一对为电流端钮，串联于被测的大电流电路中；细的一对为电压端钮，通过外附定值导线与测量机构并联。接线时，两对端钮不得接错。外附定值导线与电流表、分流器配套使用。若其长度不够，可用阻值为 $0.035\Omega \pm 0.001\Omega$ 的不同长度和不同截面积的导线代替。另外，使用电流表时还要注意电路在换路瞬间可能出现的冲击电流对仪表的损害。如起动电动机时，起动电流往往比工作电流大得多，这时可将串联在电路中的电流表的并联开关短路，待电动机起动完毕后再断开这个并联开关。

（2）交流电流表

在电力系统和供电系统中，测量交流电流的电流表绝大多数是电磁式仪表。

1）交流电流表的接线。交流电流表的测量机构与直流电流表不同，电流表不分极性，其本身量程比直流电流表大，被测负载电流通过表的固定线圈。由于通电部分是固定的，所以线圈可根据被测电流大小来绕制，不必加分流器。仪表本身所能直接测量的电流可达 200A，量程越大，线圈匝数越小，线圈导线就越粗。对于多量程的电流表一般采用分段方法，在仪表外部将两段或多段线圈串联或并联。所以在电流表本身量程内，电流表可以直接与负载串联，其接线方法如图 3-4 所示。

2）电流互感器的作用。在低压线路中，当负载电流大于电流表量程时，无论是磁电式、电磁式或电动式电流表，均可加接电流互感器来扩大量程，其接线方法如图 3-5 所示。将电流互感器一次绕组与电路中的负载串联，二次绕组接电流表。通常，电气工程上电流互感器的交流电流表的量程为 5A，且表盘上的读数在出厂前已按电流互感器电流比标出，可直接读出被测电流值。

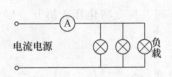

图 3-4 交流电流表接线图

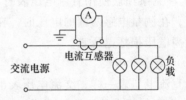

图 3-5 交流电流表经互感器接线图

在高压电路中，电流表的接线方法与图 3-5 相同，但电流互感器必须是高压的。测量三相交流电流时，电流表接线方法如图 3-6 所示。

3）注意事项。使用电流表时，要注意电路在换路瞬间可能出现的冲击电流对仪表的损害，交流电流表读数是被测交流量的有效值。

2. 电压表

按被测电压波形，电压表可分为直流电压表和交流电压表，其外形如图 3-7 所示。根据测量范围不同，电压表又可分为千伏表、伏特表、毫伏表和微伏表。用电压表测量电压，必须将电压表与被测电路并联。为了在并入仪表时不影响被测电路工作状态，电压表内阻一般都很大，量程越大，内阻也越大。

（1）直流电压表

直流电压表一般由磁电式直流电流表串联一高阻值电阻组成。

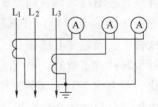

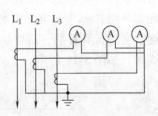

图 3-6 测量三相交流电流时电流表的接线图

1）直流电压表的接线。测量直流电路的电源、负载或某段电路两端电压时，电压表必须与被测段并联，并注意电压表的极性。电压表上标有"＋"接线柱接被测段的高电位，标有"－"的接线柱接被测端的低电位，如图3-8所示。正负极不得接反，否则指针就会反转，可能把指针打弯。

图3-7　电压表外形图

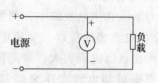

图3-8　直流电压表接线图

2）附加电阻的使用。若需扩大量程，无论是磁电式、电磁式或电动式仪表，均可在电压表外串联附加电阻分压，所串附加电阻越大，电压表的量程越大。附加电阻一般是内附式，但测量更高电压时，需串联外附式附加电阻。外附式附加电阻是与电压表配套供应的，一般在表盘上注有"外附电阻器"字样。外附电阻器是电压表的附件，没有它表中通过的电流就会很大，可能烧坏仪表线圈。

3）注意事项。使用直流电压表时，应注意电路在换路瞬间可能出现的冲击电压对仪表的损害；在测量电感两端的电压时，在电路接通和断开时，应先将电压表拆开，以免电感两端出现高电压损坏电压表。

（2）交流电压表

与直流电压表一样，交流电压表也是交流电流表串联一个高阻值电阻组成的。

1）交流电压表的接线与电压互感器的使用。测量500V以下的电压时，可直接将电压表并联在被测段两端，如图3-9所示。测量600V以上电压时，用电压互感器扩大电压表量程，如图3-10所示。电压互感器一次绕组接到被测高压线路上，二次绕组接在电压表的两个接线柱上。当电压互感器一次绕组接入电源时，二次绕组感应产生的低压电流，通过电压表指针偏转就有了读数。电气工程上所用电压互感器按测量电压等级不同，有不同的标准电压比，如10000/100、6000/100、3000/100、1000/100等，选择时应根据被测电路电压等级和电压表自身量程合理配置。尽管高压侧电压不同，但二次绕组的额定电压一般是100V，因此都可用0～100V电压表测量。与电压互感器配套装在配电盘板上的电压表，表盘上的刻度数字是折算好的，所以从表盘上就可以直接读取所测量的电压值。三相交流电压测量的接线图，如图3-11所示。

图3-9　交流电压表接线图

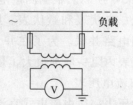

图3-10　交流电压表通过电压互感器接线图

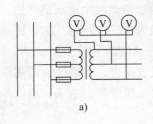
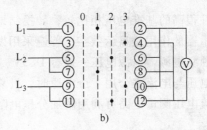

图 3-11　测量三相交流电压时电压表接线图

a) 用三只电压表测量三相电压接线图

b) 用一只电压表与电压转换开关连接测量三相电压接线图

2）注意事项。使用电压表时，注意电路在换路瞬间可能出现的冲击电压；在测量电感两端的电压时，电路接通和断开都应先将电压表拆开，以免电感两端出现的高电压损坏电压表。交流电压表的读数是被测交流量的有效值。

3.1.3　数字仪表

数字仪表广泛用于工农业生产中，将数字仪表配上传感器，可构成种类繁多的专用数字仪表。数字仪表具有准确度高、灵敏度高、测量速度高、工作条件不限、输入阻抗高，仪表功耗小、读数方便、操作简单等优点。图 3-12 为数字交流电流表的外形图。

图 3-12　数学交流电流表

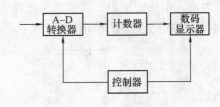

图 3-13　数字仪表原理框图

数字测量仪表的测量机构大多是由数字电压基本表构成的，数字仪表原理框图如图 3-13 所示，在此基础上可以组成交、直流电压表，交、直流电流表，电容表，数字万用表等。该基本表主要由 A-D 转换器、数码显示器和少量外围阻容元件配合组成。

图 3-14 所示为由 ICL7107 组成的数字电压基本表的核心双积分 A-D 转换器，它是一种大规模集成电路，内部包含模拟和数字两大部分，作用是把输

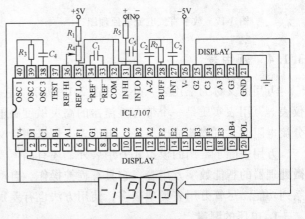

图 3-14　7107 组成的数字电压基本表

入的模拟电压信号变成数字输出，并驱动显示。通过对信号的取样积分、对基准电压的反向积分及休止归零等三个阶段实现 A-D 转换。它转换的实质是用未知的被测电压与已知的稳

定性和准确性很高的基准电压相比较，转换结果为显示数码式两个电压的比值。

　　数码显示器的作用是显示数字，普遍采用发光二极管 LED 或液晶 LCD 显示。数字仪表一般都采用独立电源，电源电压一般有 DC5V、DC24V、AC220V 等。

　　注：当电压与电流表公用 1 个电源时，极易造成仪表损害，各表头应隔离供电。

　　数字直流电压测量电路可利用附加分压电阻来扩大电压量程，数字直流电压表原理图如图 3-15 所示。

　　数字交流电压表采用先将被测交流电压降压后，经线性 AC/DC 转换器变成微小直流电压，再送电压基本表中进行显示。数字交流电压表工作原理如图 3-16 所示。

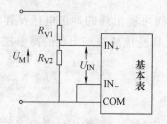 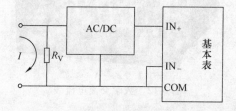

　　图 3-15　数字直流电压表原理图　　　　　　图 3-16　数字交流电压表工作原理

　　数字直流电流表是由数字电压基本表和分流电阻并联组成，分流电阻只起到将被测电流 I 转换为输入电压的作用，数字直流电流表原理如图 3-17 所示。数字交流电流表是分压电阻与基本表串联，其原理图如图 3-18 所示。

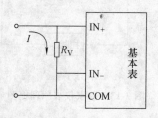

　　图 3-17　数字直流电流表原理图　　　　　　图 3-18　数字交流电流表测量原理

3.1.4　万用表

　　万用表又称为三用表，外形如图 3-19 所示。它是一种测量电压、电流和电阻等参数的仪表。万用表实质是一个带有整流器的高灵敏度磁电式仪表。当配以各种规格的分压电阻及分流电阻时，可以构成电压表、电流表，用来测量交直流电压、电流和电阻。

　　万用表除了常用的模拟式万用表外，还有晶体管万用表和数字万用表。目前已出现了带微处理器的智能数字万用表，它具有程控操作、自动校准、自检故障、数据交换及处理等一系列功能。尽管万用表类型很多，使用方法也有差别，但基本原理是一样的。

　　1. 电压的测量

　　1）正确选择档位。测量交流电压时，将转换开关转到"～V"范围；测量直流电压时，转换开关转至直流电压"－V"范围。若测量直流电压误选用了交流电压档，读数可能偏高，也可能偏低，也可能为零；反之，若测交流电压误选用了直流电压档，表头指针将不动或略微抖动；若测电压误选用了电流档或电阻档，可能打弯指针或烧毁仪表。

2）正确选择量程。表的量程由被测电压的高低决定，应尽量使指针偏转到标度尺满标度的 2/3 附近。若事先无法估计，可在量程中从最大量程档逐渐减小到合适的档位。

3）严禁在测量过程中拨动转换开关、选择量程以免电弧烧坏触头。

4）测量时将表笔并联在被测电路或被测元器件两端。

5）测量直流电压时，要注意表笔的极性。应将插在"＋"插孔的表笔（即红色表笔）接在被测电路或元器件的高电位端，插在"－"插孔的表笔（即黑色表笔）接在被测电路或元器件低电位端。不要接反，否则指针会逆向偏转而被打弯。如果不知道被测点电位的高低，可以选用

图 3-19　万用表

较高量程档，使任一表笔先接触被测电路或元器件的任一端，另一表笔轻轻地试触一下另一被测端，若笔头指针向右偏转，说明表笔极性正确；否则，说明表笔极性相反，此时倒换表笔即可测量。

6）当测量的电压超过 500V 时，可选用 0～2500V 的测量范围，两表笔应分别插在"2500V"和"－"的插孔，量程开关仍放在 500V 档。测量时，先将接地表笔固定接在电路低电位上，然后用红色表笔去接触被测高压电位。测试过程中要注意安全，操作者应戴绝缘手套或站在绝缘垫上，以防触电。

7）测量高电压时，应使接触紧密，以免因接触不良而产生跳火，或者插头脱落发生短路而造成意外事故。

8）测量交流电压时，应考虑被测电压的波形。因为万用表交流电压档的标度实际上是按照正弦电压经过整流后的平均值换算的交流有效值，所以不能用它来测量非正弦量（如锯齿波、方波等）的有效值。

2. 直流电流的测量

测量前，应将转换开关拨到"A"范围，然后正确选择量程。

1）测量时先断开电路，按电流从正到负的方向，将万用表串入被测电路中，即将插在"＋"插孔的表笔接在电路断口的高电位端，插在"－"插孔中的表笔接在电路断口的低电位端。若误将电流表与负载并联，由于万用表的内阻小，将会造成短路烧毁仪表，并可能烧坏被测电路。

2）在测量过程中，严禁带电拨动转换开关、选择量程，以免损坏开关的触头，同时也可防止误拨到小量程档而打弯指针或烧坏表头。

3. 电阻的测量

1）测量前，将转换开关转到"Ω"范围内的适当量程。先将两表笔短接，旋动"Ω"的调零旋钮，使表针指在电阻标度的 0 上。若调不到 0 位，需更换表内电池，而后再进行测量。

2）万用表红色表笔的插头插入"＋"孔，黑色表笔的插头插入"－"孔。手拿表笔时，手指不得触碰金属部位，以保证人身安全和测量准确。

3）使用万用表测试时，项目量程的选择应尽量使指针偏转到标尺满标度的 2/3 附近。若无法估计被测量的大小，可在测量中从最大量程档逐渐减小到合适的档位。拨动时用力不得太大，以免拨到其他量程上而损坏万用表；每次准备测量时，一定要再核对一下测量项目及量程。

4）测量时，表笔应与被测部位可靠接触，测试部位的导体表面有氧化膜、污垢、焊油、油漆时，应将其除去，以免接触不良产生误差。

5）测量时，切不可拨错选择开关或插错插孔。不得用电阻测量档或电流测量档去测量电压，或用低电压量程去测量高电压，用小电流量程去测大电流等，否则将烧坏万用表。

6）读数时，目光应与表面垂直，不要偏左或偏右，并要明确应在哪一条标尺上读数，了解标尺上每一格代表多大数值。精度高的万用表，在表面的分度线下有弧形反射镜，当看到指针与镜中影子重合时，读数最准确。此外还要根据指针位置再估计读取一位小数。

7）万用表每次测量完毕后，应将转换开关拨到空档或最高电压档，不可置于电阻档，以免两只表笔被其他金属短接而耗尽表内电池，或误接而烧毁万用表。

8）万用表长期使用后，由于表头磁铁磁性退化使表头灵敏度降低，此时应对最小电流档进行校准。若读数不准，可调节电表内的灵敏度调节电位器以校准读数。

9）表内电池一旦消耗过度，要及时更换；若万用表长期不用，应将电池取出以免电池腐蚀表内元件。

3.1.5　DT-890 型数字万用表

1. 测量范围

DT-890 系列数字万用表是性能稳定、可靠性高且具有高度防振的多功能、多量程测量仪表。它可用于测量交、直流电压，交、直流电流，电阻、电容，二极管，晶体管，音频信号频率等，其面板结构如图 3-20 所示。

2. 基本使用方法

使用前的检查与注意事项如下：

1）将电源开关置于 ON 状态，显示器应有数字或符号显示。若显示器出现低电压符号 时，应立即更换内置的 9V 电池。

注意：该仪表停止使用或停留在一个档位时间超出 30min 时，电源将自动切断，使仪表进入停止工作状态。若要重新开启电源，应重复按动电源开关两次。

2）表笔插孔旁的 △ 符号，表示测量时输入电流、电压不得超过量程规定值。否则将损坏内部测量线路。

图 3-20　数字万用表

3）测量前转换开关应置于所需量程。测量交、直流电压，交、直流电流时，若不知被测数值的高低，可将转换开关置于最大量程档，在测量中按需要逐步下降。

4）若显示器只显示 "1"，表示量程选择偏小，转换开关应置于更高量程。

5）在高电压线路上测量电流、电压时，应注意人身安全。当转换开关置于 "Ω" 或 "▷⊢" 范围时不得引入电压。

3. 直流电压的测量

1）将黑表笔插入 COM 插孔，红表笔插入 V/Ω 插孔。

2）将功能开关（转换开关）置于 "V" 范围的合适量程。

3）表笔与被测电路并联，红表笔接被测电路高电位端，黑表笔接被测电路低电位端。

注意：该仪表不得用于测量高于 600V 的直流电压。

4. 交流电压的测量

1）表笔插法与进行 "直流电压测量" 时相同。

2）转换开关置于 "V" 范围合适量程。

3）测量时表笔与被测电路并联，且红、黑表笔不分极性。注意：该仪表不得用于测量高于 600V 的交流电压。

5. 直流电流的测量

1）将黑表笔插入 COM 插孔，测量电流最大值不超过 2000mA 时红表笔插入 "mA" 插孔；测 200mA～10A 范围电流时，红表笔应插入 "10A" 插孔。

2）将转换开关置于 "A" 范围的合适量程。

3）将该仪表串入被测线路且红表笔接高电位端，黑表笔接低电位端。

注意：如果量程选择不对，过量程电流会烧坏熔丝，应及时更换（10A 电流量程无熔丝）；最大测试电压降为 200mV。

6. 交流电流的测量

1）表笔插法与进行 "直流电流的测量" 时相同。

2）将转换开关置于 "A" 范围适当量程。

3）将仪表串入被测量电路，且红、黑表笔不分极性。

注意事项同 "直流电流的测量"。

7. 电阻的测量

1）将黑表笔插入 COM 插孔，红表笔插入 V/Ω 插孔（红表笔极性为 " + "）。

2）将转换开关置于 "V/Ω" 范围的适当量程。

3）仪表与被测电阻并联。

注意：①所测电阻值不乘倍率，直接按所选量程及单位读数；②测量大于 1MΩ 电阻时，要几秒钟后读数方能稳定属正常现象；③表笔开路状态，显示为 "1"；④测量电阻时，严禁被测电阻带电（带电的电容必须放电）；⑤用 200MΩ 量程档，表笔短路时显示为 10，测量时，应从读数中减去。如测量 100MΩ 电阻时，显示为 101.0，应减去 10。

8. 电容的测量

1）将转换开关置于 "F" 范围合适量程。

2）将待测电容两脚插入 CX 插孔（不用表笔）即可读数。

注意：在电容插入前，每次转换量程时需要时间，有漂移数字存在不会影响测量精度；测量大容量电容时，需要一定的时间才能使读数稳定；仪表内部对电容档已设置保护电路，在电容测量过程中，不必考虑电容器极性和充放电后果。

9. 二极管测试及带蜂鸣器连续测试

1）将黑表笔插入 COM 插孔，红表笔插入 V/Ω 插孔（红表笔极性为 "＋"）。

2）将转换开关先后置于 "▷|–" 和 "·)))"位置。

3）红表笔接二极管正极，黑表笔接其负极即可测二极管正向压降近似值。

4）将表笔接于待测电路两点，若该两点电阻值小于 70Ω 时，蜂鸣器将发声。

10. 晶体管 h_{FE} 的测试

1）将转换开关置于 h_{FE} 位置。

2）将已知 PNP 型或 NPN 型晶体管的三只引出脚分别插入仪表面板右上方对应插孔，显示器将显示出 h_{FE} 近似值。

3.1.6　功率表

　　功率表用于测量直流电路和交流电路的功率，又叫电力表或瓦特表。其一般分为瓦特表和千瓦表。在交流电路中，由于测量相数不同又分为单相功率表和三相功率表。功率表大多采用电动式仪表的测量机构。它与电动式电压表和电流表在结构上的区别是：其固定线圈和可动线圈不是串联成一条支路，而是将固定线圈与负载串联，以反映负载的电流，叫电流线圈；可动线圈串联一定的附加电阻，然后与负载并联，以反映负载电压，称为电压线圈。功率表的指针偏转（读数）与电压、电流以及电压与电流之间的相位差的余弦的乘积成正比。因此，可用它测量电路的功率。由于它的读数与电压、电流之间的相位差有关，因此电流线圈与电压线圈的接线必须按照规定的方式连接才正确。功率表的外形如图 3-21 所示。

图 3-21　功率表外形图

　　功率表的接线必须遵守 "发电机端" 规则：功率表标有 "＊" 号的电流端必须接到电源的一端，而另一电流端钮接到负载端；功率表标有 "＊" 号的电压端钮，可以接到电流端钮的任一端，而另一电压端钮则跨接到负载的另一端，即功率表的电流线圈与负载串联，电压线圈与负载并联。如将电流线圈与负载并联会使负载断路而损坏功率表。

1. 小功率负载的测量

　　如果负载所消耗的功率未超过表的量程，功率表可直接接入电路中，如图 3-22 所示。

　　接线时要注意表的极性，因为附加电阻是接在电压线圈的无标记端的，若不按上述方法接线，测量过程中两线圈之间有可能出现很高的电压引起附加误差。若在上述接法下，仪表指针出现反向偏转的现象时，可将电流线圈两端钮上的接线对调一下，切忌对调电压端钮上的接线，以免出现上述不利情况。另外图 3-22a 中的接法使功率表的读数中包括了电流线圈的功率损耗，因此这种接法比较适用于负载电阻远大于电流线圈电阻（即电流量程小，电压量程较高）的情况。图 3-22b 中的接法比较适用于负载电阻远小于电压线圈电阻的情况。

2. 大功率负载的测量

　　当负载消耗的功率超出表的量程时，要通过电流互感器来测量，其接线方法如图 3-23

所示。为了使功率表的电流线圈和电压线圈的电源端处在同一电位，应把电流互感器的二次绕组 L_2 和一次绕组 L_1 连接起来。因此，在单相电路中，功率表通过电流互感器测量功率，电流互感器的二次绕组可以不用接地。

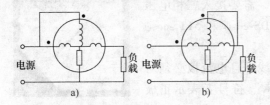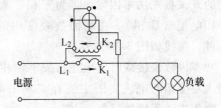

图 3-22　单相功率表接线图　　　　　图 3-23　单相功率表经电流互感器接线图

3. 功率表的测量方法

直流有功功率的测量可以用分别测量电压、电流的间接方法进行，也可以用功率表直接测量。单相交流有功功率的测量，在频率不很高时采用电动系或铁磁电动系功率表直接测量。在频率较高时，采用热电系或整流系功率表直接测量。三相交流有功功率的测量，可采用三相有功功率表进行测量；也可采用几个单相有功功率表进行测量，接线方法可采用以下三种。

1）三表法。用三只单相功率表测量三相四线制电路功率时，功率表的接线如图 3-24 所示。电路的总功率等于三只表读数之和。

2）二表法。用两只单相功率表测量三相三线制电路或负载完全对称的三相四线制电路时，功率表接线如图 3-25 所示。两只功率表的电流线圈分别串联在一根相线上。电路的总功率等于两只功率表读数之和。在某些情况下（与负载性质有关），如果发现其中一只表的指针反向指示，可将该表的电流线圈的接头反接（但电压线圈的接头不能反接，否则会引起误差甚至损坏仪表）。此时所测功率为两只表读数之差。

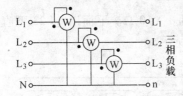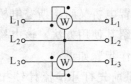

图 3-24　三表法测三相功率　　　　　图 3-25　二表法测三相功率

3）无功功率的测量。用两只单相功率表测量三相对称电路的无功功率时，功率表的接法如图 3-26 所示。电路的总无功功率等于两只表的读数之和乘以 $\sqrt{3}/2$。

4. 使用功率表的注意事项

功率表的表盘刻度只标明分格数，往往不标明瓦特数。不同电流量程和电压量程的功率数，每个分格所代表

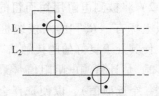

图 3-26　无功功率的测量

瓦数不一样，在测量时，应将指针所表示分格数乘上分格常数，才能得到被测电路的实际功率数。

3.1.7 功率因数表

功率因数表是用来测量功率因数的仪表，外形如图 3-27 所示。常见的开关板式功率因数表多为三相。测量时，需要接入三相电压和一相电流（U 相）。功率因数表常用的有 1DS-cosψ 和 51T$_1$-cosψ 等几种，接线如图 3-28 所示。

功率因数表接线时，应注意按电源相序接线，且电流极必须对应接入对应相的电流，图中注有 "＊" 和 "N$_1$" 符号者表示正极性，电流进线不能接错。

图 3-27　功率因数表外形

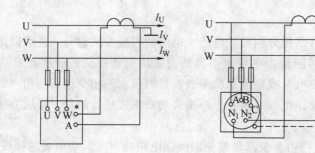

图 3-28　功率因数表的接线

3.1.8 直流电桥

直流电桥是一种比较式测量仪器。主要用于测试低阻值电阻，如在电机修理中测量绕组直流电阻；在线路检修中，测量线路直流电阻等。常用的有直流单臂电桥和直流双臂电桥两大类。

1. 直流单臂电桥

直流单臂电桥又叫惠斯登电桥，其电阻测量范围为 $1 \sim 10^7\Omega$。下面以 QJ-23 型直流单臂电桥为例介绍其使用方法。该电桥面板结构如图 3-29 所示。

具体操作步骤如下：

1）测量前先打开检流计锁扣，即将 G 接线柱处的金属接片由 "内接" 移到 "外接"。开启检流计开关，将指针调到零位。

2）将被测电阻用短而粗的铜导线接于面板上标有 "R_x" 的两接线桩上并将其拧紧，使其处于良好的电接触状态。

3）估计待测电阻阻值（最好用万用表预测一个近似值），以便选择合适的比较臂与比值臂。这样不仅可节省测量时间，而且能保证测量结果的准确性。选比较臂时，最好能使比较臂最高档（×1000）不为零，再选择比值臂倍率。

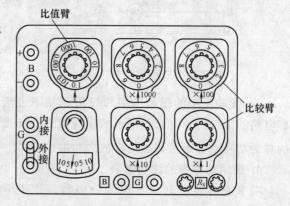

图 3-29　QJ-23 型直流单臂电桥面板结构图

4）进行电桥平衡调节，先按下按钮B接通电源，再按下按钮G接通检流计。根据检流计指针偏转方向和速度，增加或减少比较臂电阻，反复调节直至指针指零。此时电桥处于平衡。在调节平衡过程中，电桥在未接近平衡状态时，每调节一次，短时按下一次按钮G，观察平衡情况，当检流计指针偏转已不大时，即可旋紧按钮G，再进行反复调节。电桥未平衡时，若指针向"＋"方向偏转，应增大比较臂电阻值，反之减小比较臂电阻值。偏转速度越快，应增减的阻值越大。

5）测量结束后，先松开按钮G，再松开按钮B，切断电源，拆除被测电阻。记录数据后，将各比较臂旋钮均置于零，并将检流计金属接片从"外接"换到"内接"，使其从内部短路。

6）计算被测电阻：R_x = 比值臂倍率 × 比较臂总阻值（Ω）。

使用时的注意事项如下：

1）电桥内电池电压不足会影响灵敏度，应及时更换。若用外接电源必须注意极性且电压不得超过允许值。

2）单臂电桥不宜测量0.1Ω以下的电阻，即使测量1Ω以下的低阻值电阻，都应降低电源电压并缩短测量时间，以免烧坏仪器。

3）测量带电感的电阻（如电机绕组、变压器绕组）时，应先接通电桥电源，再接通检流计按钮G。断开时应先断开检流计按钮，再断开电桥电源，以免线圈自感电动势损坏检流计。

4）测量中不得使电桥比较臂电流超过允许值。

5）电桥不用时应将检流计锁住，以免搬运时损坏。

6）保证桥臂及相关接触点电接触良好。

2. 直流双臂电桥

直流双臂电桥又叫开尔文电桥，专门用来测量低阻值电阻。其测量范围为 $10^{-6} \sim 1\Omega$。下面将以 QJ-103 型直流双臂电桥为例介绍其使用方法。该电桥面板结构和接法如图 3-30 所示。

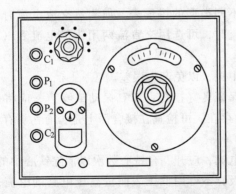
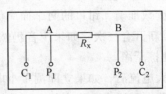

图 3-30　QJ-103 型直流双壁电桥面板结构及接线图

双臂电桥是在单臂电桥基础上，为了消除连接导线及相关接触电阻对测量精度的影响而研制的。所以在该电桥面板上有两对测量端钮，即 C_1 与 C_2、P_1 与 P_2。

直流双臂电桥与直流单臂电桥基本相同。不同的有如下几点：

1）在开始测量时，应将控制检流计灵敏度的旋钮置于最低灵敏度位置。在调节电桥平衡过程中，如遇灵敏度不够时，再逐步调高。

2）在面板上的四个接线端钮中，C_1 与 C_2 为电流端钮，P_1 与 P_2 为电压端钮。在测量电阻时，被测电阻也应有四个端子，可用粗铜线临时将 C_1 与 P_1 及 C_2 与 P_2 接通，再接入被测电阻，如图 3-30 所示。

3.1.9　钳形表

钳形表是一种可在不断开电路的情况下，实现电路电流、电压、功率等参数测试的一种仪表。新型号的钳形表体积小、重量轻、具有与普通万用表相似的用途，所以在电工技术中应用较广泛。图 3-31 为钳形表外形原理示意图。

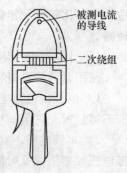

图 3-31　钳形表外形原理示意图

钳形表按其测量的参数不同可分为钳形电流表和钳形功率表等。钳形电流表又可分为交流钳形表和交直流钳形表。

1. 钳形表的工作原理

专用于测量交流的钳形表实质上是一个电流互感器的变形。位于铁心中央的被测导线相当于电流互感器的一次绕组，绕在铁心上的线圈相当于电流互感器二次绕组，通过磁感应使仪表指示出被测电流的数值，现在大多数钳形表还附有测量电压及电阻的端钮。在端钮上接上导线即可测量电压和电阻。

测量交直流的钳形表实质上是一个电磁式仪表，放在钳口中的通电导线作为仪表的固定励磁线圈，它在铁心中产生磁通，并使位于铁心缺口中的电磁式测量机构发生偏转，从而使仪表指示出被测电流的数值。由于指针的偏转与电流的种类无关，所以这种仪表可测量交直流电流。

2. 钳形电流表的使用方法

1）由于新型钳形表其测量结果都是用整流式指针仪表显示的，所以电流波形及整流二极管的温度特性对测量值都有影响，在非正弦波或高温场所使用时必须加以注意。

2）根据被测对象的不同，正确选用不同类型的钳形表。如测量交流电流时，可选用交流钳形电流表（如 F301 型）；测量交直流时，可选用交直流两用钳形电流表（如 MG20 型等）。

3）测量时，应使被测导线置于钳口中央，以免产生误差。

4）为使读数准确，钳口的两个面应保证良好接合。如有振动或噪声，应将仪表手柄转动几下，或重新开合一次。如果声音仍然存在，可检查在接合面上是否有污垢存在，如有污垢，可用汽油擦干净。

5）测量大电流后，如果立即测量小电流，应开、合铁心数次以消除铁心中的剩磁。

6）测量前，要注意电流表的电压等级，不得用低压表测量高压电路的电流，否则会有触电的危险，甚至会引起短路。

7）测量时的量程选择要适宜，应由最高档逐级下调切换至指针在刻度的中间段为止。量程切换不得在测量过程中进行，以免切换时造成二次瞬间开路，感应出高电压而击穿绝缘。必须切换量程时，应先将钳口打开。

8）测量母线时，最好在相间处用绝缘隔板隔开以免钳口张开时引起相间短路。

9) 有电压测量档的钳形表，电流和电压要分开进行测量，不得同时测量。

10) 测量时应戴绝缘手套，站在绝缘垫上，不宜测量裸导线。读数时要注意安全，切勿触及其他带电部分，以免触电或引起短路。

测量小于 5A 以下电流时，为了得到较准确的读数，在条件许可时，可把导线多绕几圈放在钳口进行测量，但实际电流数值应为读数除以放进钳口内的导线根数。钳形表使用时的注意事项如下：

1) 从一个接线板引出的许多根导线，而钳口部分又不能一次钳进所有这些导线时，以分别测量每根导线的电流，取这些读数的代数和即可。

2) 测量受外部磁场影响很大时（如在汇流排或大容量电动机等大电流负荷附近），要另选测量地点。

3) 重复点动运转的负载，测量时钳口部分稍张开些就不会因过偏而损坏仪表指针。

4) 读取电流读数困难的场所，测量时可利用制动器锁住指针，然后到读取方便处读出指示值。

5) 每次测量后，应把调节电流量程的切换开关置于最高档位，以免下次使用时因未选择量程而造成仪表损坏。

6) 钳形电流表应保存在干燥的室内；钳口相接处应保持清洁，使用前应擦拭干净使之平整、接触紧密，并将表头指针调在"零位"；携带使用时，仪表不得受到振动。

3.1.10 绝缘电阻表

绝缘电阻表俗称摇表、兆欧表，又叫绝缘电阻测量仪等。它是用来测量高电阻值的只读式仪表，一般用来检查和测量电气设备和供电线路等的绝缘电阻。测量绝缘电阻时，对被测试的绝缘体需加以规定较高试验电压，以计量渗漏过绝缘体的电流大小来确定它的绝缘性能好坏。渗漏的电流越小，绝缘电阻也就越大，绝缘性能也就越好；反之就越差。

1. 绝缘电阻表的选用

在实际应用中，应根据被测对象选用不同电压和电阻测量范围的绝缘电阻表。一般 500V 以下的设备选用 250V 或 500V 的绝缘电阻表；500 ~ 1000V 的设备，选用 1000V 绝缘电阻表；1000V 以上设备选用 2500V 绝缘电阻表。

一些低电压的电力设备，其内部绝缘所承受的电压不高，为了设备的安全，测量时不能用电压太高的绝缘电阻表，以免损坏设备的绝缘。此外，还应注意绝缘电阻表的测量范围与被测电阻数值相适应，以减少误差。如测量低压设备的绝缘电阻时，可选用 0 ~ 200MΩ 量程的表；测量高电压设备（如电缆、瓷瓶等）的绝缘电阻时，可选用 0 ~ 2000MΩ 量程表。

2. 绝缘电阻的一般要求

按电气安全操作规程，低压线路中每伏工作电压不低于 1kΩ，例如 380V 的供电线路，其绝缘电阻不低于 380kΩ；对于电动机要求每千伏工作电压定子绕组的绝缘电阻不低于 1MΩ，转子绕组绝缘电阻不低于 0.5MΩ。

3. 使用前的校验

绝缘电阻表每次使用前（未接线情况下）都要进行校验，判断其好坏。绝缘电阻表一般有三个接线柱，分别是"L"（线路）、"E"（接地）和"G"（屏蔽）。校验时，首先将绝缘电阻表平放，使 L、E 两个端钮开路，转动手摇发电机手柄，使其达到额定转速，绝缘电阻表的指针应指在"00"处；停止转动后，用导线将 L 和 E 接线柱短接，慢慢地转动绝缘电阻表（转动必须缓慢，以免电流过大而烧坏绕组），若指针能迅速回零，指在"0"处，说明绝缘电阻表是好的，可以测量，否则不能使用。

注意：半导体型绝缘电阻表不宜用短路法进行校核，应参照说明书进行校核。

4. 接线方法（见图 3-32）

5. 注意事项

1）测量电气设备的绝缘电阻时，必须先断电源，然后将设备进行放电，以保证人身安全和测量的准确性。对于电容量较大的设备（如大型变压器、电容器、电动机、电缆等），应有一定的充电时间。电容量越大，充电时间越长，其放电时间不应低于 3min，以消除设备残存电荷。放电方法是将测量时使用的地线，由绝缘电阻表上取下，在被测物上短接一下即可。同时应注意将被测试点擦拭干净。

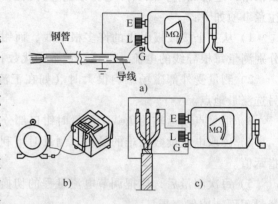

图 3-32　绝缘电阻表的测量各种方法

2）测量前，应了解周围环境的温度和湿度。当温度过高时，应考虑接用屏蔽线；测量时应记录环境温度，以便对测得的绝缘电阻进行分析换算。

3）绝缘电阻表应放在平整而无摇晃或振动的地方，使表身置于平稳状态，以免在摇动时因抖动和倾斜产生测量误差。

4）接线柱与被测物体的连接导线不能用双股绝缘线或绞线，必须用单根线连接，连线表面不得与被测物体接触，避免因绞线绝缘不良而引起误差。

5）被测电气设备表面应保持清洁、干燥、无污物，以免漏电影响测量的准确性。

6）同杆架设的双回路架空线和双母线，当一路带电时，不得测试另一路的绝缘电阻，以防止感应高电压危害人身安全和损坏仪表；对平行线路也要注意感应高电压，若必须在这种状态下测试时，应采取必要的安全措施。

7）绝缘电阻表有三个接线柱：E（接地）、L（线路）和 G（保护环或屏蔽端子）。保护环的作用是消除表壳表面 L 与 E 接线柱间的漏电和被测绝缘物表面漏电的影响。在测量电气设备对地的绝缘电阻时，L 用单根导线接设备的待测部位，E 用单根导线接设备外壳。测量电气设备内两绕组的绝缘电阻时，将 L 和 E 分别接两绕组接线端。当测量电缆的绝缘电阻时，为消除因表面漏电产生的误差，L 接线芯，E 接外壳，G 接线芯与外壳之间的绝缘层。

8）线路接好后，按顺时针方向转动绝缘电阻表发电机手柄，使发电机发出的电压供测量使用。手柄的转速由慢而快，逐渐稳定到其额定转速（一般为 120r/min）允许 20% 的变化，通常要摇动 1min 后，待指针稳定下来再读数。如被测电路中有电容时，先持续摇动一段时间，让绝缘电阻表对电容充电，指针稳定后再读数。测完后先停止摇动，再拆去接线。若测量中发现被测设备短路，指针指向"0"，应立即停止摇动手柄，以免电流过大而损坏仪表。

9）测量工作一般由两人来完成。绝缘电阻表未停止摇动以前，切勿用手去触及设备的测量部分或接线柱。测量完毕，应对设备充分放电，否则容易引起触电事故。禁止在雷电时或附近有高压导体的设备上测量绝缘。

3.1.11 电气实训平台简介

1. 概述

RXDX-W1 型电气开发技术设计平台是按照劳动和社会保障部颁发的"工人技术等级标准"和"职业技能鉴定规范"的内容要求，根据中级电工培训考核的实际情况而设计的新一代集培训学习、理论验证、实际操作能力、考核鉴定于一体的多功能设备，设备采用标准的网孔板设计，实训元器件可以随意安装，可以构建各种控制系统，能完成中级电工考核鉴定中电力拖动控制与照明电路的实际操作项目。该电工实训考核装置坚持理论联系实际的原则，突出技能训练，注重针对性、实用性和科学性。图 3-33 为其面板外形图。

图 3-33 RXDX-W1 型电气开发技术设计平台

2. 技术指标及配置

1）工作电源：三相五线，380V（1±5%），50Hz。

2）工作环境：环境温度 0～55℃，相对湿度 35%～85% RH（不结露）使用时。

3）外形尺寸：1700cm×550cm×700cm。

使用时合上漏电断路器 QF，按起动按钮 SB，电源输出端子 U、V、W、N 输出线电压为 380V，相电压为 220V 的三相四线电源，黄色、绿色、红色指示灯分别指示三相相线有无电压、报警指示灯、接地端子 PE 线。若三个指示灯有一个不亮，应检查相应的熔断器 FU 是否烧断。关机应按下 SB 停止按钮，拉下 QF。本实训平台配有电压表、电流表、钥匙开关、急停开关等。

3. 主要实验项目

异步电动机起动、停止控制电路、异步电动机点动控制电路、异步电动机两地控制电路、异步电动机连锁正反转控制电路、双重连锁正反转控制电路、自动顺序起动控制、手动顺序起动控制、异步电动机星/三角控制电路、异步电动机能耗控制电路、异步电动机反接制动控制电路、自动往返控制电路、正反转点动/起动控制电路、带有点动的自动往返控制电路、异步电动机自锁控制电路、异步电动机单向点动/起动控制电路、串电阻减压起动控制电路、白炽灯控制电路、荧光灯控制电路、触摸开关控制白炽灯电路、声控开关控制楼梯白炽灯电路、人体感应开关控制楼梯白炽灯电路、单相电度表直接安装电路、三相电能表直接安装电路等。

3.2　导线的连接

在电气设备的安装或配线过程中，常常需要把一根导线和另一根导线连接或将导线与电气设备的端子连接，这些连接处不论是机械强度还是电气性能，均是电路的薄弱环节。安装的电路能否安全可靠地运行，很大程度上取决于导线接头的质量。因此，接头的制作是电气安装和布置中一道非常重要的工序，必须按标准和规程操作。

3.2.1　导线连接的基本要求

1）机械强度高：接头的机械强度不应小于导线机械强度的 80%。

2）接头电阻要小且稳定：接头的电阻值不应大于相同长度导线的电阻值。

3）耐腐蚀：对于铝和铝连接，如采用熔焊法，要防止残余熔剂或熔渣的化学腐蚀。对于铝与铜的连接，要防止电化腐蚀，在连接前后，要采取措施，避免这类腐蚀的存在。否则，在长期运行中，接头易发生故障。

4）绝缘性能好：接头的绝缘强度应与导线的绝缘强度一样。

3.2.2　导线线头绝缘层的剖削

1. 塑料硬线绝缘层的剖削

塑料硬线绝缘层的去除用剥线钳较为方便。电工必须会用钢丝钳和电工刀来剖缘层。

（1）用钢丝钳剖削塑料硬线绝缘层

线芯截面积为 $4mm^2$ 及以下的塑料硬线，一般用钢丝钳进行剖削。剖削方法如下：

1）在线头所需长度交界处，用钢丝钳轻轻地切破绝缘层表皮。

2）用左手拉紧导线，右手适当用力捏住钢丝钳头部，用力向外勒去塑料绝缘层，如图 3-34 所示。勒去绝缘层时，不可在钳口处加剪切力，否则会伤及线芯，甚至剪断导线。

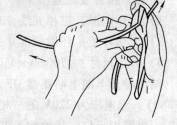

（2）用电工刀剖削塑料硬线绝缘层

图 3-34　用钢丝钳剖削导线绝缘层

线芯截面积大于 $4mm^2$ 的塑料硬线，可用电工刀剖削。具体方法如下：

1）根据线头所需长度，用电工刀以 45°角倾斜切入塑料层，注意掌握刀口刚好削透绝缘层而不伤及线芯，如图 3-35a 所示。

2）使刀面与导线间的角度保持 25°左右，向前推削，不切入线芯，只削去上面的塑料绝缘，如图 3-35b 所示。

3）将不削去的绝缘层向下扳翻，如图 3-35c 所示，再用电工刀切齐。

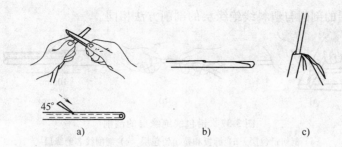

图 3-35　用电工刀剖削塑料硬线绝缘层

a) 刀口以 45° 角切入　b) 刀口以小于 25° 角削去绝缘层

c) 翻下剩余绝缘层

2. 塑料软线绝缘层的剖削

塑料软线绝缘层除用剥线钳除去外，仍可用钢丝钳直接剖削截面为 $4mm^2$ 及以下的导线，方法与用钢丝钳直接剖削塑料硬线绝缘层相同。塑料软线不可用电工刀剖削，因塑料软线太软，线芯又由多股铜丝组成，用电工刀很容易伤线芯。

3. 塑料护套线绝缘层的剖削

塑料护套线绝缘层分外层公共护套层和内部每根线芯的绝缘层。公共护套层用电工刀剖削，其方法如下：

1）按线头所需长度，用电工刀对准线心缝隙划开护套层，如图 3-36a 所示。

2）将护套层向后扳翻，用刀齐根切去，如图 3-36b 所示。

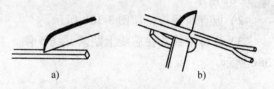

图 3-36　塑料护套线绝缘层的剖削

a) 刀在线芯缝间隙划开护套线

b) 扳翻护套层并齐根切去

3）在距离护套层 5～10mm 处，用电工刀以 45° 角倾斜切入绝缘层，其剖削方法与剖削塑料硬线相同。

4. 橡皮线绝缘层的剖削。

橡皮线绝缘层外有柔韧的纤维编织保护层，剖削方法如下：

1）先用剖削护套线护套层的方法，用电工刀尖划开纤维编织层，并将其扳翻后齐根切去。

2）用剖削塑料绝缘层的方法削去橡胶层。

3）最后松散棉纱层到根部，用电工刀切去。

5. 花线绝缘层的剖削

花线绝缘层分外层和内层，外层是柔韧的棉纱编织物，剖削方法如下：

1）先用电工刀在线头所需长度处切割一圈拉去。

2）在距棉纱织物保护层 10mm 处，用钢丝钳按照剖削塑料软线的方法将内层的橡皮绝缘层去除。

3）把棉纱层松散开，用电工刀割去。

6. 铅包线绝缘层的剖削

铅包线绝缘层分为外部铅包层和内部线芯绝缘层两种。

1）先用电工刀在铅包层切割一刀，如图 3-37a 所示。

2）用双手来回扳动切口处，将其折断，将铅包层拉出来，如图 3-37b 所示。

3）内部绝缘层的剖削与塑料线绝缘层的剖削方法相同。

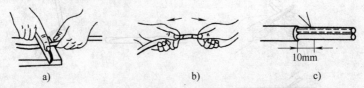

a)　　　　　　　　　b)　　　　　　　　　c)

图 3-37　铅包线绝缘层的剖削

a) 剖切铅包层　b) 拆扳和拉出铅包层　c) 剖削线芯绝缘层

3.2.3　导线的连接

当导线不够长或要分接支路时，就要将导线和导线连接。常用的导线的线芯有单股和多股，其连接方法也各不相同。

1. 铜芯导线的连接

（1）单股铜芯导线的直接连接

1）将已剖除绝缘层并去掉氧化层的两根线头成"X"形相交，并互相绞绕 2~3 圈，如图 3-38a 所示。

2）扳直两线头，如图 3-38b 所示。

3）将每根线头在芯线上贴紧并绕 6 圈。将多余的线头剪去，修整好切口毛刺，如图 3-38c 所示。

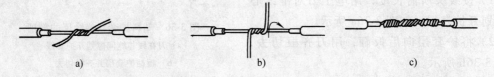

a)　　　　　　　　　b)　　　　　　　　　c)

图 3-38　单股铜芯导线的直线连接

（2）单股铜芯导线的 T 形连接

1）将除去绝缘层和氧化层的支路线芯线头与干线芯线十字相交，注意在支路线芯根部留出 3~5mm 裸线，如图 3-39a 所示。

2）按顺时针方向将支路线芯在干线上紧密缠绕 6~8 圈，用钢丝钳切去余下的芯线并钳平线芯末端，如图 3-39b 所示。

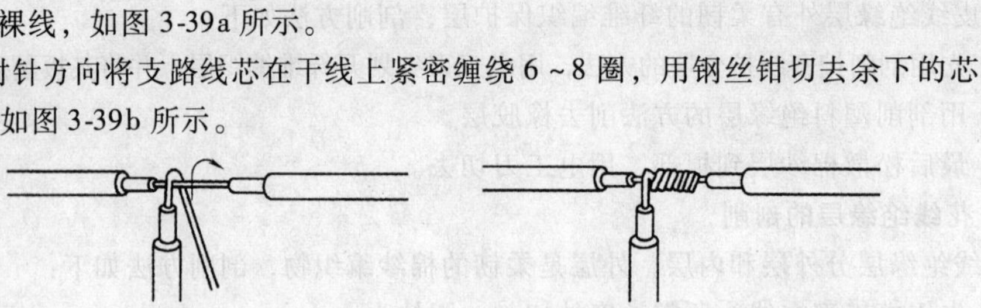

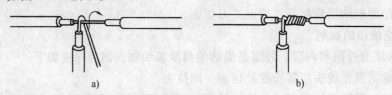

a)　　　　　　　　　　　　　　b)

图 3-39　单股铜芯导线的 T 形连接

（3）多股铜芯导线的直线连接

1）将除去绝缘层和氧化层的线芯散开并拉直，将紧靠绝缘层 1/3 处顺着原来的扭转方向将其绞紧，余下的 1/3 长度的线头分散成伞状，如图 3-40a 所示。

2）将两股伞形线头相对，隔根交叉，然后捏平两边散开的线头，如图 3-40b 所示（为清晰起见，图中只画出一根导线）。

3）将一端的铜芯线分成三组，接着将第一组的两根线芯扳到垂直于线头方向，如图 3-40c 所示，并按顺时针方向缠绕 2 圈。

4）缠绕 2 圈后，将余下的线芯向右扳直，再将第二组的线芯扳于线头垂直方向，如图 3-40d 所示，按顺时针方向紧紧压前线芯缠绕。

5）缠绕两圈后，将余下的线芯向右扳直，再将第三组的线芯扳于线头垂直方向，如图 3-40e 所示。按顺时针方向紧紧压着线芯向右缠绕，绕 3 圈后，切去每组多余的线芯，钳平线端，如图 3-40f 所示。

6）用同样的方法再缠绕另一边芯线。

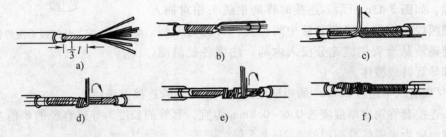

图 3-40 多股铜芯导线的直线连接

（4）多股铜线芯的 T 形连接

1）把除去绝缘层和氧化层的支路线端分散拉直，在距绝缘层 1/8 处将线芯绞紧，将支路线头 7/8 的芯线分成两组排列整齐，然后用螺钉旋具把干线也分成两组，再把支路的一组插入干线两组线芯中间，而把另一组支线排在干线线芯的前面，如图 3-41a 所示。

2）将右边线芯的一组往干线一边按顺时针方向紧紧缠绕 3 ~ 4 圈，钳平线端，如图 3-41b 所示。

3）再把另一组支路线芯按逆时针方向在干线上缠绕 4 ~ 5 圈，钳平线端，如图 3-41c 所示。

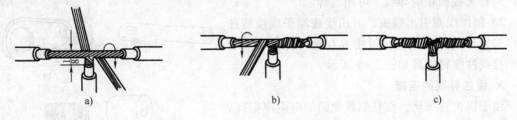

图 3-41 多股铜芯导线的 T 形连接

（5）铜芯导线接头处的锡焊

1）电烙铁锡焊。截面积为 10mm^2 以下的铜芯导线，可用 150W 电烙铁进行。锡焊前，接头上均须涂一层无酸焊锡膏，待电烙铁烧热后，即可锡焊。

2）浇焊。截面积为 16mm^2 及其以上的铜芯导线接头，应用浇焊法。浇焊法应先将焊锡放在化锡锅内，用喷灯或电炉熔化，使表面呈磷黄色，焊锡即达到高温，然后将导线接头放在锡锅上面。用勺盛上熔化的锡，从接头上面浇下，如图 3-42 所示。

2. 电磁线头的连接

电机和变压器绕组用电磁线绕制，无论是重绕或维修都要进行导线的连接，这种连接可能在线圈内部进行，也可能在线圈外部进行。

（1）线圈内部的连接

1）直径在 2mm 以下的圆铜线，通常是先绞接后铅焊。截面积较小的漆包线的绞接如图 3-43a 所示，截面积较大的漆包线的绞接如图 3-43b 所示。绞接时要均匀，两根线头互绕不少于 10 圈，两端要封口，不能留下毛刺。

2）直径大于 2mm 的漆包线的连接，通常采用套管套接后再铅焊的方法。套管用镀锡的薄铜片卷成，在接缝处留有缝隙，如图 3-43c 所示。连接时将两根线头相对插入套管，使两线头端部对接在套管中间位置，再进行铅焊。铅焊时使锡液从套管侧缝充分浸入内部，注满各处缝隙，将线头和导管铸成整体。

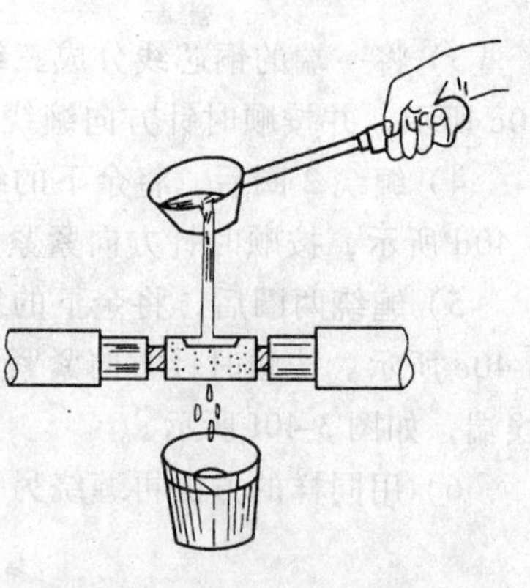

图 3-42　铜芯导线接头浇焊法管连接

3）对截面积不超过 25mm^2 的矩形电磁线，也用套管连接方法同上。

接头连接套管铜皮厚度应选 0.6～0.8mm 为宜，套管的长度为导线直径的 8 倍左右，套管的横截面应为电磁线截面积的 1.2～1.5 倍。

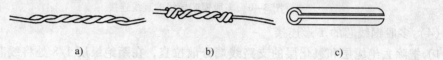

a)　　　　　　b)　　　　　　c)

图 3-43　线圈内部端头连接方法

a）较小截面积漆包线的绞接　b）较大截面积漆包线的绞接　c）接头的连接套管

（2）线圈外部的连接

线圈外部连接通常有两种情况。

1）线圈间的串、并联以及星、三角连接等，对小截面积导线，可用先绞接后铅焊的方法；对较大截面积的导线，可用气焊。

2）制作线圈引出端头，可用接线端子或接线柱螺钉与线头之间用压接钳压接或直接铅焊。接线端子和接线柱螺钉外形如图 3-44 所示。

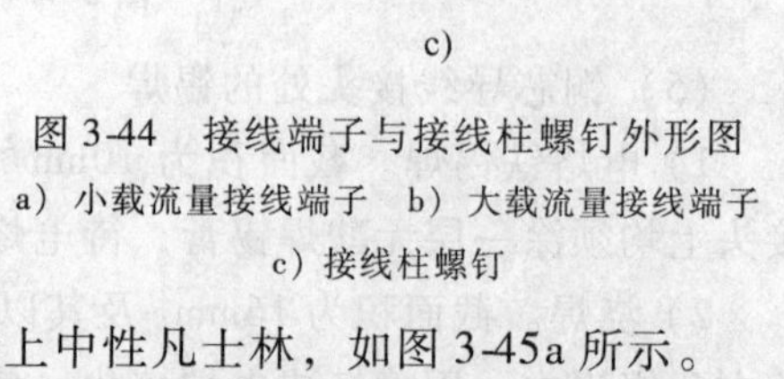

3. 铝芯导线的连接

由于铝极易氧化，而且铝氧化膜的电阻率很高，所以铝芯导线都不采用铜芯导线的连接方法，而常采用螺钉压接法和压接管压接法。

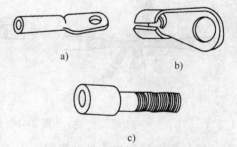

（1）螺钉压接法连接

螺钉压接法适合于负荷较小的单股铝芯导线的连接。其方法如下：

图 3-44　接线端子与接线柱螺钉外形图

a）小载流量接线端子　b）大载流量接线端子

c）接线柱螺钉

1）将铝芯线头用钢丝刷或电工刀除去氧化层，涂上中性凡士林，如图 3-45a 所示。

2）将线头伸入接线头的线孔内，再旋转压接螺钉压接。线路上导线与开关、灯头、熔断器、瓷接头和端子板的连接，多采用螺钉压接，如图 3-45b 所示。

3）两个或两个以上的线头要接在一个接线板上作分路连接时，先将几根线头扭成一股，再压接，如图 3-45c 所示。

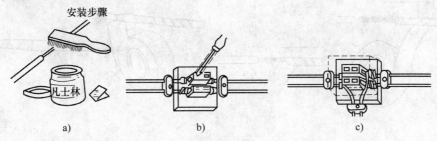

图 3-45 单股铝芯导线的螺钉压接法连接

a）刷去氧化膜涂上凡士林 b）在瓷接头上作直线连接 c）在瓷接头上作分路连接

（2）压接管压接法连接

压接管压接法又叫套管压接法，适合于较大负荷的多根铝导线的直接连接。压接钳和压接管（又称钳接管）外形如图 3-46a、b 所示。其方法如下：

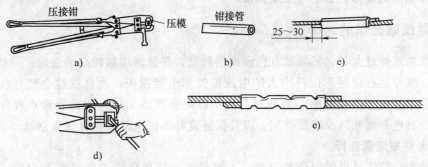

图 3-46 压接管压接法

a）压接钳 b）压接管 c）穿进压接管 d）压接 e）压接后的铝线接头

1）根据多股铝芯导线的规格，选择合适的压接管。除去铝芯导线和压接管内壁的氧化层，涂上中性凡士林。

2）将两根铝芯导线线头相对穿入压接管，并使线头穿出压接管 25~30mm，如图 3-46c 所示。然后进行压接，如图 3-46d 所示。压接时，第一道压坑应压在铝芯线线头一侧，不可压反，压接完工的铝线接头如图 3-46e 所示。

3.2.4 导线绝缘层的恢复

导线的绝缘层破损和导线连接后都要恢复绝缘。为保证用电安全，恢复的绝缘强度不应低于原有绝缘层。电力线上通常用黄蜡带、涤纶薄膜带和黑胶带作为恢复绝缘的材料。黄蜡带和黑胶带一般选用 20mm 宽较合适，包缠也方便。包缠方法为：将黄蜡带从距离切口约 40mm（两根带宽 2L）处的绝缘层上开始包缠，如图 3-47a 所示。使黄蜡带与导线保持约 55°的倾斜面，每圈压叠黄蜡带宽的 $\frac{1}{2}$，如图 3-47b 所示。

包缠一层黄蜡带后，将黑胶布接在黄蜡带尾端，并在另一方向包缠一层黑胶布，如图 3-47c、d 所示。

在 380V 线路上恢复绝缘时，必须先缠 1~2 层黄蜡带，然后包缠一层黑胶带；在 220V

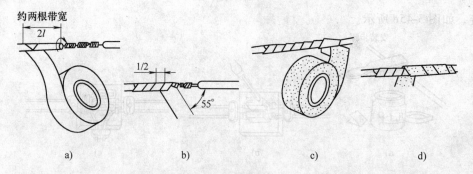

图 3-47　绝缘带的包缠

a)、b) 包缠黄蜡带　c)、d) 包缠黑胶布

的线路上恢复绝缘时，先包缠两层黄蜡带，再包缠一层黑胶带，也可只包缠两层黑胶带。另外，绝缘带包缠时不能过疏，更不允许露出芯线，以免造成触电或短路事故。绝缘带平时不可放在温度很高的地方，也不可浸染油渍。

3.2.5　导线截面积的选择

导线截面选择过大时，将增加有色金属消耗量，并显著增加线路的造价；导线截面积选择过小时，线路运行期间不仅产生大的电压损失和电能损失，而且往往会使导线接头处过热，以致引起断线等严重事故，另外还会限制以后负荷的增加。因此合理选择导线的截面积，对节约有色金属和减少建设费用，以及保证良好的供电质量都有重大意义。

1. 按允许载流量选择

导线的允许载流量也叫安全载流量，一般导线的最高允许工作温度为 65℃，若超过这个温度则导线的绝缘层会加速老化，甚至变质损坏而引起火灾。导线的允许载流量就是导线的工作温度不超过 65℃时可长期通过的最大电流值。

（1）计算负荷电流

1）白炽灯和电热设备的负荷电流计算为 $I = P/U$。

2）荧光灯、高压水银荧光灯、高压钠灯等照明的负荷电流计算为

220V 单相　　　　　　　　　　$I = \dfrac{P}{U\cos\varphi}$

380V 三相四线制　　　　　　　$I = P/\sqrt{3}U\cos\varphi$

式中，荧光灯 $\cos\varphi$ 取 0.5；高压水银荧光灯 $\cos\varphi$ 取 0.6；高压钠灯 $\cos\varphi$ 取 0.4。

3）电动机的负荷电流计算为

单相电动机　　　　　$I = \dfrac{P}{U\cos\varphi} \times 10^3$（$\cos\varphi$ 未知则可取 0.75）

三相电动机 $I = \dfrac{P}{\sqrt{3}U\cos\varphi\eta} \times 10^3$（若 $\cos\varphi$ 和 η 未知则都可取 0.85）

4）电焊机和 X 射线机的负荷电流计算为

$$I = P \times 10^3/U$$

（2）计算导线的安全载流量

1）照明或电热电路为

$$I_S \geqslant \sum I_N$$

式中　I_S 为进户导线的安全载流量；I_N 为照明和电热设备总的额定电流之和。

2）电动机电路导线的安全载流量对于单台电动机为 $I_S \geqslant I_N$，对于多台电动机 $I_S \geqslant \sum I_N$ ×最高利用率×1.2（裕度）。

2. 按机械强度选择

导线在安装和运行过程中，要受到各种外力的作用，加上导线的自重，导线就受到多种张力的作用，如果导线承受不了这些外力的作用，就会发生断线。因此，选择导线时必须考虑导线的机械强度，有些小负荷的设备，虽然很小截面积就能满足允许载流量和允许电压损失要求，但必须按导线机械强度允许的最小截面积选择。

3. 按线路允许电压损失选择

由于线路存在阻抗，流过负荷电流时会产生电压损失。在通过最大负荷时产生的电压损失与线路额定电压的比值，称为电压损失率。线路电压损失率可计算求得，也可查表简便求得。线路允许电压损失率按用户性质有以下不同规定：

1）高压动力系统为 5%；

2）城镇低压电网为 4%～5%；

3）农村低压电网为 7%；

4）对视觉要求较高的照明线路为 2%～3%。

选择导线截面积时要求实际电压损失率不超过允许电压损失率。

4. 绝缘导线的安全载流量

所谓安全载流量是指在最大允许连续负荷电流通过的情况下，导线发热不会超过导线及绝缘层所允许的温度。导线的安全载流量，主要与导线的材质（铜或铝）、线径（粗或细）、工作环境温度（高或低）及敷设条件（穿管与不穿管）有关。

表 3-1 列出了 BV、BVV 铜芯电线的最大载流量，仅供读者参考。

表3-1　电线的载流量

截面积/mm²	单芯允许载流量/A	二芯允许载流量/A	三芯允许载流量/A
1	17	14	9.6
1.5	23	20	18
2.5	30	25	21
4	39	33	28
6	50	43	36
10	69	59	51

按导线的安全载流量选择导线的方法是专业的方法，由于在使用过程中变数较多，一般电工难以掌握，从而有一种估算方法在家庭装修中十分流行，即根据用电负荷电流的大小来选择导线的截面积。

1 mm² 铜芯线允许长期负载电流为 6～8A；1.5mm² 铜芯线允许长期负载电流为 8～15A；

2.5mm² 铜芯线允许长期负载电流为 16 ~ 25A；4mm² 铜芯线允许长期负载电流为 25 ~ 32A；6mm² 铜芯线允许长期负载电流为 32 ~ 40A。

对于一般的家庭来讲，一般采用进户线的线截面积应为 6 ~ 10mm²，照明导线截面积为 1.5mm²，插座的为 2.5mm²，空调器的为 4mm²，也有的采用照明导线 2.5mm²，插座的为 4mm²，空调器的为 6mm²。如今，这些都成了经验公式，比较实用。

第 4 章　楼宇配电线路的安装

电力作为原动力，要由配电线路将其分配到用电单位和住宅区去。楼宇配电照明电路的安装和检修更是家庭、办公楼宇综合布线中最简单、最基本的部分，也是电气职业技术人员必须掌握的一项基本功。通过本章的学习和实训，可以使读者掌握室内线路的主要配线方法和基本操作工艺，了解常用量配电装置的安装、检修方法及小型配电板的配线和安装方法。

4.1　室内布线的基本操作

4.1.1　室内布线总的原则

室内布线是指在建筑物内进行的线路配线工作。在室内配线是为了对各种电器设备提供供电服务，除了在设计上要考虑供电的可靠性外，在施工中保证以后运行的可靠性往往更为重要。常常会由于施工的不当，造成很多隐患，给以后运行的可靠性造成很大影响。总的来讲在设计和安装过程中应注意以下基本原则：

1）安全。配线也是建筑物内的一种设施，必须保证其安全性。施工前选用的电器设备和材料必须合格。施工中对于导线的连接、地线的施工以及电缆敷设等，都必须采用正确的施工方法。

2）便利。在配线施工和设备安装中，要考虑以后运行和维护的便利，并要考虑发展的可能。

3）经济。在工程设计和施工中，要注意节约有色金属。

4）美观。在室内施工中，必须注意不要损坏建筑物的美观，同时配线的布置也要根据不同情况注意建筑物的美化问题。

4.1.2　室内布线的具体技术要求

室内配线不仅要使电能传送安全可靠，而且要使线路布置正规、合理、整齐、安装牢固，其技术要求如下：

1）所用导线的额定电压应大于线路的工作电压。导线的绝缘应符合线路的安装方式和敷设环境的条件。导线的截面积应满足供电安全电流和机械强度的要求，一般的家用照明线路选用 $4mm^2$ 的铝心绝缘导线或 $2.5mm^2$ 的铜心绝缘导线为宜。

2）配线时应尽量避免导线接头。必须有接头时，应采用压接和焊接，并用绝缘胶布将接头缠好。要求导线连接和分支处不应受到机械力的作用，穿在管内的导线不允许有接头，必要时尽可能把接头放在接线盒或灯头盒内。

3）配线时应水平或垂直敷设。水平敷设时，导线距地面应不小于 2.5m；垂直敷设时，导线距地面不小于 2m。否则，应将导线穿在钢管内加以保护，以防机械损伤。同时所配线路要便于检查和维修。

4）当导线穿过楼板时，应设钢管加以保护，钢管长度应从离楼板面 2m 高处至楼板下出口处。导线穿墙要用瓷管保护，瓷管两端的出线口伸出墙面不小于 10mm，这样可以防止导线和墙壁接触，以免墙壁潮湿而产生漏电现象。当导线互相交叉时，为避免碰线，在每根导线上均应套塑料管或其他绝缘管，并将套管固定紧，以防其发生移动。

5）为了确保安全用电，室内电气管线和配电设备与其他管道、设备间的最小距离都有明确规定。施工时如不能满足要求，则应采取其他的保护措施。

4.1.3　室内配线的主要工序

1）按设计图样确定灯具、插座、开关、配电箱、起动装置等设备的位置。
2）沿建筑物确定导线敷设的路径、穿越墙壁或楼板时的具体位置。
3）在土建未涂灰前，在配线所需的各固定点打好孔眼，预埋绕有铁丝的木螺钉、螺栓或木砖。
4）装设绝缘支持物、线夹或管子。
5）敷设导线。
6）处理导线的连接、分支和封端，并将导线出线接头和设备相连接。

4.2　室内配线方法

4.2.1　塑料护套线的配线方法

1. 使用场合

塑料护套线是一种将双芯或多芯绝缘导线并在一起，外加塑料保护层的双绝缘导线，具有防潮、耐酸、耐腐蚀及安装方便等优点，广泛用于家庭、办公等室内配线中。塑料护套线一般用铝片或塑料线卡作为导线的支持物，直接敷设在建筑物的墙壁表面，有时也可直接敷设在空心楼板中。

2. 护套线配线的步骤与工艺要求

1）画线定位。确定起点和终点位置，用弹线袋画线。设定铝片卡的位置，要求铝片卡之间的距离为 150～300mm。在距开关、插座、灯具的木台 50mm 处及导线转弯两边的 80mm 处，都需设置铝片卡的固定点。

2）铝片卡或塑料卡的固定。铝片卡或塑料卡的固定应根据具体情况而定。在木质结构、涂灰层的墙上，选择适当的小铁钉或小水泥钉即可将铝片卡或塑料卡钉牢；在混凝土结构上，可用小水泥钉钉牢，也可采用环氧树脂粘接。

3）敷设导线。为了使护套线敷设得平直，可在直线部分的两端各装一副瓷夹板。敷线时，先把护套线一端固定在瓷夹内，然后拉直并在另一端收紧护套线后固定在另一副瓷夹中，最后把护套线依次夹入铝片卡或塑料卡中。护套线转弯时应成小弧形，不能用力硬扭成直角。

4.2.2　线管配线的方法

1. 使用场合

把绝缘导线穿在管内敷设，称为线管配线。线管配线有耐潮、耐腐、导线不易遭受机械损伤等优点，适用于室内、室外照明和动力线路的配线。

线管配线有明装式和暗装式两种。明装式表示线管沿墙壁或其他支撑物表面敷设，要求线管横平竖直、整齐美观；暗装式表示线管埋入地下、墙体内或吊顶上，不为人所见，要求线管短、弯头少。

2. 线管配线的步骤与工艺要点

（1）线管的选择

选择线管时，通常根据敷设的场所来选择线管类型，根据穿管导线截面积和根数来选择线管的直径。选管时应注意以下几点：

1）在潮湿和有腐蚀性气体的场所，不管是明装还是暗装，一般采用管壁较厚的镀锌管或高强度 PVC 线管。

2）干燥场所内明装或暗装一般采用管壁较薄的 PVC 线管。

3）腐蚀性较大的场所内明装或暗装一般采用硬塑料管。

4）根据穿管导线截面积和根数来选择线管的直径，要求穿管导线的总截面积（包括绝缘层）不应该超过线管内径截面积的 40%。

（2）防锈与涂漆

为防止线管年久生锈，在使用前应将线管进行防锈涂漆。先将管内、管外进行除锈处理，除锈后再将管子的内外表面涂上油漆或沥青。在除锈过程中，还应检查线管质量，保证无裂缝、无瘪陷、管口无锋口杂物。

（3）锯管

根据使用需要，必须将线管按实际需要切断。切断的方法是用台虎钳将其固定，再用钢锯锯断。锯割时，在锯口上注少量润滑油可防止钢锯条过热。此外，管口要平齐，并应锉去毛疵。

（4）钢管的套螺纹与攻螺纹

在利用线管布线时，有时需要进行管子与管子、管子与接线盒之间的螺纹连接。为线管加工内螺纹的过程称为攻螺纹；为线管加工外螺纹的过程称为套螺纹。攻螺纹与套螺纹的工具选用、操作步骤、工艺过程及操作注意事项要按机械实训的要求进行。

（5）弯管

根据线路敷设的需要，在线管改变方向时需将管子弯曲。管子的弯曲角度一般不应小于 90°，其弯曲半径可以这样确定：明装管至少应等于管子直径口的 6 倍；暗装管至少应等于管子的直径的 10 倍。

（6）布管

管子加工好后，就应按预定的线路布管。具体的步骤与工艺如下：

1）固定管子。对于暗装管，若布在现场浇制的混凝土构件内，可用铁丝将管子绑扎在钢筋上，也可将管子用垫块垫起、铁丝绑牢，用钉子将垫块固定在木模上；若布在砖墙内，一般是在土建砌砖时预埋，否则应先在砖墙上留槽或开槽；若布在地坪内，须在土建浇制混凝土前进行，用木桩或圆钢等打入地中，并用铁丝将管子绑牢。对于明装管，为使线管整齐美观，管路应沿建筑物水平或垂直敷设。当管子沿墙壁、柱子和屋架等处敷设时，可用管卡、管夹或桥架固定；当管子进入开关、灯头、插座等接线盒孔内及有弯头的地方时，也应用管卡固定。对于硬塑料管，由于硬塑料管的膨胀系数较大，因此沿建筑物表面敷设时，在直线部分每隔 30m 要装设一个温度补偿盒。硬塑料管的固定也可采用管卡，对其间距也有一定的要求。

2）管子的连接。钢管与钢管的连接，无论是明装管或暗装管，最好采用管接头连接。尤其是地埋和防爆线管。为了保证管接口的密封性，应涂上黄油，缠上麻丝，用管子钳拧紧，并使两管端口吻合。在干燥少尘的厂房内，直径为 50mm 及以上的管子，可采用外加套筒焊接，连接时将管子从套筒两端插入，对准中心线后进行焊接。硬塑料管之间的连接可采用插入法和套接法。插入法即在电炉上加热到柔软状态后扩口插入，并用粘接剂（如过氯乙烯胶）密封；套接法即将同直径的硬塑料管加热扩大成套筒，并用粘接剂或电焊密封。管子与配电箱或接线盒的连接方法如图 4-1 所示。

3）管子接地。为了安全用电，钢管与钢管、钢管与配电箱及接线盒等连接处都应做系统接地。管路中有接头将影响整个管路的导电性能及接地的可靠性，因此在接头处应焊上跨接线，其方法如图 4-2 所示，钢管与配电箱的连接地线，均需焊有专用的接地螺栓。

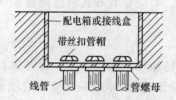

图 4-1　线管与配电箱的连接

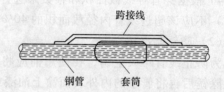

图 4-2　钢管连接处的跨接线

4）装设补偿盒。当管子经过建筑物伸缩缝时，为防止基础下沉不均，损坏管子和导线，需在伸缩缝的旁边装设补偿盒。暗装管补偿盒的安装方法是：在伸缩缝的一边，按管子的大小和数量的多少，适当地安装一只或两只接线盒，在接线盒的侧面开一个长孔，将管端穿入长孔中，无须固定，另一端用管子螺母与接线盒拧紧固定。明装管用软管补偿，安装时将软管套在线管端部，使软管略有弧度，以便基础下沉时，借助软管的伸缩达到补偿的目的。

4.2.3　槽板布线

1. 使用场合

槽板布线是指将绝缘导线安装在槽板线槽内的一种布线方式，主要用于科研室或预制墙板结构无法安装暗配线的工程，也适用于旧工程改造及线路吊顶内布线。就其制作材料而言，主要有木槽板（目前已较少采用）、塑料槽板和金属槽板，下面就常用槽板类型做一简单介绍：

1）塑料槽板。塑料槽板具有重量轻、绝缘性能好、耐酸碱腐蚀、安装维修方便等特点，因此应用较为广泛。塑料槽板的外形如图 4-3 所示。

2）金属槽板。金属槽板坚固耐用，可分为明装金属槽板和地面线槽。既可用于明装布线，也可地面内暗装布线，其外形如图 4-4 所示。其中，地面线槽是为了适应现代化建筑电气配线日趋复杂、出线位置多变的特点而推出的一种新型敷设管件系列产品。可广泛用于大间办公自动化写字楼、阅览室、展览室、实验室、电教室、商场、机房，尤其适用于隔墙任意变化的建筑物。

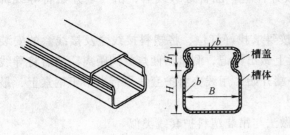
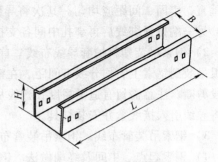

图 4-3　塑料槽板外形图　　　　　　　图 4-4　金属槽板外形图

2. 槽板布线的步骤

明装槽板布线过程主要有以下几道工序：

1）准备。首先确定槽板的敷设路径及固定方式。一般来说，塑料槽板可以直接固定于建筑物构件表面，而金属槽板由于重量较大，多采用吊架或托架安装，因此需在槽板布线前在墙体内预埋固定用金属支架。

2）定位。布线前要在敷设的建筑构件表面上进行定位划线，槽板排列应整齐、美观，应尽量沿房屋的线脚、横梁、墙角等隐蔽部位敷设，且与建筑物的线条保持水平或垂直。

3）固定。塑料线槽的固定方式主要有三种，即用伞形螺栓固定、用塑料胀管固定、用木砖固定。金属线槽可用塑料胀管直接固定于墙上，也可固定于吊架或托架上。

4）放线。放线时先将导线放开伸直，从始端到末端边放边整理，导线应顺直，不得有挤压、背扣、扭结和损坏等现象。

5）检查。配线工程结束后应进行绝缘检查，并做好测量记录。

3. 槽板布线的注意事项

1）VXC 塑料线槽明敷时，槽盖与槽体需错位搭接。

2）建筑物顶棚内不得采用塑料线槽布线。

3）穿金属线槽的交流线路，应使所有的相线与中性线在同一外壳内。

4）强、弱电线路不应敷设于同一线槽内。

5）电线、电缆在线槽内不得有接头，导线的分接头应在接线盒内进行。

6）线槽内电线或电缆的总截面积（包括外护层）不应超过线槽截面积的 20%，载流导线不宜超过 30 根。

4.2.4　钢索布线

1. 使用场合

在大型厂房内，由于屋顶架构较高，跨度较大，而灯具安装又要求敷设较低的照明线路时，常常采用钢索布线。

2. 钢索布线的步骤

屋内钢索布线采用绝缘导线明装设时，应采用瓷夹、塑料夹、绝缘子固定，用护套绝缘导线、电缆、金属管或硬塑料管布线时，可直接固定于钢索上。

1）钢索吊装绝缘子布线。首先应按要求找好灯位，组装好绝缘子的扁钢吊架，按测量好的间距固定在钢索上，在终端处，扁钢吊架及固定卡子之间镀锌铁丝拉紧，扁钢吊架应安装垂直、牢固、间距应均匀。其次将导线放开伸直，准备好绑线后，由一端开始将导线绑牢，另一端拉紧绑线后再绑扎中间各支持点。

2）钢索吊装塑料护套导线布线。首先按要求找好灯位，将塑料接线盒及接线盒的安装钢板吊装到钢索上，均分线卡间距，在钢索上做出标记，测量出两灯具间距离。然后将导线按段剪断，注意需留有适量裕度，敷线从一端开始，用线夹将护套线平行卡吊于钢索上，最后将导线引入接线盒并安装灯具。

3）钢索吊装管布线。钢索吊装管布线做法与吊装塑料护套线类似。

4）钢索起点、中间及终端做法。钢索的起点、中间及终端可依照具体环境位置及实际情况安装。

3. 钢索布线的注意事项

1）钢索布线所使用钢索的截面积应根据跨距、荷重和机械强度选择，钢索除两端拉紧外，跨距大的应在中间增加支持点。

2）屋内钢索上的绝缘导线至地面的距离不得小于2.5m。

3）钢索固定件应镀锌或涂防腐漆。

4）在钢索上吊装金属管或塑料管布线时，管卡的宽度不应小于20mm，且吊装接线盒的卡子不应少于2个。

5）钢索上吊装护套导线布线时，线卡的支持点间距不应大于500mm，卡子距接线盒不应大于100mm。

6）钢索上采用绝缘子吊装绝缘导线布线时，导线支持点间距不应大于1.5m，线间距离不应小于50mm，扁钢吊架终端应加拉线，其直径不应小于3mm。

4.3 室内布线常见故障

4.3.1 室内布线的常见故障

照明线路常常因施工安装和维护检修不符合要求而发生故障。随着经济的发展，人民生活水平不断提高，家用电器越来越多，用电量也越来越大，而这些因素导致了线路负荷电流过大。同时线路绝缘老化引起的各种故障也日益增加。

常见故障主要有断路、短路和剩余电流故障三种。

4.3.2 低压室内布线检修程序

1. 断路故障的处理

产生断路的主要原因有照明配电箱内熔丝熔断、线头松脱、断线、开关触头接触不良、铝接线头腐蚀等。

整条照明线路上的灯全部不亮，首先检查照明配电箱是否有电，如无电应接上低压电源，如有电，则下一步检查开关触头接触是否良好，熔丝是否熔断。如果照明配电箱接不上电源或接上电源后开关和熔丝均完好无缺，则可能是电源开路（包括相线或中性线断路）。首先用验电笔或万用表检查总熔丝端头，如有电，再用校验灯检测。如校验灯亮，说明进线正常；如不亮，则说明进线有故障（包括断路器、熔丝），并进行修复。如果总进线修复后，灯还不亮，这时应用验电笔或万用表分别测试各段相线，如有电，再用校验灯校验，一端接相线，另一端接各段中性线。如校验灯亮，说明中性线正常；若不亮，则说明该段中性线断路，应修复。

如果整条照明线路上只有个别灯不亮，则应分别进行检查，首先检查灯泡的灯丝是否烧断，若灯丝未断，则应检查开关和灯头是否接触不良、有无断线开路等。可以用验电笔或万用表检验灯座的两极是否有电，若两极都没电，说明相线（火线）断路；若两极都有电（带灯泡测试），则说明零线断路；若一极亮一极不亮，说明灯丝回路未接通。

2. 短路故障处理

造成电路短路的原因主要是导线绝缘外皮受外力损伤或发热老化损坏，并在相线和零线的绝缘损坏处碰线。有时电气元件内接线处理不好，也会造成短路故障。

发生短路时，常出现电弧打火现象，同时短路保护动作（空气断路器跳闸，熔断器熔丝熔断）。检查时，首先断开零线，在开关或熔丝两端并联一只 100W 校验灯，合上开关或接上熔丝，如果校验灯亮（此时开关跳闸或熔丝熔断），则说明相线有接地故障，此时应缩小范围按上述方法再试，直至找到故障点。如果校验灯不亮（开关没跳闸或熔丝未熔断），则应拆开相线，把校验灯一端接电源，另一端逐段接相线，短路点就在校验灯亮的那一段线路中。

3. 剩余电流故障处理

相线由于各种原因损坏而接地，以及用电设备内部绝缘损坏使外壳带电等均会引起剩余电流。目前预防此类事故大多采用剩余电流动作保护器进行保护，当剩余电流超过整定值时，剩余电流动作保护器自动切断电路，这时应查出接地点方可送电。

漏电不但造成电力浪费，还可能造成人身触电伤亡事故。

照明线路的接地点多发生在穿墙部位和靠近墙壁天花板的部位。查找接地点时，应注意查找这些部位。

漏电查找方法如下：

1）首先判断是否漏电。可用 500V 绝缘电阻表摇测，看其绝缘电阻值的大小。也可在被检查建筑物的总刀开关上接一只电流表，接通全部灯开关，取下所有灯泡，进行仔细观察。若电流表指针摇动，则说明漏电。指针偏转的大小，取决于电流表的灵敏度和漏电电流的大小。若偏转大则说明漏电大，确定漏电后可按下一步继续进行检查。

2）判断漏电类型。即判断是相线与零线间的漏电，还是相线与大地间的漏电，或者是两者兼而有之。以接入电流表检查为例，切断零线，观察电流的变化，电流表指示不变，是相线与大地之间漏电；电流表指示为零，是相线与零线之间的漏电；电流表指示变小但不为零，则表明相线与零线、相线与大地之间均有漏电。

3）确定漏电范围。取下分路熔断器或拉下分路刀开关，电流表若不变化，则表明是总线漏电；电流表指示为零，则表明是分路漏电；电流表指示变小但不为零，则表明总线与分路均有漏电。

4）找出漏电点按前面介绍的方法确定漏电的分路或线段后，依次拉断该线路灯具的开关，当拉断某一开关时，电流表指针回零或变小，若回零则是这一分支线漏电，若变小则除该分支漏电外还有其他漏电处；若所有灯具开关都拉断后，电流表指针仍不变，则说明是该段干线漏电。依照上述方法依次把故障范围缩小到一个较短线段或小范围之后，便可进一步检查该段线路的接头，以及电线穿墙处等有否漏电情况。当找到漏电点后，应及时妥善处理。

必须指出照明电路开关箱壳应用黄绿双色线接地，零线用黑色或蓝色线，插座接线应左零线、右相线。

4.4 楼宇配电电器

随着国家电网改造和低压配电电器的发展，各种新型的低压配电电器逐步应用于居民楼宇中和家庭内部，下面介绍几种常用的低压量电和配电电器。

4.4.1 电能表

电能表（习称电度表）是用来测量某一段时间内发电机发出的电能或负载所消耗的电能的仪表。所以电能表是累计仪表，其计量单位是千瓦·小时（kW·h），电能表的种类繁多，按其准确度分类有 0.5、1.0、2.0、2.5、3.0 级等。按其结构和工作原理又可分为电解式、电子数字式和电气机械式三类。电解式主要用于化学工业和有色金属冶炼工业中电能的测量；电子数字式适用于自动检测、遥控和自动控制系统；电气机械式电能表又可分为电动式和感应式两种。电动式主要用于测量直流电能，交流电能表都是采用感应式电能表。

1. 电能表的主要组成部分

电能表大都采用感应式，其外形如图 4-5 所示，原理结构如图 4-6 所示。其主要由以下部件组成：

图 4-5　感应式电能表外形

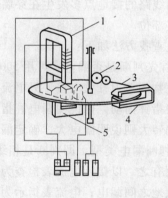

图 4-6　感应式电能表原理结构图

1—叠片铁心　2—计数机构　3—铝盘
4—制动磁铁　5—驱动元件

（1）驱动元件

包括电流部件和电压部件。

1）电流部件是由铁心及绕在它上面的电流线圈所组成。电流线圈的匝数较少，导线较粗，铁心由硅钢片叠合而成。

2）电压部件是由铁心及绕在它上面的电压线圈所组成。电压线圈的匝数较多，导线较细，其铁心也由硅钢片叠合而成。

（2）转动元件

由铝制圆盘和转轴组成，轴上装有传递转数的蜗杆，转轴安装在上、下轴承里可以自由转动。

（3）制动元件

由制动永久磁铁和铝盘等组成。其作用是在转盘转动时产生制动力矩，使转盘转速与负载的功率大小成正比，从而使电能表能反映出负载所消耗的电能。

（4）积算机构

用来计算电能表转盘的转数，实现电能的测量和积算。当转盘转动时，通过蜗杆、涡轮及齿轮等传动机构，最后使"字轮"转动，便可以从计算器窗口上直接显示出盘的转数。不过一般电能表所显示的并不是盘的转数而是直接显示出负载所消耗的电能的"度"数。此外电能表还有轴承、支架、接线盒等部件。

2. 单相交流电能表的工作原理

当交流电流通过感应系电能表的电流线圈和电压线圈时，在铝盘上会感应产生涡流，这些涡流与交变磁通相互作用产生电磁力，使铝盘转动。同时制动磁铁与转动的铝盘也相互作用，产生了制动力矩。当转动力矩与制动力矩平衡时，铝转盘以稳定的速度转动。铝转盘的转数与被测电能的大小成比，从而测出所耗电能。由以上简单的原理分析可知，铝转盘的转数与负载的功率有关，负载功率越大，铝盘的转速越快，即

$$P = C\omega$$

式中，P 为负载的功率；ω 为铝盘的转速；C 为常数。

若测量时间为 T，且保持功率不变，则有

$$PT = C\omega T$$

式中，PT 表示在时间 T 内负载消耗的电能 W；$C\omega T$ 代表了铝盘在时间内的转数 n，即

$$W = Cn。$$

上式表明，电能表的转数 n 正比于被测电能 W。

由上式可求出常数 $C = W/n$，即铝盘每转一圈所代表的千瓦·小时数。

通常电能表铭牌上给出的是电能表常数 N [r/（kW·h）]，它表示每千瓦·小时对应的铝盘转数，即

$$N = 1/C = n/W$$

3. 电能表的选用

1）根据测量任务的不同，电能表型式的选择也会有所不同。对于单相、三相、有功和无功电能的测量，都应选取与之相适应的仪表。在国产电能表中，型号中的前后字母和数字均表示不同含义。其中第一个字母 D 代表电能表，第二个字母中的 D 则表示单相、S 表示三相三线、T 表示三相四线、X 表示无功，后面的数字代表产品设计定型编号。

2）根据负载的最大电流及额定电压，以及要求测量值的准确度选择电能表的型号。应使电能表的额定电压与负载的额定电压相符。而电能表的额定电流应大于或等于负载的最大电流。

3）当没有负载时，电能表的铝盘应该静止不转。当电能表的电流线路中无电流而电压

线路上有额定电压时，其铝盘转动应不超过潜动允许值。

4.4.2　新型电能表简介

在科技迅猛发展的今天，新型电能表已快步进入千家万户。下面介绍具有较高科技含量的静止式电能表和电卡预付费电能表。

1. 静止式电能表

静止式电能表是借助于电子电能计量的先进机理，继承传统感应式电能表的优点，采用全屏蔽、全密封的结构，具有良好的抗电磁干扰性能，集节电、可靠、轻巧、高准确度、高过载、防窃电等为一体的新型电能表。

静止式电能表由分流器取得电流采样信号，分压器取得电压采样信号，经乘法器得到电压、电流的乘积信号，再经频率变换产生一个频率与电压、电流乘积成正比的计数脉冲，通过分频驱动步进电动机，使计度器计量。

静止式电能表按电压分为单相电子式、三相电子式和三相四线电子式等，按用途又分为单一式和多功能（有功、无功和复合型）等。

静止式电能表的安装使用要求，与一般机械式电能表大致相同，但接线宜粗，避免因接触不良而发热烧毁。

2. 电卡预付费电能表

电卡预付费电能表即为机电一体化预付费电能表，又称 IC 卡表或磁卡表，如图 4-7 所示。它不仅具有电子式电能表的各种优点，而且电能计量采用先进的微电子技术进行数据采集、处理和保存，实现先付费后用电的管理功能。

电卡预付费电能表通过电阻分压网络和分流元件分别对电压信号和电流信号采样，送到电能计量芯片，在计量芯片内部经过差分放大、A-D 转换和乘法器电路进

图 4-7　电子电能表外形图

行乘法运算，完成被计量电能的瞬时功率测量；再通过滤波和数字、频率转换器，输出与被计量电能平均功率成比例的频率脉冲信号，其中高频脉冲输出可供校验使用，低频脉冲输出给计度器显示电量及 CPU 进行通信抄收等数据处理。其工作原理如图 4-8 所示。

电卡预付费电能表也有单相和三相之分。单相电卡预付费电能表的接线如图 4-9 所示。

3. 智能电表的工作特点

智能电表采用了电子集成电路的设计，因此与感应式电表相比，智能电表不管在性能还是操作功能上都具有很大的优势。

1）功耗。由于智能电表采用电子元件设计方式，因此一般每块表的功耗仅有 0.6 ~ 0.7W 左右，对于多用户集中式的智能电表，其平均到每户的功率则更小。而一般每只感应式电表的功耗为 1.7W 左右。

2）准确度。就表的误差范围而言，2.0 级电子式电能表在 5% ~ 400% 标定电流范围内测量的误差为 ±2%，而且目前普遍应用的都是准确等级为 1.0 级，误差更小。感应式电表

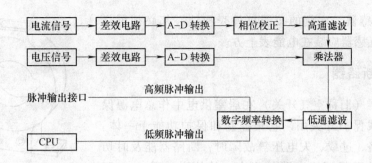

图 4-8　电卡预付费电能表工作原理

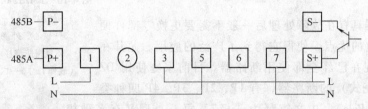

图 4-9　单相电卡预付费电能表的接线图

的误差范围则为 +0.86% ~5.7% ，而且由于机械磨损这种无法克服的缺陷，导致感应式电能表越走越慢，最终误差越来越大。国家电网曾对感应式电表进行抽查，结果发现 50% 以上的感应式电表在用了 5 年以后，其误差就超过了允许的范围。

　　3）过载、工频范围。智能电表的过载倍数一般能达到 6 ~ 8 倍，有较宽的量程。目前 8 ~10 倍率的表正成为越来越多用户的选择，有的甚至可以达到 20 倍率的宽量程。工作频率也较宽，范围为 40 ~1000Hz。而感应式电表的过载倍数一般仅为 4 倍，且工作频率范围仅为 45 ~55Hz。

　　4）功能。智能电表由于采用了电子技术，可以通过相关的通信协议与计算机进行联网，通过编程软件实现对硬件的控制管理。因此智能电表不仅有体积小的特点，还具有远程控制、复费率、识别恶性负载、反窃电、预付费用电等功能，而且可以通过对控制软件中不同参数的修改，来满足对控制功能的不同要求，而这些功能对于传统的感应式电表来说都是很难或不可能实现的。

4.4.3　电流互感器

　　电流互感器的结构特点是：一次侧绕组匝数很少（有的利用导线穿过铁心，只有一匝），导线相当粗；二次侧绕组匝数很多，导线较细。一次侧绕组串联接入一次电路，二次侧绕组和仪表、继电器等电流线圈串联，形成闭合回路。由于仪表（电流表）、继电器线圈（电流继电器）阻抗很小，所以电流互感器的二次回路近于短路状态。二次侧绕组的额定电流一般为 5A。在使用电流互感器时要注意，在工作时二次侧不得开路；二次侧有一端必须接地；在连接时要注意端子极性，一般用 L_1、L_2 表示一次侧绕组端子，K_1、K_2 表示二次侧绕组端子。L_1 和 K_1 及 L_2 和 K_2 为"同极性端"。图 4-10 所示是 LMZJ1-0.5 型电流互感器。

　　电流互感器使用注意事项如下：

　　1）电流互感器二次侧两端的接线桩要与电能表电流线圈的接线桩正确连接，不可接反。电流互感器的一次回路的接线桩要与电源的进出线正确连接。

2）电流互感器二次侧的接线桩外壳和铁心都必须可靠
地接地，电流互感器应装在电能表上方。

4.4.4　低压断路器

低压断路器（旧称空气开关）在居室供电中作总电源保
护开关或分支线保护开关用，它集控制和保护功能于一体。
当电路发生短路、过载、失电压等故障时，断路器能及时切
断电源电路，从而保证了电路的安全。其外形如图 4-11 所
示。

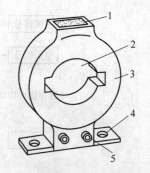

图 4-10　LMZJ1-0.5 型电流互感器
1—铭牌　2—一次侧母线穿孔
3—铁心、外绕二次侧绕组、
环氧树脂浇注　4—安装板
（底座）　5—二次侧接线端子

由于断路器具有在故障处理后一般不需要更换零部件便
可重新恢复供电的优点，使得它得到了广泛的应用。尤其在
建筑电气上，现在已经全部使用断路器。目前家庭使用 DZ
系列（塑料外壳式）的断路器，有 1P、2P、3P、4P 四种类
型，所谓的 P（Pole），中文解释为"极"，每一类型又有多种规
格。

1. 4 种断路器的应用

1P 用于一根相线的开、闭控制。2P 用于一相一零的开关控
制，一般作为交流 220V 电源总开关使用。3P 用于 3 根相线的开闭
控制，3P 断路器一般用于三相负载。4P 用于三相一零的开闭控
制。

2. 低压断路器的主要技术参数

为起到保护作用，低压断路器的保护特性必须与被保护线路

及设备的允许过载特性相匹配。厂家为了方便用户选择的需要，图 4-11　小型断路器外形图
一般都把其主要参数印制在产品表面，具体解释如下：

1）产品规格为 DZ47-63。DZ 是指塑料外壳式断路器，47 是设计代号，63 壳架等级额定
电流 。

2）400V 是指断路器的额定工作值，说明本产品断路器工作电压不能超过 400V。

3）C32：C 是指 C 型脱扣特性；32 是指额定工作电流为 32A。

家庭用断路器有如下些规格：C10、C16、C25、C32、C40、C63。所谓的额定工作电流
即断路器跳断电流值。例如"C10"表示当回路电流达到 10A 时，断路器跳闸。"C40"则
表示当回路电流达到 40A 时，断路器跳闸。还有，为了确保安全可靠，断路器的额定工作
电流一般应大于 2 倍所需的最大负荷电流，为以后家庭的用电需求留有裕量，即应该考虑到
以后用电负荷增加的可能性。

断路器有 B 型、C 型、D 制 3 种脱扣特性，即 B、C、D 自不同的过载曲线和起动速度，
家用断路器一般选 C 型。

4）扳键：正常工作时，扳键向上接通电路，在电路发生严重的过载、短路以及欠电压
等故障时，自动切断电路（扳键被弹下），待故障处理完毕后，需人工向上扳动合闸，恢复
正常工作状态。

5）3C 认证：3C 认证是国家对强制性产品认证使用的统一标志。

4. 4. 5　漏电保护断路器

由于人们对各种电器的使用、管理和保护措施不当而发生的人身触电伤亡、烧毁电器和电气火灾的事例时有发生，给人民生命和财产带来巨大的损失。如何保障人身和家用电器安全是不容忽视的重要问题、在家庭装修中，正确选用和安装漏电断路器是简单经济、安全可靠的技术保障措施之一。

漏电保护断路器通常被称为漏电保护开关或漏电保护器，是为了防止低压电网中人身触电或漏电造成火灾等事故而研制的一种新型电器。它除了有断路器的作用外，还能在设备漏电或人身触电时迅速断开电路，保护人身和设备的安全，因而使用十分广泛。图 4-12 所示为小型漏电断路器的外形图。

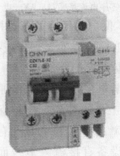

图 4-12　小型断路器的外形圆

1. 分类

漏电断路器按工作原理分有电压动作型和电流动作型两类，电压动作型性能差已趋于淘汰，最常用的为电流动作型（剩余电流动作保护器）。按电源分有单相和三相之分；按极数分有二、三、四极之分；按其内部动作结构又可分为电磁式和电子式，其中电子式可以灵活地实现各种要求并具有各种保护性能。现已向集成化方向发展。目前，电器生产厂家把断路器和漏电保护器制成模块结构，根据需要可以方便地把两者组合在一起，构成带漏电保护的断路器，其电气保护性能更加优越。

2. 漏电保护断路器工作原理

（1）三相漏电保护断路器

三相漏电保护断路器的基本原理与结构如图 4-13a 所示，它由主回路断路器 QF（含跳闸脱扣器）和零序电流互感器、放大器三个主要部件组成。

当电路正常工作时，主电路电流的相量和为零，零序电流互感器 TAN 的铁心无磁通，其二次绕组没有感应电压输出，开关保持闭合状态。当被保护的电路中有漏电或有人触电时，漏电电流通过大地回到变压器中性点，从而使三相电流的相量和不等于零，零序电流互感器的二次绕组中就产生感应电流，当该电流达到一定的数值并经放大器 AV 放大后就可以使自由脱扣机构 YR 动作，使断路器在很短的时间内动作而切断电路。

在三相五线制配电系统中，零线一分为二：即工作零线（N）和保护零线（PE）。工作零线与相线一同穿过漏电保护断路器的互感器铁心，通过单相回路电流和三相不平衡电流。工作零线末端和中端均不可重复接地。保护零线只作为短路电流和漏电电流的主要回路，与所有设备的接零保护线相接。它不能经过漏电保护断路器，末端必须进行重复接地。图 4-

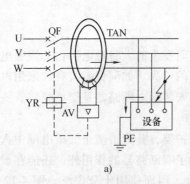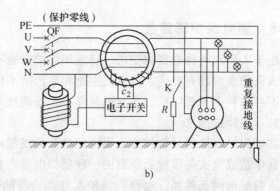

图 4-13　三相漏电保护断路器的工作原理示意图

TAN—零序电流互感器　AV—电子放大器　QF—断路器　YR—自由脱扣机构

13b 为漏电保护与接零保护共用时的正确接法。漏电保护断路器必须正确安装接线。错误的安装接线可能导致漏电保护器的误动作或拒动作。

（2）单相电子式漏电保护断路器

家用单相电子式漏电保护器的工作原理如图 4-14 所示。其主要工作原理为：当被保护电路或设备出现漏电故障或有人触电时，有部分相线电流经过人体或设备直接流入地线而不经零线返回，此电流则称为漏电电流（或剩余电流），它由漏电流检测电路取样后进行放大，在其值达到漏电保护器的预设值时，将驱动控制电路开关动作，迅速断开被保护电路的供电电源，从而达到防止漏电或触电事故的目的。而若电路无漏电或漏电电流小于预设值时，电路的控制开关将不动作，即漏电保护器不动作，系统正常供电。

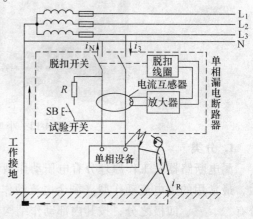

图 4-14　家用单相电子式漏电保护器的工作原理

漏电保护断路器的主要型号有 DZ5-20L、DZ15L 系列、DZL-16、DZL18-20、DZ47LE 等，其中 DZL18-20 型由于放大器采用了集成电路，使其体积更小、动作更灵敏、工作更可靠。

3. 漏电保护断路器的选用

要使漏电断路器能安全、有效地保障人身和用电设备的安全，需要从以下几个主要方面来选择和考虑。

1）额定电流 I_n：是指能够持续流过漏电断路器的最大负载电流。目前，市场上常见的漏电断路器额定电流 I_n 规格有 6A、10A、16A、20A、25A、32A、40A、63A、100A 等多种规格，那么如何选择合适的漏电断路器额定电流呢？若在家庭总开关处安装漏电断路器，这就需要根据用户家中各种电气设备的功率之和 P 来计算确定，即 $I = P/220$。如某一家庭用电设备的功率总和为 5kW，则 $I = 5000/220A = 22.7A$，算出负载电流 I 后，再选择额定电流 I_n 比计算电流略大一点的漏电断路器，故应选定额定电流为 25A 的漏电断路器。如果只需要保护某个电器设备，如电热沐浴器，则根据所保护的电器设备的额定电流 I_e 选择漏电断路器额定电流。这样，在正常使用中，不至于漏电断路器因过负荷经常动作，影响正常使用。

2）额定漏电动作电流 $I_{\triangle n}$：是指漏电断路器在规定的工作条件下必须动作的漏电电流值，这是漏电断路器一个重要的参数。漏电断路器漏电电流的规格主要有 5mA、10mA、15mA、20mA、30mA、50mA、75mA、100mA 等几种，其中小于或等于 30mA 的属于高灵敏度型，漏电动作电流值在 50mA 及以上的低灵敏度型漏电断路器不能作为家用漏电保护。家用漏电保护应选择漏电动作电流为 30mA 的高灵敏度型的漏电断路器。潮湿场所以及可能受到雨淋或充满水蒸气的地方，如厨房、浴室、卫生间，由于这些场所危险大，所以适合在相应支路上装动作电流较小（如 10 ~ 15mA）并能在 0.1s 内动作的漏电断路器。一些日用电器常常没有接零保护，室内单相插座往往没有保护零线插孔，在室内电源进线上接入 15 ~ 30mA 的漏电断路器可以起到安全保护作用，15mA 以下不动作。动作电流选择得越低，可以提高开关的灵敏度，但过小的动作电流容易产生频繁的动作，影响正常使用。

3）额定漏电分断时间 t：分断时间是从突然施加漏电动作电流开始到被保护的电路或设备完全被切断电源的时间。我们选择漏电分断时间越短就对我们越安全。单相漏电断路器的额定漏电分断时间主要有小于或等于 0.1s，小于 0.15s，小于 0.2s 等几种，家装中应选用分断时间小于或等于 0.1s 的快速型家用漏电断路器。

4）根据保护对象选用漏电断路器。人身触电事故绝大部分发生在用电设备上，用电设备是触电保护的重点，但并不是所有的用电设备都必须安装漏电断路器，应有选择地对那些危险较大的设备使用漏电断路器保护，如携带式用电设备，各种电动工具以及潮湿多水或充满蒸汽环境内的用电设备（如洗衣机、电热沐浴器、空调机、冰箱、电动炊具等）。

5）根据工作电压选择。家庭生活用电为 220V/50Hz 的单相交流电，故应选用额定电压为 220V/50Hz 的单相漏电断路器，如单极二线或二极产品。家庭一般选用二极（2P）漏电断路器作总电源保护，用单极（1P）做分支保护。

4. 漏电断路器的安装

合理地选用漏电断路器之后，还需正确安装才能更好地保障人身和设备的安全。对家用电器较多的家庭，漏电断路器最好安装在进户总线电能表后，如果是保护某个电器设备，则安装在该电器所在支路中。安装方法和注意事项如下：

1）在漏电断路器安装前，应检查产品合格证、认证标志、试验装置，发现异常情况必须停止安装，同时还应检查漏电断路器铭牌上的数据与使用要求是否一致。

2）漏电断路器标有电源侧和负荷侧（或进线和出线）的，接线安装时必须加以区别，不能接反，否则会烧毁脱扣器线圈。在安装时，标有 L 的端必须接相线，标有 N 的端必须接零线，相线和零线均要经过漏电断路器，电源进线必须接在漏电断路器的正上方，即外壳上标注的"电源"或"进线"的一端，出线接在正下方，即外壳上标注的"负荷"或"出线"的一端。

3）单极二线漏电断路器在安装接线时相线、零线必须接正确，相线 L 一定要进开关 K，切不可将 L 线和 N 线接错，否则在发生漏电流和需要断开电源时，漏电断路器无法正常断开电源，从而引起更为严重的触电事故。

4）漏电断路器额定电压必须和供电回路的额定电压相一致，否则会破坏漏电断路器的性能或拒动。

5）漏电断路器安装好后，在投入使用之前，要先操作试验按钮，检查漏电断路器的动作功能，注意按钮时间不要太长，以免烧坏漏电断路器。试验正常后即可投入使用。

5. 漏电断路器使用的注意事项

经过合理地选择和正确地安装后，在日常使用时还应注意以下几点，才能确保漏电断路器安全可靠地运行。

1）注意工作中漏电断路器的外观，如发现变形、变色，就要立即断电检查原因并及时试验和维修或更换。除了漏电断路器本身质量问题之外，接线端子的接线松动也会造成触头过热导致变形、变色。

2）漏电断路器不是绝对能保证安全的，当人体同时触及负载侧带电的相线和零线时，人体成为了电源的负载，漏电断路器不会提供安全保护，又如当人体同时触及负载侧断开的相线和零线两端时，人体实际上成为一个串接在该回路中的电阻，漏电断路器不会动作，会发生触电事故。

3）漏电断路器长期使用时，它本身出故障的可能性也是存在的。因此，在通电状态下，每月须按动试验按钮一至二次，检查漏电保护开关动作是否正常、可靠，尤其在雷雨季节应增加试验次数，并做好检查记录。在操作漏电断路器的试验按钮时时间不能太长，一般以点动为宜，次数也不能太多，以免烧毁内部元件。如果发现漏电断路器不能正常动作，就应及时找专业人士维修或更换。要注意有的漏电断路器在动作后需要手动复位后才能送上电。

4）漏电断路器在使用中发生跳闸，经检查未发现开关动作原因时，允许试送电一次，如果再次跳闸，应查明原因，找出故障，不得连续强行送电。

5）漏电断路器只能作为电气安全防护系统中的附加保护措施。安装漏电断路器后，原有的保护接地或保护接零不能撤掉。安装时应注意区分线路的工作零线和保护零线。工作零线应接入漏电断路器，并应穿过漏电断路器的零序电流互感器。经过漏电断路器的工作零线不得作为保护零线，不得重复接地或接设备的外壳，线路的保护零线不得接入漏电断路器。

6）不得将漏电断路器当做闸刀使用。漏电保护断路器的保护范围应是独立回路，不能与其他线路有电气上的连接。一只漏电保护断路器容量不够时，不能两只并联使用，应选用容量符合要求的漏电保护断路器。

4.5　低压进户线的安装

架空进户线是从架空线路电杆上引到建筑物第一支持点的一段架空导线。进户线应在电杆上及建筑物的进口处以绝缘子固定，装设在建筑物上的绝缘子弯脚或绝缘子支架应固定在墙的主材上。禁止固定在建筑物的抹灰层或木房屋的壁面上。按架空进户线的电压等级可分为低压进户线和高压进户线。

1. 低压架空进户线

低压进户线分架空进户线和电缆进户线。低压架空进户线引入室内时，导线应从装设在建筑物墙壁中的瓷管或塑料管穿入，如图4-15所示。低压电缆进户线，从户外配电箱经电缆沟（或穿入塑料管中直埋地下）引至室内电源开关上。

2. 对低压进户线的安装要求

1）凡进户线直接与电能表接线的，从进户至配电箱之间的一段导线必须采用 500V 铜芯绝缘导线，如有电流互感器时，二次线应为铜线。

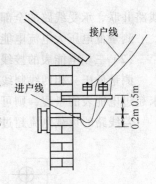

2）进户线从支持绝缘子起距地面不得小于 2.7m，个别建筑物低于 2.7m 时，应将支持物架起。

3）进户线穿墙时，必须经钢管保护。钢管安装时，户外部分较户内部分应稍微偏低，并在户外部分端口处加装防水弯头，以防止雨水流入。

4）低压进户线配线所需金属器件在安装前均应做防锈处理。

图 4-15　低压接户线和进户线的安装

5）接零系统的中性线在户外应做好重复接地。

6）多股导线严禁采用吊挂式。

4.6　量电与配电装置的安装

4.6.1　量电装置的安装

量电装置通常有进户总熔丝盒、电能表和电流互感器等部分组成。配电装置一般由控制开关、过载及短路保护电器等组成，容量较大的还装有隔离开关。

一般将总熔丝盒装在进户管的墙上，而将电流互感器、电能表、控制开关、短路和过载保护电器均安装在一块配电板上，如图 4-16 所示。

1. 总熔丝盒的安装

常用的总熔丝盒有铁皮式和铸铁壳式。总熔丝盒有防止下级电力线路蔓延到前级配电干线上而造成更大区域的停电；又能加强计划用电的管理（因为低压用户总熔丝盒内的熔体规格由供电单位置放，并在盒上加封）等作用。

总熔丝盒应安装在进户管的内侧。总熔丝盒必须安装在实心木板上，木板表面及四周必须涂以防火漆。总熔丝盒内熔断器的上接线柱，应分别与进户线的电源相线连接。接线桥上接线桩应与进线的电源中性线连接。总熔丝盒后如安装多具电能表，则在每个电能表前级应分别安装熔丝盒。

图 4-16　带电流互感器的三相量电装置

2. 电能表的接线方法

电能表接线比较复杂，易于接错，在接线前要查看附在电能表上的说明书，根据说明书上的要求和接线图把进线和出线依次对号接在电能表的线头上。接线时应遵守"发电机端"守则，即将电流线圈和电压线圈带"＊"的一端，一起接到电源的同一极性端上。

（1）单相电能表的接线方法

在低电压小电流线路中，电能表可直接接在线路上，如图 4-17 所示，电能表的接线端子盖上一般都画有接线图。它的电流线圈与线路串联，所有负载电流都通过它。电压线圈与线路并联，承受线路的全部电压。此时电能表上的读数就是所测电能。

测量低电压大电流电能时，电能表须通过电流互感器与线路相连，如图 4-18 所示。

（2）三相电能表的接线方法

测量低压三相四线制线路的有用电能时，常采用三元件三相电能表。若线路的负载电流未超过电能表的量程，则可将电能表直接接在线路上。

若线路的负载电流超过电能表的量程则须通过电流互感器将电能表接入线路。

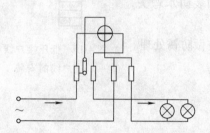
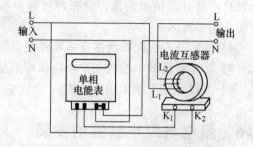

图 4-17　单相电能表接线方法　　　　　图 4-18　单相电能表经电流互感器接线方法

三相电度表按接线不同分为三相四线制和三相三线制两种。由于负荷容量和接线方式不同，又分为直接式和互感器式两种。直接式三相电能表有 10A、20A、30A、50A、75A、100A 等规格，常用于电流容量较小的电路。互感器式三相电度表的量程为 5A，可按电流互感器的不同比率（电流比）扩大量程，通常接于电流容量较大的电路。直接式三相四线制电度表共有 11 个接线桩，与单相电能表一样，从左至右编号。其中 1、4、7 号接电源进线的三根相线，3、6、9 号分别接三根相线的出线，并与总开关进线接线桩连接。2、5、8 号空着不用，10、11 号分别接三相电源中性线的进线和出线，如图 4-19 所示。

互感器式三相四线制电度表由一块三相电能表配用三只规格相同、电流比适当的电流互感器以扩大电度表量程。接线时三根电源相线的进线分别接在三只电流互感器一次绕组接线桩 L_1 上，三根电源相线的出线分别从三个互感器一次绕组接线桩 L_2 引出。并与总开关进

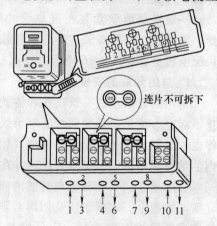

图 4-19　直接式三相电能表的接线

线接线桩相连。然后用三根铜芯绝缘线分别从三个电流互感器一次绕组接线桩 L_1 引出，与电能表 2、5、8 号接线桩相连。再用三根同规格的绝缘铜芯线将三只电流互感器二次绕组接线桩 K_1 与电能表 1、4、7 号接线桩相连。将三只互感器二次绕组接线桩 K_2，与电能表 3、6、9 号接线桩相连。最后将三个 K_2 接线桩用一根导线统一接中性线。因中性线一般与大地相连，使各互感器 K_2 接线桩均能良好接地。如果三相电能表中如 1、2、4、5、7、8 号接线桩之间接有连片时，应事先将连片拆除。互感器式三相四线制电能表实际接线圈和原理图如图 4-20 所示。

在三相四线制供电网络中，还有用三只单相电能表代替三相四线制电能表的方法。为扩大电能表量程，亦用三只电流互感器与之配套。接线原理图如图 4-21 所示。在读数时，将

三只电能表各自读数乘以电流互感器电流比，然后再相加。

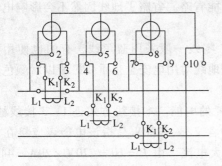

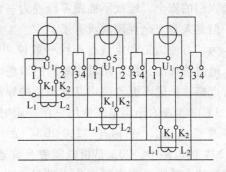

图 4-20　互感器式三相四线制电能表原理图　　　图 4-21　三只单相电能表测三相电路接线图

4.6.2　室内配电箱

1. 居室强电电路

居室强电箱接线示意如图 4-22 所示，实物图如图 4-23 所示。由图中可知，交流电引入内室之后，每户设置一个强电箱，强电箱内设置总开关及若干路分路控制开关。

强电箱是居家强电配电的中心。

1) 家庭强电箱，也称家庭强电配电箱，是把断路器（也叫空气开关、空开）装在其中的箱体，里面有卡接接断路器的导轨，有零线排、地线排和标示牌（便于安装和维修）。为了安装和日常维护的方便，人们往往都对空开对应的用途进行了标示如图 4-22 所示。

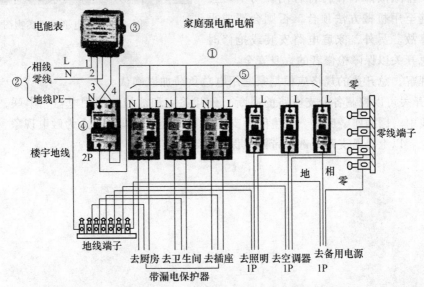

图 4-22　居室强电箱接线示意

2) 进户线。进户线有 3 根线，其中，标"L"的一根为相线，标"N"的一根为零线，相线与零线之间有 220V 的交流电压。还有标上"PF"的一根为地线。家庭用电，一般是交流 220V 的单相电，由相线经过用电器后经零线形成回路，用电器才能正常工作，部分外壳为金属的电器，还需要接一条接地线，地线是一根起安全作用的线，它一端接大地上，一端接在三极插座的中间插孔上，由于地线使带电体与地等电位，所以会保护意外碰触带电电器外壳人们的安全。地线不能跟零线混为一谈，也小能省略。省略了地线固然不会影响电器工作，但是人身安全保障就没有了。

为了方便施工和维修，相线一般使用红色线，零线一般采用蓝色线，有的也使用黑色线。地线按标准只能使用黄绿相间的双色线，由于地线对用电安全很重要，所以对颜色要求非常严格，一般不允许使用其他颜色的导线代替。

3）电能表的作用是测量用户在一定时间内消耗的电能。本接线方式是1、3接线柱进，2、4接线柱出。一只标有"220 20A"的电能表的含义是：220V是指该电能表应接在电压为220V的电路中，20A是指电能表允许通过的最大电流。由 $P = UI = 220\text{V} \times 20\text{A} = 4400\text{W}$ 计算的这一结果，表示用户用电器的总功率不能超过4400W。电能表的读数方法：如每月15日记下起始时间的值，到下月15日再记下结束时间的值，两次的差值就是本月消耗的电能数，注意最末一位数字为小数部分，电能的单位为千瓦时，也叫度。

4）家庭用电总开关，可采用2P断路器或2P带漏电保护断路器两种形式。安装位置在电能表后，分开关之前。总开关采用断路器的目的是在电路中电流过大时，切断电路的供电，来保障电线路的安全；总开关若采用带漏电保护的断路器，则使供电系统具有触电保护的功能。当断路器因故断开电路后，用户应先找出断电原因，排除故障后，再行合闸。切不可强行合闸，甚至用机械方法顶合，否则会造成重大的安全事故。另外，家庭电路安装或抢修时也需切断总开关以保障检修者的人身安全。

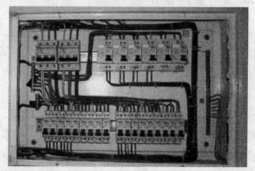

图4-23　强电箱接线实物图

不难理解，总开关的规格应根据家庭用电总负荷加以确认。

5）分开关可以控制各分支电路的通断，分开关应和被控制的用电器相串联，而且必须串接在相线中。因插座、厨房、卫生间等支路容易产生电源漏电或人为触电现象，为保障用户人身安全。以上3条支路应选择带漏电保护的断路器。

第5章 常用照明线路的安装

常用照明线路由电源、导线、开关、插座和照明灯具组成。电源主要使用220V单相交流电，开关用来控制电路的通断。导线是电流的载体，应根据电路允许载流量选取。照明灯为人们生活、学习、工作提供了各种各样的可见光源。通过本章的学习，使读者初步掌握室内照明线路的安装方法，掌握照明线路安装的基本技能。

5.1 照明开关

开关是接通或断开电源的器件，开关大都用于室内照明电路，故统称为室内照明开关，也广泛用于电气器具的电路通断控制。

5.1.1 照明开关的分类

开关的类型很多，一般分类方式如下：

1）按装置方式可分为：明装式，用于明线装置；暗装式，用于暗线装置；悬吊式，用于开关处在悬垂状态；附装式，装设于电气器具外壳上。

2）按操作方法可分为：跷板式、倒扳式、拉线式、按钮式、推移式、旋转式、触摸式和感应式等。

3）按接通方式可分为：单联（单投、单极）、双联（双投、双极）、双控（间歇双投）、双路（同时接通二路）等。常用开关外形如图5-1所示。

目前，用于家用照明控制开关，主要是拉线开关和按钮开关。这类有触头的机械开关具有结构简单、价格便宜、使用方便，可随时开闭电路的优点，至今仍有较大市场。但是，它们不能实现自动节电控制。随着电子技术的发展，已研制生产出许多新型的照明节电开关，其中主要有触摸延时开关，触摸定时开关，声光控制开关和停电自锁开关。这些照明节电开关的电路组成、采用器件各不相同，限于篇幅，本章只介绍最典型的几种。

图 5-1 常用开关外形

按钮开关　　　跷板开关

触屏开关　　声控开关　　旋转开关

5.1.2 触摸延时开关

触摸延时开关只要用手轻触开关位置，发光二极管熄灭，灯点亮；灯亮后延时60s左右自动熄灭，同时发光二极管发亮，指示开关位置。

目前市场上流行的触摸延时开关形式很多，有用分立组件构成的，有用通用数字集成电路组成的，还有用专用集成电路组成的。从性能上看，由专用集成电路组成的触摸延时开关最好。但是从总体结构上讲，它们都是由主电路和控制电路组成。主电路中的开关组件主要有电磁继电器和晶闸管。控制电路主要是一个单稳态触发器。为了给单稳态触发器提供直流电压，还应该有整流降压电路。触摸延时开关的电路图如图 5-2 所示。电路的工作过程为：交流 220V 电压经变压器 T 降压成 15V 电压后，经二极管 VD1～VD4 桥式整流、电容器 C_1 滤波，并经三端稳压块 7812 稳压后成 12V 直流电压供延时电路使用。

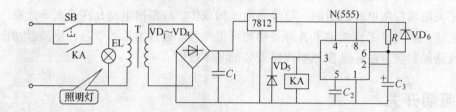

图 5-2　触摸延时开关的电路图

延时电路由 555 时基电路及电阻器 R、电容器 C_2、C_3 和二极管 VD6 组成。当按下一次按钮 SB 后，延时电路得电工作，这样 555 时基电路的 2、6 脚为低电平，3 脚输出为高电平，继电器 KA 得电工作。其被控触头 KA 闭合，走廊灯得电照明。同时，时基电路的 6、2 脚处的电容器 C_3 通过电阻 R 开始充电。当其正端的电压充至 2/3 电源电压时，延时电路翻转，其 3 脚跳变为低电平输出，被控继电器 KA 失电，其被控触头断开，照明灯及延时电路均失电，整个电路都停止工作。改变电阻器 R 及电容器 C_3 的值可改变延迟器的延迟时间。

5.1.3　声光控制开关

声光控制照明节电开关所控制的照明灯通常为交流 220V，最大功率为 60W 的白炽灯。该开关要求在白天或光线较亮时呈关闭状态，灯不亮；在夜间或光线较暗时呈预备工作状态，灯也不亮；当有人经过该开关附近时，通过脚步声、说话声、拍手声等使控制开关起动，灯亮，并延时 40～50s 后开关自动关闭，灯灭。

声光控制照明节电开关的组成结构、电路形式很多，但其原理基本相同，原理框图如图 5-3 所示。

图 5-3　声光控开关延时控制电路图

5.1.4　计数开关

计数开关也称程控开关。吊灯作为家庭装饰的一部分已非常普及，但其亮度往往不能调节。当要求亮度不高时，若通电后所有灯全部点亮会浪费电能。通过增加开关数量调光，会因走线过多而带来诸多不便；用改变晶闸管导通角（即调压）的方法进行调光，会由于灯多，谐波电流大而严重干扰电源；对于紧凑型节能灯，若用调压法调光，需从最亮逐步调暗，不但不方便，而且在电压较低时，对节能灯的寿命影响很大。而计数开关只用一只开关，靠拨动开关的次数，来改变输出电路的数量进行调光，图 5-4 所示为计数开关的接线图，首先把所有灯分为三组，每组可接一只或多只灯（并联）。开关 S 每接通一次，灯被点亮的只数变化一次。

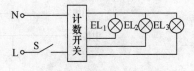

图 5-4　计数开关接线图

　　另外也有电路利用半导体二极管的单向导电性，实现对白炽灯的控制。半导体二极管由一个 PN 结加上引线及管壳构成，具有单向导电性。在调光电路中串联一只整流二极管，使交流电在一个周期中，二极管只导通半个周期，使得负载电压只有电源电压的一半，从而达到调光控制的目的。

5.1.5　照明开关的安装

　　开关的安装可分为明装和暗装。明装是将开关底盒固定在安装位置的表面上，剥去两根开关线的线头绝缘层，然后分别插入开关接线柱，拧紧接线螺钉即可；暗装是事先将导线暗敷，开关底盒埋在安装位置里面。

　　暗装开关的安装方法：将开关盒按图样要求的位置预埋在墙内。埋设时可用水泥砂浆填充，要求平整、不能偏斜，开关盒口面应与墙的粉刷层平面一致。待穿导线完成，接好开关接线柱后，即可将开关用螺钉固定在开关盒上。如图 5-5 所示。

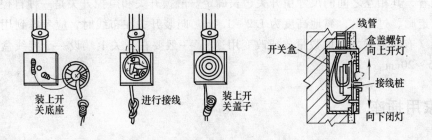

图 5-5　明开关、暗开关的安装

1. 单联开关的安装

　　开关明装时要安装在已固定好的木台上。将穿出本木台的两根导线（一根为电源相线，一根为开关线）穿入开关的两个孔眼，固定开关，然后将剥去绝缘层的两个线头分别接到开关的两个接线柱上，装上开关盖。

　　单联开关控制一盏灯时，开关应接在相线（俗称火线）上，使开关断开后。灯头上没有电，以保证安全，如图 5-6a 所示。

2. 双联开关的安装

　　双联开关一般是用于在两地用两只双联开关控制一盏灯的情况，它的安装方法与单联开关类似，但其接线较复杂。双联开关有三个接线端，分别与三根导线连接。注意双联开关中间铜片的接线柱不能接错：一个开关的中间铜片接线柱应和电源相线连接；另一个开关的中间铜片接线柱与螺旋式灯座的中心弹簧片接线柱连接。每个开关还有两个接线柱，应用两根导线分别与另一个开关的两个接线柱连接。

　　双联开关可在两个地方控制一盏灯。这种控制方式，通常用于楼梯处和走廊内的灯的控制。接线图如图 5-6b 所示。

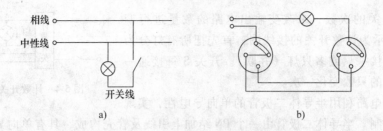

图 5-6　单联开关和双联开关控制白炽灯接线原理图

3. 节电开关的安装

　　节电开关样式较多，一般都附有说明书和接线图。安装前，应看懂说明书和接线图，注意开关的进线端和出线端，灯位置的对称性和每只灯的功率。

　　无论是明装开关还是暗装开关，开关控制的都应该是相线。开关安装好后一般应该是往下扳电路接通，往上扳电路切断。

　　当今的住宅装饰几乎都是采用暗装跷板开关，简称跷板开关、扳把开关。从外形看，其扳把有琴键式和圆钮式两种。此外，常见的还有调光开关、调速开关、触摸开关和声控开关。它们均属暗装开关，其板面尺寸与暗装跷板开关相同。暗装并关通常安装在门边。为了开门后方便开灯，距离门框边最近的第一个开关，离框边为 15 ~ 20cm，以后各个开关相互之间紧挨着，其相互之间的尺寸由开关边长确定。触摸开关和声控开关是一种自控开关，一般安装在走廊、过道上，离地高度为 1.2 ~ 1.4m。暗装开关在布线时，应考虑到用户今后用电的需要（有可能增加灯的数量，或改变用途），一般要在开关上端设一个接线盒，接线盒离墙顶 15 ~ 20cm。

5.2　家用插座

1. 插座类型

　　常用家用插座86（86mm × 86mm）型、118（70mm × 118mm）型如图 5-7 所示，插孔有圆扁之分，我国推行扁插系统，圆孔插座已基本淘汰。

图 5-7　常用 118 型和 86 型插座

　　因此，选用电源插座应选购两极扁圆孔插座或三极扁孔插座。两孔插座有相线与零线的接线柱，三孔插座有相线、零线和地线 3 个接线柱。如果两孔插座是水平安装，通常规定接线方式是"左零右相"。如果是立面安装则"上零下相"。三孔插座则大孔接地，"左零右相"。接线方式如图 5-8 所示。

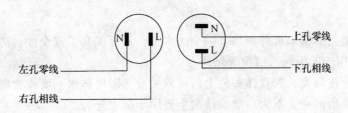

图 5-8　两孔插座接线方式

2. 插座额定电流

国家标准对家用插头插座的额定电流有明确的规定，有 6A、10A 和 16A 三个级别，其他标注级别均为非标准产品。对于一般家庭常使用 10A 和 16A 两种。

1）两极插座（10A）与插头，即插座可连接额定功率为 10A × 220V = 2200W 的电路负载，适合电视、音响、小家电等设备的使用。

2）三极插座（10A、16A）和插头，即插座可连接额定功率为 2200 ~ 3520W 的电路负载，适用于需接地电器，其中，10A 规格的插座常用于微波炉、电冰箱、电饭煲、洗衣机等家电产品，16A 规格的插座一般用于空调器和电热水器。

3. 三极插座接线

三极插座插头接线示意如图 5-9 所示。一般而言，只有那些带有金属外壳的用电器才会使用三脚插头，即家用电器上的三脚插头，两个脚接用电部分，另外与接地插孔相对应的脚是跟家用电器的外壳接通的。这样，把三脚插头插在三孔插座里，把用电部分连入电路的同时，也把外壳与大地连接起来，这样一来，即使外壳带了电，也会从接地导线泄放，因此人体接触外壳也就没有危险了。

4. 四级插座及接线

四级插孔也称三相四线插座，即三相电的三条相线（U、V、W）加上一条零线（N），如图 5-10 所示。其中，一个端子接地线，其他三个按 U、V、W 顺序接相线，如果接电动机，电动机反转说明顺序接反了，只要把其中两条相线换一下就可以了。

图 5-9　三孔插座接线方式　　　　　　　图 5-10　四级插座接线

5. 二、三极一体化插座

二、三极一体化插座俗称五孔插座，可同时插入二级和三极插头，形式多样，应用广泛。

"带开关插座"就是通过开关来控制插座是否有电的插座，它的选择主要考虑两点：一个是解决家用电器的"待机耗电"的问题，另一个是方便人们的使用。带开关的插座适用于使用频繁、但平时不通电的家电产品，例如，热水器、洗衣机、微波炉、空调器等电器，其优点在于不用拔下插头，也可通过开关操作电气设备。其外形如图 5-11 所示。

6. 防水插座

防水插座就是在插头面板外面加了一个防水盒，从而提高了安全性。防水插座实物图如图 5-12 所示。常用于洗手间、厨房等场所。

防水盒有深、浅两类，深盒插头插上后可以关盒，即可防水。而浅盒则需使用后将插头拔出后才能关盒，所以意义不大，故而浅盒主要用于防水开关。

图 5-11　带开关二、三极一体化插座　　　　　　　　图 5-12　防水插座外观图

7. 安全插座

国家电气标准规定，安装高度在 1.8m 以下的插座，需采用有保护门设置的安全插座。

也就是说，家庭使用的插座除空调器、电冰箱、电视机及一些特定用途的插座外，一般都应该有保护门设置，特别是离地 300mm 的插座必须附保护装置。

保护门主要是预防外部金属意外插入造成的漏电事故，特别是对儿童的保护。儿童往往对新奇事物抱有很强的好奇心，对室内触手可及的插座。可能用手指或其他硬物捅插口，有保护门能很大程度减少危险的发生。对于二芯插座而言，只有两个插脚同时插入才能将保护门顶开。三极插头的防单极插入一般有两种设计：一种接地极无保护门，相、零两极也要同时插入才能顶开保护门；另外一种三极都有保护门。在接地插脚顶开保护门时，相、零两极保护门才会打开。安全插座与一般普通插座外形上相似。需要补充说明的是，对于没有保护门设置的插座，也可以使用安全插头盖来保护儿童的安全。这种安全插头的安装，只需将绝缘插头对准插座孔轻轻推入，即可使保护罩盖住所有的电源孔。取出时，捏住保护罩两端，轻松拔出，否则不易拔出。

5.3　白炽灯

白炽灯为热辐射光源，是靠电流加热灯丝至白炽状态而发光的。白炽灯有普通照明灯泡和低压照明灯泡两种。普通灯泡额定电压一般为 220V，功率为 10～1000W，灯头有卡口和螺口之分，其中 100W 以上者一般采用瓷质螺纹灯口，用于常规照明。低压灯泡额定电压为 6～36V，功率一般不超过 100W，用于局部照明和携带照明。

1. 白炽灯的结构

白炽灯由玻璃泡壳、灯丝、支架、引线、灯头等组成，如图 5-13 所示。在非充气式灯泡中，玻璃泡内抽成真空；而在充气式灯泡中，玻璃泡内抽成真空后再充入惰性气体。白炽灯照明电路由负荷、开关、导线及电源组成。安装方式一般为悬吊式、壁式和吸顶式。而悬吊式又分为软线吊灯、链式吊灯和钢管吊灯。白炽灯在额定电压下使用时，其寿命一般为 1000h，当电压升高 5% 时寿命将缩短 50%；电压升高 10% 时，其发光率提高 17%，而寿命缩短到原来的 28%。反之，如电压降低 20%，其发光率降低 37%，但寿命增加一倍。因此，灯泡的供电电压以低于额定值为宜。

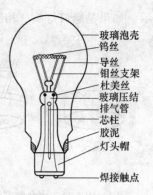

图 5-13　白炽灯结构图

2. 白炽灯照明电路的安装

　　室内用白炽灯通常有吸顶式、壁式和悬吊式 3 种，如图 5-14 所示。

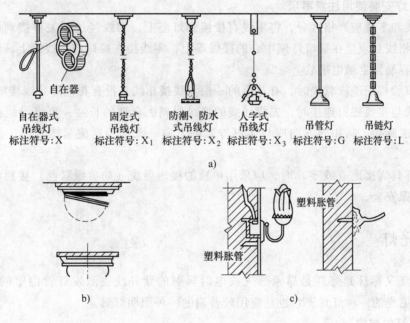

图 5-14　白炽灯的安装方法

a）悬吊式　b）吸顶式　c）壁式

　　（1）白炽灯安装的主要步骤与工艺要求

　　1）木台的安装。先在准备安装挂线盒的地方打孔，预埋木枕或膨胀螺栓，然后在木台底面用电工刀刻两条槽，木台中间钻三个小孔，如图 5-15a 所示，最后将两根电源线端头分别嵌入圆木的两条槽内，并从两边小孔穿出，通过中间小孔用木螺钉将圆木固定在木枕上，如图 5-15b 所示。

　　2）挂线盒的安装。将木台上的电源线从线盒底座孔中穿出，用木螺钉将挂线盒固定在木台上，然后将电源线剥去 2mm 左右的绝缘层，分别旋紧在挂线盒接线柱上，并从挂线盒的接线柱上引出软线，软线的另一端接到灯座上，由于挂线螺钉不能承担灯具的自重，因此在挂线盒内应将软线打个线结，使线结卡在盒盖和线孔处，打结的方法如图 5-16a 所示。

　　3）灯座的安装。旋下灯头盖子，将软线下端穿入灯头盖中心孔，在离线头 30mm 处按上述方法打一个结，然后把两个线头分别接在灯头的接线柱上并旋上灯头盖子如图 5-16b 所示。如果是螺口灯头，相线应接在与中心铜片相连的接线柱上，否则易发生触电事故。

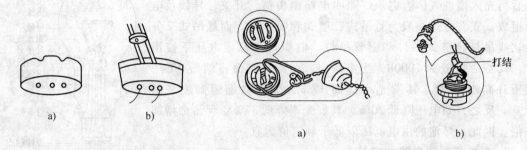

图 5-15　木台的安装　　　　　　　　　图 5-16　挂线盒的安装

a）木台外形　 b）导线在木台上的接线方法

3. 白炽灯安装使用注意事项

1）相线和零线应严格区分，将零线直接接到灯座上，相线经过开关再接到灯头上。对螺口灯座，相线必须接在螺口灯座中心的接线端上，零线接在螺口的接线端上，千万不能接错，否则就容易发生触电事故。

2）用双股棉织绝缘软线时，有花色的一根导线接相线，没有花色的导线接零线。

3）导线与接线螺钉连接时，先将导线的绝缘层剥去合适的长度，再将导线拧紧以免松动，最后环成圆扣。圆扣的方向应与螺钉拧紧的方向一致，否则旋紧螺钉时，圆扣就会松开。

4）当灯具需接地（或零）时，应采用单独的接地导线（如黄绿双色）接到电网的零干线上，以确保安全。

5.4　荧光灯

荧光灯（又称日光灯）是靠汞蒸气放电时辐射的紫外线去激发灯管内壁的荧光物质，使之发出可见光的一种灯具，它也是应用较普遍的一种照明灯具。

1. 荧光灯的结构

荧光灯由灯管、起辉器、镇流器、灯架和灯座等组成。

1）灯管由玻璃管、灯丝和灯丝引出脚组成，玻璃管内抽成真空后充入少量汞和氩等惰性气体，管壁涂有荧光粉，在灯丝上涂有电子粉。

2）辉光启动器由氖泡、纸介质电容、出线脚和外壳等组成，氖泡内装有∩形动触片和静触片。

3）镇流器主要由铁心和线圈等组成。使用时注意镇流器功率必须与灯管功率相符。

4）灯架分为木制和铁制两种，规格应配合灯管长度。

5）灯座有开启式和弹簧式两种。

2. 荧光灯照明线路原理图

荧光灯的工作原理图，如图 5-17 所示。当开光灯接通电源后，电源电压经过镇流器、灯丝，加在辉光启动器的∩形动触片和静触片之间，引起辉光放电，放电时产生的热量使∩形动触片膨胀并向外延伸，与静触片接触，接通电路，使灯丝预热并发射电子。与此同时，由于∩形动触片与静触片相接触，使两片间电压为零而停止辉光放电。∩形动触片冷却并复原脱离静触片，在动触片断开瞬间，在镇流器两端会产生一个比电源电压高得多的感应电动势，这个感应电动势加在灯管两端，使灯管内惰性气体被电离而引起弧光放电，随着灯管内温度升高，液态汞就会汽化游离，引起汞蒸气弧光放电而发生肉眼看不见的紫外线，紫外线激发灯管内壁的荧光粉后，发出近似日光的灯光。

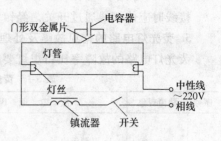

图 5-17　荧光灯工作原理图

镇流器还有另外两个作用：一个是在灯丝预热时，限制灯丝所需的预热电流值，防止灯丝因预热过高而烧断，并保证灯丝电子的发射能力；二是在灯管启辉后，维持灯管的工作电压和限制灯管工作电流在额定值，以保证灯管能稳定工作。

并联在氖泡上的电容有两个作用：一是与镇流器线圈形成 LC 振荡电路，以延长灯丝的预热时间和维持感应电动势；二是能吸收干扰收音机和电视机的交流杂声。当电容击穿时，剪除后辉光启动器仍能使用。

当灯管一端灯丝断裂时，连接两引出脚后即可继续使用。

3. 荧光灯照明线路的安装

荧光灯线路的安装方法，如图 5-18 所示。其接线步骤如下：

1）辉光启动器座上的两个接线柱分别与两个灯座中的一个接线柱连接。

2）一个灯座中余下的另一个接线柱与电源的中性线相连接，另一灯座中余下的另一个接线柱与镇流器的一个接头连接。

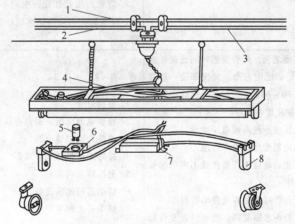

图 5-18　荧光灯线路的安装

1—相线　2—中性线　3—灯光与开关的连接线　4—木架　5—辉光启动器
6—辉光启动器座　7—镇流器　8—灯座

4. 荧光灯的安装使用注意事项

1）镇流器、辉光启动器和荧光灯管的规格应配套，不同功率不能互相配用，否则会缩短灯管寿命造成启动困难。当选用附加线圈的镇流器时，接线应正确，不能搞错，以免损坏灯管。

2）使用荧光灯管必须按规定接线，否则将烧坏灯管或使灯管不亮。

接线时应使相线通过开关，经镇流器到灯管。

5. 荧光灯电路的常见故障及处理方法

荧光灯电路的故障率比白炽灯要高一些，常用故障及处理方法见表 5-1。

表 5-1　荧光灯电路的常见故障及处理方法

序号	故障现象	故　障　原　因	处　理　方　法
1	灯管不发光	1. 电源无电 2. 熔丝烧断 3. 灯丝已断 4. 灯脚与灯座接触不良 5. 起辉器与辉光启动器座接触不良 6. 镇流器线圈短路或断线 7. 辉光启动器损坏 8. 线路断线	1. 检查电源电压 2. 找出原因，更换熔丝 3. 用万用表测量，若断更换灯管 4. 转动灯管，压紧灯管电极与灯座之间接触 5. 转动辉光启动器，使电极与底座接触 6. 检查或更换镇流器 7. 将辉光启动器取下，用导线把辉光启动器座内两个接触簧片短接，若灯管两端发亮，说明辉光启动器已坏，应更换并接通 8. 查找断线处
2	灯管两端发光中间不发光	1. 环境温度过低 2. 电源电压过低 3. 灯管陈旧，寿命将终 4. 辉光启动器损坏 5. 灯管慢性漏气	1. 提高环境温度或加保温罩 2. 检查电源电压，并调整电压 3. 更换灯管 4. 可在灯管两端亮了以后，将辉光启动器取下如灯管能正常发光，说明辉光启动器损坏，损坏原因是辉光启动器的双金属片动触头与静触头焊死，或辉光启动器内并联电容器击穿，应及时检修 5. 灯管两端发红光，中间不亮，在灯丝部位无闪烁现象。任凭辉光启动器怎样跳动，灯管也不启动，应更换灯管
3	灯管两端发黑或产生黑斑	1. 灯管老化，灯管点燃时间已接近或超过规定的使用寿命。发黑部位一般在距端部 50~60mm 处。说明灯丝上的电子发射物质即将耗尽 2. 电源电压过高或电压波动过大 3. 镇流器配用规格不合适 4. 辉光启动器不好或接线不牢引起长时间闪烁 5. 新灯管可能是辉光启动器损坏 6. 灯管内水银凝结，是细灯管常有现象 7. 开关次数频繁	1. 更换灯管 2. 调整电源电压，提高电压质量 3. 调换合适的镇流器 4. 接好或更换辉光启动器 5. 更换辉光启动器 6. 启动后可能蒸发消除 7. 减少开关频率
4	镇流器过热	1. 电源电压过高 2. 内部线圈匝间短路造成电流过大，使镇流器过热，严重时出现冒烟现象 3. 通风散热不好，起辉器中的电容器短路 4. 动、静触头焊死跳不开，时间过长，也会过热	1. 检查并调整电源电压 2. 更换镇流器 3. 改善通风散热条件 4. 及时排除辉光启动器的故障

（续）

序号	故障现象	故　障　原　因	处　理　方　法
5	镇流器声音较大	1. 镇流器品质较差或铁心松动，振动较大 2. 电源电压过高，使镇流器超载而加剧了电磁振动 3. 镇流器超载或内部短路 4. 辉光启动器品质不好，开启时有辉光杂音 5. 安装位置不当，引起周围物体的共振	1. 更换镇流器 2. 降低电源电压 3. 调换镇流器 4. 更换辉光启动器 5. 改变安装位置

5.5　电子镇流型荧光灯

电子镇流型荧光灯的结构与电感镇流型荧光灯基本相同，区别在镇流器上。电感镇流型荧光灯镇流器主要由铁心和线圈组成，而电子镇流器则是由若干电子元器件组成的电子电路，它同样具备通电瞬间产生脉冲高压点燃灯管，在灯管启辉后限制电流、保护灯管以延长其寿命的作用。

与电感型荧光灯相比，电子镇流型荧光灯的优点是轻便、便于安装、价格较便宜，有一定的节能作用。其缺点是镇流器故障率相对较高。

随着电子技术的发展，出现用电子镇流器代替普通电感式镇流器和辉光起辉器的节能型荧光灯。它具有功率因数高、低压启动性能好、噪声低等特点。其内部电路及接线如图 5-19 所示。

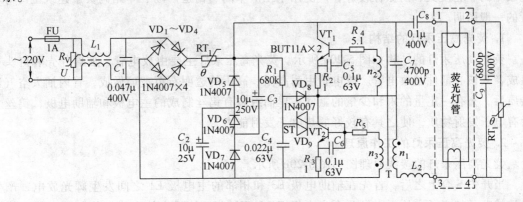

图 5-19　电子镇流器原理图

该电路由 4 部分组成：①交流 220V、50Hz 的市电经二极管 VD1 ~ VD4 和电容 C_2、C_3 等组成整流滤波电路，输出约为 310V 的直流电压（空载时）；②开关功率管 VT_1、VT_2 和双向触发二极管 VD9、单孔磁环变压器 T 等组成高频振荡开关方波产生电路，其中 R_1、C_4 和 VD_9 组成锯齿波发生器，用于启动振荡电路；方波振荡电路将直流电变为高频交流电，用于点燃只光灯管，作为荧光灯的工作电压。由于 VT_1、VT_2 工作在开关状态，因此效率高。晶体管 VT_1、VT_2 和高频率变压器 T 等组成的高压高频振荡电路，将 310V 直流电压变换为

50kHz、2700V 的高频电压；③电阻 R_1、R_5、VD_9、n_3 组成的振荡起动电路；④电感 L_2 和 C_8、C_9 组成串联谐振电路，用以启辉荧光灯管和限制灯管工作电流。

5.6　节能型荧光灯

电子镇流型荧光灯也是节能型荧光灯的一种，形状属直管型。随着照明器具的不断研制开发，自 20 世纪后期开始，市场上又陆续出现了节能系列的环形、U 形、H 形荧光灯及多支 U 形、H 形灯管组合的节能型荧光灯具。

直管荧光灯为了方便安装、降低成本和保障安全，许多直管形荧光灯的镇流器都安装在支架内，构或自镇流型荧光灯。

支架节能灯是一种将自镇流器装在铝合金框架里的一体化灯具，其性能稳定、使用寿命长、低温启动性能优异，能够有效抑制对电网和电气设备使用的电磁干扰。

直管型荧光灯管按管径大小分为：T3、T4、T5、T6、T8、T10、T14 等多种规格。规格中 "T + 数字" 组合，表示管径的毫米数值。其含义：一个 T = 1/8in，1in 为 25.4mm；数字代表 T 的个数，如 T5 = 25.4mm × 1/8 × 5 ≈ 16mm，T12 = 25.4mm × 1/8 × 12 ≈ 38mm。

举例，某荧光灯的型号为 YZ12RR13，其中 "13" 表示为灯管的直径，即为 13mm，通过换算灯管径为 T4。

5.7　荧光高压汞灯

荧光高压汞灯是一种在玻璃泡内表面涂有荧光粉的高压汞蒸气放电灯；荧光高压汞灯发光效率高、亮度大、耐振性较好，广泛用于工厂车间、街道广场、车站码头、建筑工厂等场所的一般照明。

1. 荧光高压汞灯的结构

荧光高压汞灯的结构如图 5-20a 所示。荧光高压汞灯主要由放电管、玻璃外壳和灯头等组成，其核心部件是放电管。放电管由耐高温、高压的透明石英玻璃做成，管内抽去空气和杂质后，充有一定量的汞和少量的氩气，里面封装有钨丝制成的主电极和辅助电极，钨丝上涂有电子发射物质，使之具有较好的热电子发射能力。

2. 荧光高压汞灯的工作原理

荧光高压汞灯的接线原理图如图 5-20c 所示。

当开关 S 合上之后，首先在辅助电极 E3 和相邻的主电极 E1 之间发生辉光放电，产生大量的电子和离子，从而引发两个主电极 E1 和 E2 之间的弧光放电，灯管起燃。辉光放电的电流由于受到启动电阻 R（40 ~ 60kΩ）的限制，使主、辅电极之间的电压远低于辉光放电所需要的电压，所以弧光放电后辉光放电立即停止。在起燃的初始阶段，放电管内的气压较低，放电只是在氩气中进行，产生的是白色的光，随着放电时间的增加，放电管的温度不断升高，汞蒸气的压力也逐渐上升，于是放电也逐渐转移到在汞蒸气中进行，发出的光也逐渐的由白色变为更明亮的蓝绿色。

3. 高压汞灯线路的安装

1）高压汞灯功率在 125W 及以下的，应配用 E27 型瓷质灯座，功率在 175W 及以上的，

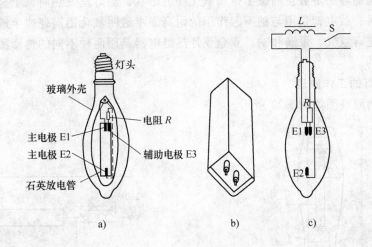

图 5-20　荧光高压汞灯

a）结构　b）镇流器　c）工作电路

应配用 E40 型瓷质灯座。

2）镇流器的规格必须与荧光灯泡功率一致，镇流器宜安装在灯具附近，应装在人体触及不到的位置，在镇流器接桩在线应覆盖保护物。镇流器装在室外应有防雨措施。

4. 高压汞灯在使用时注意事项

1）灯泡必须与符合要求的镇流器配套使用。

2）从启动到稳定工作需要 4 ~ 10min。

3）高压汞灯熄灭后，不能立即再次启动，必须待灯丝冷却，灯泡内汞气压力降低（一般为 5 ~ 10min）后，才允许再次启动。

使用时电压跌落超过 5% 可能导致高压汞灯熄灭，因此电流电压波动不宜过大。

5. 高压汞灯常见故障分析

1）不能起辉。一般由于电源电压过低，镇流器选配不当，开关桩头接线松动或灯泡内部构件损坏等原因引起的。

2）只亮灯芯。一般由于灯泡玻璃破碎或漏气等原因所致。

3）忽亮忽熄。一般由于电源电压波动，在起辉电压的临界值上，或灯座接触不良，接线松动等原因所致。

4）开而不亮。一般由于停电、熔丝烧断、连接导线脱落或镇流器，灯泡烧毁所致。

5.8　高压钠灯

高压钠灯是一种发光效率高、用电省、透雾能力强的电光源，适用于街道、机场、车站、码头港口、体育馆等场所照明电。

1. 高压钠灯的结构

高压钠灯的结构如图 5-21 所示。它主要由灯丝、双金属热继电器、放电管、玻璃外壳等组成，并将放电管与玻璃外壳之间抽成真空，以减小环境气候的影响。灯丝由钨丝绕成螺旋形或编织成能储存一定数量的碱土金属氧化物的形状，当灯丝发热时碱土金属氧化物就成为电子发射材料；放电管是用与钠不起作用的耐高温半透明氧化铝陶瓷或半透明的刚玉做成的，放电管内充有氩气、汞滴和钠。双金属片热继电器是用两种不同的热膨胀系数的金属压接在一起做成的。

2. 高压钠灯的工作原理

高压钠灯的原理图如图 5-22 所示。

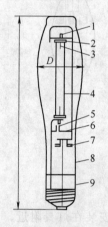

图 5-21　高压钠灯结构示意图
1—铌排气管　2—铌帽　3—钨丝电极　4—放电管　5—双
金属片　6—电阻　7—钡钛消气剂　8—玻璃外壳　9—灯帽

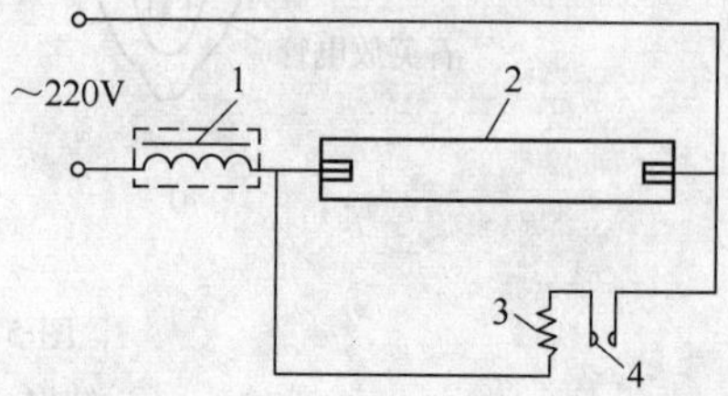

图 5-22　高压钠灯电路原理图
1—镇流器　2——一般电管　3—热电管
4—热继电器

当高压钠灯接入电源后，电流经过镇流器热电阻，双金属片常闭触头而形成通路。此时放电管内无电流。过一会儿，热电阻发热，使双金属片热继电器断开。在断开瞬间镇流器线圈产生很高的自感电动势，它和电源电压一起加在放电管两端，使管内氙气电离放电、温度升高，继而使汞变为蒸气而放电。当管内温度进一步升高，使钠也变为蒸气状态，开始放电而放射出较强的可见光。

高压钠灯工作时，双金属片热继电器处于受热状态，所以是断开的，电流只通过放电管。

3. 高压钠灯使用注意事项

1）高压钠灯必须配用镇流器，否则会使灯泡立即损坏。

2）灯泡熄灭后，需冷却一段时间，待管内汞气压降低后，才可再启动使用，所以该灯不能用于有迅速点亮要求的场合。

3）电源电压的变化不宜大于 ±5%。高压钠灯的管压、功率及光通量随电源电压的变化而引起的变化大于其他气体极电灯。当电源电压上升时，由于管电压降的增大，容易引起灯的自熄。电源电压降低时，光通量将减少，光色变差。

4）配套的灯具需特殊设计。不仅要考虑到玻璃外壳温度很高，必须具有良好的散热条件，同时还需考虑高压钠灯的放电管是半透明的，灯具的反射光不宜通过放电管。否则，放电管因吸热而温度升高，影响寿命，且易自熄。

5）灯泡破碎后要及时妥善处理，防止汞污染。

5.9 场致发光灯和半导体灯

场致发光灯和半导体灯是根据电子发光原理制造的电光源。其优点是耗电省、响应快和便于控制，近年越来越多的用于室内或室外的广告牌或指示牌，组成色彩瑰丽而千变万化的文字或图案，取得了良好的视觉效果。但与其他光源相比，由于其表面较暗，所以不适宜用于一般照明的场合。

1. 场致发光灯

场致发光灯通常都组合成平板状，所以又称其为场致发光屏（EL）。场致发光屏通常由玻璃板、透明导电膜、荧光粉层、高介电常数反射层、铝箔和最底层的玻璃板叠合而成。发光屏与电极之间距离仅为几十微米，因而在市电下，也能达到足够高的电场强度，在这样强的电场作用下，自由电子被加速到具有很高的能量，从而激发荧光粉使之发光。

场致发光屏的实际光效小，寿命长，耗电少，发光条件要求不高，并且可以通过电极的分割使光源分开，做成图案与文字。因此，场致发光屏被用在建筑物内作指示照明或飞机、轮船仪表的夜间显示。

2. 半导体灯

半导体灯又称发光二极管（LED），其发光原理是对二极管 PN 结加正向电压时，N 区的电子越过 PN 结向 P 区注入，与 P 区的空穴复合，从而将能量以光子的形式放出。半导体 PN 结的电子发光原理决定了发光二极管不可能产生具有连续谱线的白光，同样单只发光二极管也不可能产生两种以上的高亮度单色光，因而半导体光源要产生白光只能先产生蓝光，再借助于荧光物质间接产生宽带光谱，合成白光。

半导体灯具有体积小、重量轻、耗电省。LED 具有超低功耗、高节能（相同照明效果比传统光源节能 80% 以上，单管 0.03～0.06W）、寿命长（可达 6～10 万小时，比传统光源寿命长 10 倍以上）、亮度高、响应快等优点，无污染（属于典型的绿色照明光源）的优点，因而是电子计算机、数字化仪表理想的显示器件。目前又开发了由许多个发光二极管组合成的发光二极管灯具，发光二极管较多地用于交通信号灯、标示灯（诱导灯）和景观照明灯。

交通信号灯主要有红、黄、绿三种规格。在 LED 交通信号灯中，即使损坏了某一个 LED，也仅仅降低了一点灯的亮度，不会造成整灯不亮，使交通失控。而且 11W 的 LED 信号灯相当于 150W 普通白炽灯，还具有寿命长、维护费用低等优点，目前我国一些大城市都已采用 LED 交通信号灯。

标示灯（诱导灯）主要有透射型和直接型两种形式。透射型是将传统"灯箱"型标示灯内的白炽灯或荧光灯用 LED 替代，可作为建筑物出口标志和疏散诱导。直接型是直接用 LED 组合成标示文字或图案。

景观照明灯是用 LED 做成的地埋灯、墙灯、草坪灯等各种类型的灯具，利用不同颜色的 LED 组合，在控制器控制下形成可变色的灯光，既可照明又可美化环境，且具有寿命长、节电的优点，目前在室内外环境照明中都采用。

LED 作为第四代照明光源或绿色光源，目前已被广泛用于各种指示、显示、装饰、背景光源和普通照明。产品覆盖小功率 LED 灯、大功率 LED 灯、LED 荧光灯、LED 灯泡、LED 手电筒、LED 灯带等。

5.10 电气照明图的认识

电气照明施工图是电气照明工程施工安装和维修所依据的技术图样，是一般电气技术人员应该掌握的一种基本图样。

1. 电气照明系统图

电气照明供电系统图又称照明配电系统图，简称照明系统图，它是用国家标准规定的电气图用图形符号、文字符号绘制的，用来概略地表示电气照明系统的基本组成、相互关系及其主要特征的一种简图。它具有电气系统图的基本特点，能集中反映照明的安装容量、计算容量、计算电流、配电方式、导线或电缆的型号、规格、数量、敷设方式及穿管管径、开关及熔断器的规格型号等。它和变电所主接线图属同一类型图样，只是动力、照明系统图比变电所主接线图表示得更为详细。

照明系统图用单线图绘制，标出配电箱、开关、熔断器、导线型号、保护管径和敷设方法，以及用电设备名称等，如图5-23所示。

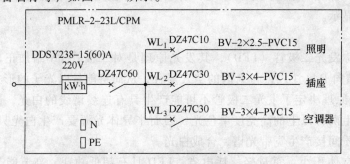

图 5-23 照明配电系统图

配电箱的型号是 PMLR-2-23L/CPM，由两极漏电保护断路器、单极断路器、零线接线板、保护接地接线板等组成。电能表型号为 DDSY238-15（60）A，额定电流5A，最大电流60A，显示每户用电情况。主线路由进线引入，主控开关的型号为 DZ47C60，是两极、额定电流60A 的小型漏电保护断路器，控制用电状态，每户三路电（照明、插座、空调），用空开 DZ47C30 和 DZ47C10 控制，均采用 BV 型聚氯乙烯绝缘铜芯塑料导线，2 根，截面积为 $2.5mm^2$ 和 $4mm^2$，塑料阻燃管敷设（PVC）线管标称直径为 15mm。

2. 照明平面图

照明平面图是住宅建筑平面图上绘制的实际配电布置图，安装照明电气电路及用电设备，需根据照明电气平面图进行。在照明平面图中标有电源进线位置，电能表箱、配电箱位置，灯具、开关、插座、调速器位置，线路敷设方式，以及线路和电气设备等各项数据。照明平面图上均注有说明，以说明图中无法表达的一些内容。通常在照明平面图上还附有一张各电器设备图例，型号规格及安装高度表，照明平面是照明电气施工的关键图样，是指导照明电气施工的重要依据，没有了它就无法施工。

有了照明平面图，我们就知道整座房子或整个房间的电气布置情况，在什么地方需要什么的灯具、插座、开关、接线盒、吊扇调速器及空调器、电热器、彩电、计算机、厨房等家用电器；采用怎样的布线方式，导线的走向如何，导线的根数，采用何种导线，导线的截面

积，以及导线穿管的管径等。此外，从图中还可以看出，住宅是采用保护接地还是保护接
零，以及防雷装置的安装等情况。

图 5-24 所示为照明施工平面图，下面着重分析照明施工平面图的电气部分。

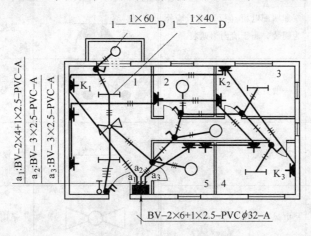

图 5-24　照明施工平面图

1）电源进线。标注 BV-2×6+1×2.5PVCϕ32-A，表示采用聚氯乙烯铜芯绝缘导线，截
面积为 6mm² 的 2 根，截面积为 2.5mm² 的 1 根，采用直径为 32mm 的 PVC 管穿管暗装。

2）零线接法结合电气系统图设有保护接地和零线接线板各一块，即 PE 和 N；照明线
路为单相两线制，即 L、N；插座线路为单相三线制，即 L、N、PE。

3）配线方式 室内配线为穿管暗装，照明开关、插座均为暗装。

4）出线回路共三路，分别由三只单极保护型小型断路器控制。

a₁ 线路：线路由配电箱引出至客厅空调插座，经过主房空调插座，再引至客房空调插
座。线路标注 a₁：BV—2×4+1×2.5—PVC—A，表示该线路采用聚氯乙烯铜芯绝缘导线，
截面积为 4mm² 的 2 根，截面积为 2.5mm² 的 1 根，采用 PVC 管穿管暗装。插座为单相三极
插座，型号是 L-B3/08KD，距地面 1.7m，主要为三部空调器供电。

a₂ 路：这是整套房的照明及吊扇线路，由配电箱引出到厨房，厨房设一吸顶灯，内置
60W 白炽灯泡，由单极单控开关控制，开关暗装于距地面 1.3m 处。然后作两路分支，一支
路到客厅吊扇、照明和阳台照明，灯具标注 $1-\dfrac{1\times40}{-}$D 表示该处有 1 组荧光灯灯具，每组
由一根 40W 荧光灯组成，采用吸顶式安装；灯具标注 $1-\dfrac{1\times60}{-}$D 表示该处有 1 组吸顶灯，
每组由一只 60W 的白炽灯组成，采用吸顶式安装。另一支路引至走道和卫生间，再由卫生
间引至主房和客房的照明线路。线路标注 a₂：BV—3×2.5—PVC—A，表示该线路采用聚氯
乙烯铜芯绝缘导线，3 根截面积为 2.5mm²，采用 PVC 管穿管暗装。

a₃ 线路：这是整套房的插座线路，线路由配电箱引出至厨房插座，经过客房、主房、
卫生间最后到客厅插座。供电插座为单相二、三极插座，型号是 L-B3/06，距地面 0.3m。
线路标注 a₃：BV-3×2.5-PVC-A，表示该线路采用 3 根截面积为 2.5mm² 的聚氯乙烯铜芯绝
缘导线，采用 PVC 管穿管暗装。表 5-2 给出常用照明线路图形符号含义。

表 5-2　给出常用照明线路图形符号含义

图形符号	名　　称	图形符号	名　　称
▬	照明配电箱（板）画于墙外为明装，画于墙内为暗装。	 ⌓	带接地插孔单相插座（暗装）
 ◯	一般灯具	 • •	暗装单极和双极板把开关
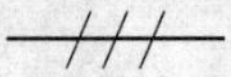 ─///─	3 根导线	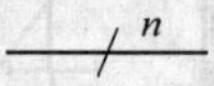 ──/ⁿ──	n 根导线
 ◯⊤	电风扇调速开关	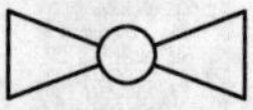 ▷◯◁	吊扇
├──┤	单管荧光灯	kW·h	电能表

5.11　家庭配电线路及器材选用的估算

　　在对一套完整住宅配电线路的安装中，除了对线路的布局、用电设备的位置进行设计外，不可避免的问题是如何根据该家庭用电设备的功率、电压等级等选择电能表、电线、开关、熔断器、插座等的型号规格。特别是近年的城乡建筑物，完工后多将"清水房"（未经装修的成套住房）交付用户使用。用户接到房屋的首要任务是装修，装修中电路的设计和安装则是住房装修工程中的重要内容之一。现代住房电路装修的要求是安全、耐用、美观、经济。为了达到这些要求，在用电材料型号、规格等的选择上应做到下面三点要求：

　　1）电能表、供电线路、开关、熔断器、插座等的载流量必须满足用电设备的要求，即电线的材质、截面积，开关，熔断器，插座的导电部分能承受长时间通电运行，其发热后温度不超过允许值。

　　2）电线及器材的耐压等级应符合家庭照明电压的要求，即它们的绝缘层在 220V 照明电压下能长时间工作而不会被击穿。

　　3）线路的机械强度应能满足室内布线的要求，即线路在施工及使用过程中不会被拉断、扭伤等。在室内布线电路中，电线和其他材料耐压等级不难解决，因目前市场上供应的产品耐压多在 500V 以上，可直接选购。室内布线对电线机械强度要求更低，因现代家庭的线路安装多用管道在墙体、天棚或地坪下暗装，电线不会受到明显的机械应力，所以不用过多考虑。在家庭电路的安装中，必须认真、仔细地根据家庭用电设备功率测算电线及其他用电器材的载流量，查出其规格型号，方能在市场上选购。

1. 家庭配电主路线、电能表、熔断器容量的选择

统计出该家庭用电设备耗电的千瓦（kW）数，按单相供电中每千瓦的功率对应的电流为 4.5A。从而算出该家庭用电的总电流。在估算中应考虑现代家庭家用电器中电动机的使用情况，家用电器和灯具中，电热器具如电饭煲、电炒锅、电炉、白炽灯等功率因数可视为 1。而电冰箱、空调器、洗衣机、电风扇、吸尘器等的动力机都用电动机，这些单相电动机的功率因数以 0.8 进行估算，其家庭总用电电流由如下两部分组成：

（1）电热器具及白炽灯照明用电电流

电热器具、白炽灯总千瓦数 ×4.5A。

（2）电动器具与荧光照明用电流

电动器具、（荧光灯总千瓦数 ×4.5A）/0.8。

上述两项电流的总和为该家庭用电电流总和，应用该数据选择导线规格。亦可在市场上直接选购其载流量大于该数据的电能表、开关及熔断器等。

2. 家庭各支路电线、开关、熔断器和插座的选择

家庭支路线指从总开关出线分路后，分别送往客厅、饭厅、厨房、卫生间及各卧室的电路。其计算方法与上述总线部分相同。但因这些地方常有较大功率用电器，如客厅、饭厅、卧室有空调器，厨房有电冰箱、电饭锅、电炒锅、抽油烟机(或排气扇)等，卫生间有浴霸，有的还有洗衣机，在对这些房屋供电线路、开关、熔断器、插座的选择上除了按上述公式计算外还应留一定裕量。

例如设某个家庭用电设备功率统计如下：客厅用电功率为照明灯功率为 500W；柜式空调器 3P（3 ×0.736kW），电视机 150W，音响 300W。饭厅照明 100W，三间卧室每间照明 100W，1P（1.0 ×0.736W）壁挂式空调器一台，电视机 1 台，100W，厨房内照明 60W，电饭煲 900W，微波炉 1000W。卫生间照明因用电太少，可忽略，浴霸 1000W，洗衣机 300W。试通过计算，确定该家庭用电电能表，主线横截面积，开关、熔断器等的使用规格，再计算各房间所用电线、开关、插座等的规格。

本例有两种计算方式，第一种先求整套房屋用电设备总负荷，从而确定其进户主线规格及电能表、开关、熔断器规格。再通过求各房间用电负载计算其电流，确定各房间所用电线、开关、熔断器、插座规格。第二种方式相反，即先计算各房间用电电流，再算全套住房的用电电流，从而确定其电气材料规格。最后计算电度表、主线路电线、总开关、总熔断器规格。下面以第一种方式为例进行计算：

（1）电热与照明设备用电量（含电视机）

客厅 950W + 饭厅 100W + 卧室 300W + 厨房 1960W + 浴霸 1000W = 4320W = 4.32kW

$$用电电流为 1 日 I_{总1} = 4.32 ×4.5A = 19A$$

（2）电感类设备用电量

$$客厅 3 ×0.736kW + 卧室 3.0 ×0.736kW + 卫生间 0.3kW = 4.7kW$$

$$用电电流 I_{总2} = \frac{4.7 ×4.5}{0.8}A = 26A$$

全套住房总电流 $I_{总} = I_{总1} + I_{总2} = 19A + 26A = 45A$

电线的选择：按 3 根导线穿塑料管敷设，应选择 10mm^2 的塑料铜芯绝缘线。

电能表、开关、熔断器均可选择额定电流为 60A 档级的相应型号。

其余各房间所用电气材料的估算方法与此相同。

5.12　典型照明电路的装接

为了能让初学者正确识别照明器件与材料，并能检查照明器件的好坏和正确使用，能根据控制要求以及提供的器件，设计出控制原理图，学会照明电路各种线路敷设的装接与维修，掌握工艺要求，本节重点讲解照明电路的安装与调试。

1. 原理说明

（1）电路的设计

根据各项功能及控制要求，画出原理图，如图 5-25 所示。

合上 QF_1 后，单相电能表得电，并不转动，合上 QF_2，此时电路进入通电状态，在插座的相线与零线之间可以检测到 220V 的相电压。第一次合上 S_1 时，有一盏白炽灯亮，电能表盘旋转（从左向右转），计量开始；断开 S_1，第二次合上 S_1 时，有两盏白炽灯发光。由于有两盏灯同时发光，电度表表盘的转速比刚才的速度快了一点；断开 S_1，第三次合上 S_1 时，三盏白炽灯同时发光，电度表再次加快。合上 S_2，荧光灯启动，正常发光。合上 S_3，EL_4 亮。

（2）实训步骤

准备好实训材料与工具，包括电工刀、钢丝钳、剥线钳、螺钉旋具、弯、切管工

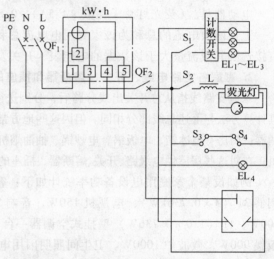

图 5-25　典型照明电路原理图

具，芯线截面积为 1mm² 和 2.5mm² 的单股塑料绝缘铜线（BV 或 BVR）若干，槽板、线管若干，塑料绝缘胶带若干，固定用材料等，实训器材见表 5-3。

表 5-3　实训材料

符号	名称	型号	数量	备注
QF_1	断路器	DZ47LEC20	1	
QF_2	断路器	DZ47C10 1P	1	
kW·h	电能表	DDSY238	1	
S_2	单控开关	10A250V	3	
S_3	双控开关	10A250V	2	
S_1	计数开关	600W 三路控制	1	
YZ12RR13	荧光灯	20W250V	1	

（3）实训内容

1）根据控制要求，绘出控制原理图。

2）确定照明线路敷设方式。

3）选择元器件并装接电路。

4）照明电路故障排除。

（4）安装

根据实训室现场条件情况，确定采用板面布线。在板面上安装出美观、符合要求的照明电路。

1）布局。根据电路图，确定各元器件安装位置，应符合要求、布局合理、结构紧凑、控制方便且美观大方。

2）固定器件。将选择好的元器件固定在板上，排列各个元器件时必须整齐。固定时，先对角固定，再两边固定。要求稳固，可靠。

3）布线。先处理好导线，将导线拉直。布线要横平竖直，转弯成直角，少交叉，多根线并拢平行走。插座在布线的时候应谨记"左零线右相线"的原则（即左边接零线，右边接相线）。

4）接线。接线正确，牢固，敷线平直整齐，无露铜、反圈、压胶，绝缘性能好，整齐美观。红色线接电源相线（L），黑色线用作零线（N），黄绿双色线专作地线（PE）；相线过开关，零线一般不进照明按键开关底盒；电源相线进线接单相电能表端子 1，电源零线进线接端子 4，端子 3 为相线出线，端子 5 为零线出线。

5）检查电路观看电路，查看有没有接出多余的线头，每条线是否严格按要求来接，每条线有没有接错位，电能表有无接反，双联开关有无接错。用万用表检查，将表打到欧姆档的位置，断开 QF1 开关，把两表笔分别放在相线与零线上，会呈现出电能表的电压线圈的电阻值。分别合上后面开关，电阻值作相应变化。用 500V 绝缘电阻表测量线路绝缘电阻，应不小于 0.5MΩ。

6）通电。送电由电源端开始往负载依次顺序送电，停电操作顺序相反。

首先合上 QF_1，按下漏电保护断路器试验按钮，漏电保护断路器应跳闸，重复两次操作；正常后，合上 QF_2，然后往复合上关断 S_1 三次，三盏白炽灯有三种不同组合发亮，再合上 S_2，荧光灯正常发亮，合上 S_3、S_4，EL_4 亮，实现两地控制。

电能表根据负荷大小决定表盘转动快慢，负荷大时，表盘就转动快，用电就多。

7）故障排除。操作各功能开关时，若不符合功能要求，应立即停电，用万用表欧姆档检查电路，不停电用电位法排除电路故障，要注意人身安全和万用表档位。

2. 安全文明要求

1）未经指导教师同意，不得通电。通电试运转时应按电工安全要求操作。

2）要节约导线材料。

3）操作时应保持工位整洁，完成全部操作后应将工位清理干净。

4）做好实训记录，撰写实训报告。

第6章 常用低压电器及其应用

通过本章的学习可以使读者了解常用低压电器的工作原理、种类、符号、型号、适用场合与条件以及由其构成的基本电气控制回路。初步掌握常用低压电器的选择方法，同时掌握电气工程图的读图方法，弄清电气原理图与安装接线图的对应关系。

6.1 低压电器概述

1. 常用低压电器的基本类型与用途

低压电器通常是指工作在交流 1000V 以下与直流 1200V 以下电路中，对电能的生产、输送、分配和使用起控制、调节、检测、转换及保护作用的器件。它可以按在电气线路中的地位、作用和动作方式分类。

（1）按在电气线路中的地位和作用分类

1）低压配电电器。如刀开关、熔断器、转换开关和断路器等，主要用于低压配电系统和动力设备线路中。

2）低压控制电器。如接触器、控制继电器、起动器、控制器、主令电器、电阻器和电磁铁等，主要用于电力拖动和自动控制系统中。

（2）按动作方式分类

1）非自动切换电器 如刀开关、转换开关和主令电器等，它们是依靠外力来进行切换的。

2）自动切换电器 如断路器、接触器和控制继电器等，它们是依靠自身参数的变化或外来信号自动地进行切换的。

低压电器产品有刀开关、转换开关、熔断器、断路器、接触器等十二大类，它们的型号与规格较多。

（3）常用电子电器

电子电器也被称作为无触头开关，随着电子技术、微电子技术的推广和应用，使得电动机、供电系统、家用电器的控制与保护几乎全部使用了电子电器。就电子电器的分类而言，它大致分如下三种：

1）延时电器。如 RC 式晶体管时间继电器、数字式时间继电器等。

2）漏电保护器。如晶体管开关电路式漏电保护电器、延时式漏电保护器等。

3）无触头开关。如接近开关、光电开关、晶闸管开关等。

6.2 常用低压电器介绍

6.2.1 信号灯

信号灯又称指示灯，在控制电路中用作灯光指示信号。

信号灯由灯座、灯罩、灯泡和外壳组成。灯罩由有色玻璃或塑料制成，通常有红、黄、绿、乳白、橙色、无色等六种颜色。灯泡的额定电压通常有 6V、12V、24V、36V、48V、110V、127V、220V、380V、660V 等多种，以适应各种控制电压的信号指示。灯泡一般是白炽灯和氖灯，但发展趋势是使用发光二极管（LED）。发光二极管具有体积小、使用寿命长（可连续工作 30000h 以上）、工作电流小、温升低、能耗少等特点，是高效节能产品。

我国生产的信号灯主要系列有 AD1、AD2、AD11、XDJ1、XDY1 等系列。AD1 的灯泡有白炽灯和氖灯两种，采用变压器或电阻降压；AD2 为白炽灯，采用电容降压；XDJ1 采用发光二极管作为电源；AD11 系列为半导体节能信号灯。这些产品可替代进口和各型老产品。信号灯型号、含义及文字符号和图形符号如图 6-1 所示。

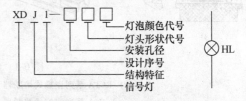

图 6-1　信号灯的型号含义及文字、图形符号

6.2.2　熔断器

熔断器是一种最简单有效的保护电器。在使用时，熔断器串接在所保护的电路中，作为电路及用电设备的短路和严重过载保护，主要用作短路保护。

1. 熔断器的结构和工作原理

熔断器主要由熔体（俗称保险丝）和安装熔体的熔管（或熔座）两部分组成，如图 6-2 所示。熔体由易熔金属材料铅、锌、锡、银、铜及其合金制成，通常制成丝状或片状。熔管是装熔体的外壳，由陶瓷、绝缘钢纸或玻璃纤维制成，在熔体熔断时兼有灭弧作用。

熔断器的熔体与被保护的电路串联，当电路正常工作时，熔体允许通过一定大小的电流而不熔断。当电路发生短路或严重过载时，熔体中流过很大的故障电流，当电流产生的热量达到熔体的熔点时，熔体熔断切断电路，从而达到保护电路的目的。

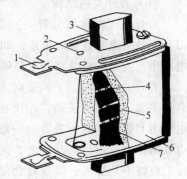

图 6-2　熔断器的结构示意图
1—盖板　2—指示器　3—触刀　4—载熔体　5—填料　6—熔管　7—熔体

2. 熔断器的分类

熔断器的分类也很多，如按使用场合分，有工业用与家用之分；按外壳结构有开启式、半封闭式和封闭式之分；按填充材料方式分有填充材料和无填充材料之分；按动作特性有延时动作特性、快动作特性、快慢动作特性和超快动作特性之分等分类方法。具体熔断器型号含义和符号如图 6-3 所示。

3. 常用熔断器

熔断器的特点是结构简单，使用方便，重量轻，体积小，价格低廉。常用熔断器主要有如图 6-4 所示几种。在使用上，低压熔断器有管式、插入式、螺旋式及羊角式等多种形式。管式和螺旋式是封闭式，因而适用范围较广，可以

图 6-3　熔断器的型号含义及文字、图形符号

用在大容量线路（动力负荷大于 60A 或照明负荷大于 100A）；插入式由于其结构特点，常用于中小容量电路；羊角熔断器为开启式结构，主要用在进户线上。

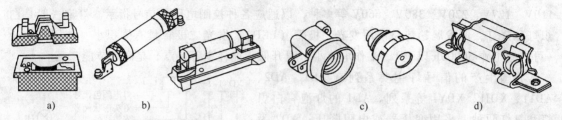

图 6-4　　常用的几种熔断器

a）RC1A 系列瓷插式熔断器　b）RM10 系列无填料封闭管式熔断器

c）RL1 系列螺旋式熔断器　d）RT0 系列有填料封闭管式熔断器

6.2.3　低压开关

低压开关一般为非自动切换电器，常用的主要类型有刀开关、组合开关、低压断路器等。它在电路中主要起隔离、转换、接通和分断电路的作用。

1. 刀开关

（1）刀开关的结构

刀开关（曾称闸刀开关）是结构最简单、应用最广泛的一种手动电器。由操作手柄、刀片、触头座和底板等组成，如图 6-5 所示。刀开关在低压电路中，作为不频繁接通和分断电路用，或用来将电路与电源隔离。

刀开关安装时，手柄要向上，不得倒装或平装。安装得正确，作用在电弧上的电动力和热空气的上升方向一致，就能使电弧迅速拉长而熄灭，反之，两者方向相反电弧将不易熄灭，严重时会使触头及刀片烧伤，甚至造成相间短路。另外，如果倒装，手柄可能因自动下落而引起误动作合闸，将可能造成人身和设备安全事故。

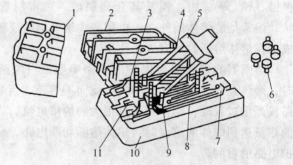

图 6-5　刀开关基本结构图

1—上胶盖　2—下胶盖　3—插座　4—触刀　5—瓷柄　6—胶盖紧固螺母　7—出线座　8—熔丝　9—触刀座　10—瓷底板　11—进线座

接线时，应将电源线接在上端，负载接在下端，这样拉闸后刀片与电源隔离，可防止意外故障发生。

（2）刀开关的种类

刀开关的主要类型有大电流刀开关、负荷开关、熔断器式刀开关等。常用的产品有 HD11 ~ HD14 和 HS11 ~ HS13 系列刀开关，HK1、HK2 系列开启式负荷开关，HH3、HH4 系列封闭式负荷开关，HR3 系列熔断器式刀开关等。

（3）刀开关的选用

1）隔离器只能做隔离电源用，不允许带负荷操作。

2）刀开关的额定电压应大于或等于线路的额定电压，额定电流应大于或等于线路的额定电流。

（4）刀开关安装使用的注意事项

1）刀开关应垂直安装在面板上，并要使静触头在上方。

2）刀开关用于隔离电源时，合闸顺序是先合上刀开关，在合上其他用于控制负载的开关；分闸顺序则相反。

3）应严格按照说明书规定的分断能力来分断负载，无灭弧罩的刀开关，一般不允许分断和合上功率大的负载。

4）刀开关的型号含义和符号如图 6-6 所示。

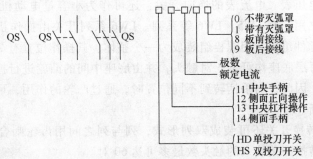

图 6-6 刀开关的型号含义和符号

2. 组合开关

（1）组合开关的结构

组合开关又称转换开关，是手动控制电器。常用 HZ10 系列组合开关的结构如图 6-7 所示。

组合开关主要用于电源引入或 5.5kW 以下电动机的直接起动、停止、反转和调速等。

（2）组合开关的种类

常用产品有 HZ5、HZ10 系列，HZ10 系列为全国统一设计产品，可代替 HZ1、HZ2 列老产品。而 HZ5 系列是类似万能转换开关的产品，其结构与一般组合开关有所不同，可代替 HZ1、HZ2、H3 等系列老产品。

其符号含义如图 6-8 所示。

（3）组合开关的选用

1）组合开关用于控制电热、照明电路时，开关的额定电流应等于或大于被控电路中各个额定电流的总和；当用来控制电动机时，开关的额定电流可选用电动机额定电流的 1.5～2.5 倍。

2）组合开关的层数和接线图应符合电路的要求。

（4）组合开关的安装使用注意事项

1）手柄应保持水平旋转位置。

2）组合开关通断能力低，不能用来分断故障电流。

组合开关的型号含义和符号如图 6-8 所示。

3. 万能转转换开关

（1）万能转换开关的结构和原理

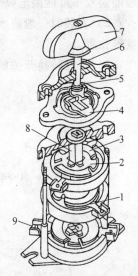

图 6-7 HZ10 系列组合
开关结构图
1—静触片 2—动触片
3—绝缘垫板 4—凸轮
5—弹簧 6—转轴 7—手
柄 8—绝缘杆 9—接线柱

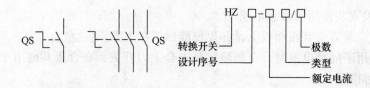

图 6-8　组合开关的型号含义和符号

万能转换开关是一种多档式、控制多回路的主令电器，一般可作为各种配电装置的远距离控制，也可作为电压表、电流表的换向开关，还可作为小容量电动机（2.2kW 以下）的起动、调速、换向之用。有 LW5、LW6 等系列。LW6 系列开关由操作机构、面板、手柄及数个触头座等主要部件组成，用螺栓组装成为一个整体。其操作位置有 2～12 个，触头底座有 1～10 层，其中每层底座均可装 3 对触头，并由底座中间的凸轮进行控制。由于每层凸轮可作成不同的形状，因此，当手柄转到不同位置时，通过凸轮的作用，可使各对触头按所需要的规律接通和分断。

LW6 系列万能转换开关还可装成双列形式，列与列之间用齿轮啮合，并由公共手柄进行操作，因此这种转换开关装入的触头数最多可达 60 对。

图 6-9b 所示为 LW6 系列万能转换开关中某一层的结构原理图。

（2）万能转换开关的选用

万能转换开关根据用途、接线方式、所需触头档数和额定电流来选用。

（3）万能转换开关安装时的注意事项

1）万能转换开关的安装位置应与其他电器元件或机床的金属部分有一定间隔，以免在通断过程中可能因电弧喷放发生对地短路故障。

2）安装时一般应水平安装在屏板上，但也可倾斜或垂直安装。应尽量使手柄保持水平旋转位置。

3）万能转换开关的型号含义如图 6-9a 所示。

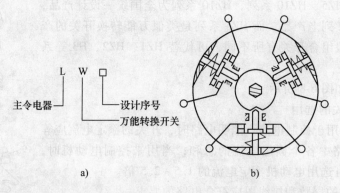

a)　　　　　　　　　b)

图 6-9　万能转换开关符号和结构示意图

6.2.4　低压断路器

低压断路器又称自动断路器、自动空气断路器和自动开关，它是一种半自动开关电器。当电路发生严重过载、短路以及失电压等故障时，能自动切断故障电路，有效地保护串接在它后面的电气设备。在正常情况下，也可用于不频繁地接通和断开电路及控制电动机。其保护参数可以人为整定，使用安全、可靠、方便，是目前使用最广的低压电器之一。

低压断路器按其用途和结构特点可分为框架式低压断路器、塑料外壳式低压断路器、直流快速低压断路器和限流式低压断路器等。在此主要介绍塑料外壳式和框架式两大类。

低压断路器型号含义和符号如图 6-10 所示。

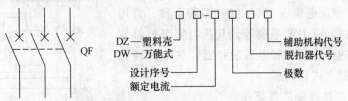

图 6-10　低压断路器型号含义和符号

1. 塑料外壳式低压断路器

塑料外壳式低压断路器又称装置式低压断路器或塑壳式低压断路器，一般用作配电线路的保护开关，以及电动机及照明线路的控制开关等。其外形及内部结构如图 6-11 所示。它主要由触头系统、灭弧装置、自动与手动操作机构、外壳、脱扣器等部分组成。根据功能的不同，低压断路器所装脱扣器主要有电磁脱扣器（用于短路保护）、热脱扣器（用于过载保护）、失电压脱扣器、过励脱扣器以及由电磁和热脱扣器组合而成的复式脱扣器等。脱扣器是低压断路器的重要部分，可人为整定其动作电流。

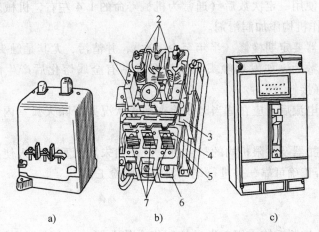

图 6-11　常用塑壳式低压断路器外形及内部结构图

a) DZ5 型外形　b) DZ5 型内部结构　c) DZ10 型外形

1—按钮　2—电磁脱扣器　3—自由脱扣器　4—动触头　5—静触头　6—接线柱　7—热脱扣器

塑壳式低压断路器工作原理如图 6-12 所示。其中，触头 2 合闸时，与转轴相连的锁扣扣住跳扣 4，使弹簧 1 受力而处于储能状态。正常工作时，热脱扣器的发热元件 10 温升不高，不会使双金属片弯曲到顶动 6 的程度；电磁脱扣器 13 的线圈磁力不大，不能吸住 12 去拨动 6，开关处于正常供电状态。如果主电路发生过载或短路，电流超过热脱扣器或电磁脱扣器动作电流时，双金属片 11 或衔铁 12 将拨动连杆 6，使跳扣 4 被顶离锁扣 3，弹簧 1 的拉力使触头 2 分离切断主电路。当电压失压和低于动作值时，线圈 9 的磁力减弱，衔铁 8 受弹簧 7 拉力向上移动，顶起 6 使跳扣 4 与锁扣 3 分开切断回路，起到失电压保护作用。

2. 框架式低压断路器

框架式低压断路器又叫万能式低压断路器，主要用于 40～100kW 电动机回路的不频繁全压起动，并起短路、过载、失电压保护作用。其操作方式有手动、杠杆、电磁铁和电动机操作四种。额定电压一般为 380V，额定电流有 200～4000A 若干种。常用的框架式低压断路器有 DW 系列等，其所有零部件都安装在框架上，它的热脱扣器和电磁脱扣器、失电压脱扣器等保护原理与塑壳式相同。

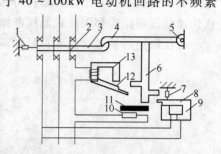

图 6-12　DZ 型塑壳式低压
断路器工作原理图
1、7—弹簧　2—触头　3—锁扣　4—跳扣
5—转轴　6—连杆　8、12—衔铁　9—线圈
10—发热元件　11—双金属片
13—电磁脱扣器

3. 使用低压断路器要注意事项

1）安装前先检查其脱扣器的额定电流是否与被控线路、电动机等的额定电流相符，核实有关参数，满足要求方可安装。

2）应按规定垂直安装，其上接、下接的导线要按规定截面积选用，切不可选得太大。

3）使用前认真清除灰尘附着物，擦净防锈油脂，检查各紧固螺钉不得松动。

4）脱扣器整定电流等选择性参数，一经调好后便不准随意变动。

5）操作机构在使用一定次数后（通常为机械寿命的 1/4 左右，机械寿命一般为 2000～20000 次），应给操作机构添加润滑剂。

6）对低压断路器要定期检修（半年至少一次），并清污，尤其是触头的油污与杂质。

7）使用一定次数后，如发现触头表面粗糙或粘有金属熔化后产生的颗粒，应清除它们，以保证触头良好接触。

8）在切断短路电流后，应在适当时候检查触头状况并清除灭弧室内壁、栅片上的烟尘与金属颗粒。

9）定期检查脱扣器及时限机构的整定值，对长期未用而重新投入使用的，应认真检查接线是否良好、是否正确可靠，并进行绝缘测量及质检工作。

6.2.5　主令电器

主令电器是自动控制系统中用于发送控制指令的电器。主令电器应用广泛、种类繁多，按其动作可分为按钮、行程开关、接近开关、主令控制器及其他主令电器，如脚踏开关、倒顺开关、紧急开关、钮子开关等。在此仅介绍几种常用的主令电器。

1. 按钮

（1）按钮的结构

按钮又称控制按钮，是一种结构简单、应用广泛的主令电器。在低压控制电路中，用于手动发出控制信号。按钮是由按钮帽、复位弹簧、桥式触头和外壳等组成，通常做成复合式，即具有常闭触头和常开触头。其结构如图 6-13 所示。

（2）按钮的种类

常用的产品有 LA2 系列为仍在使用的老产品，新产品有 LA18、LA19、LA20 等系列。其中 LA18 系列采用积木式结构，触头数目可按需要拼装，一般装成二常开、二常闭，也可根据需要装成一常开、一常闭至六常开、六常闭。其按钮的结构形式可分为按钮式、紧急式、旋钮式及钥匙式等。LA19、LA20 系列有带指示灯和不带指示灯两种，前者按钮帽用透明塑料制成，兼作指示灯罩。

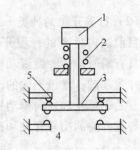

图 6-13　按钮开关结构示意图
1—按钮帽　2—复位弹簧　3—动触头 4—常开触点的静触头　5—常闭触头的静触头

为了标明各个按钮的作用，避免误操作，通常将按钮帽做成不同的颜色，以示区别。其颜色有红、绿、黑、黄、蓝、白等。一般以红色表示停止按钮，绿色表示起动按钮。按钮型号含义和符号如图6-14所示。

（3）按钮的选用

按钮的选用主要根据使用场合、所需触头数目、颜色及弹簧的复位性能等因素来确定。

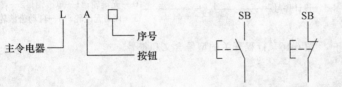

图 6-14　按钮型号含义和符号

1）使用按钮的注意事项。

①　要用右手食指或大拇指的第一指腹垂直按压，不得用其他手指操作或斜推。用力要均匀适度，不得冲击或加压过度。

②　按钮安装在面板上，应布置整齐，排列合理。如根据电动机起动的先后顺序，从上到下或从左到右排列布置。

③　同一机床部件的几种不同的工作状态（如上、下，前、后，左、右等），应使每一对相反状态的按钮安装在一起，以便操作方便，不易误操作。

④　为了应对紧急情况，当面板上按钮较多时，总停车按钮应安装在显眼而容易操作的地方，并有明显的标记。

2. 行程开关

（1）行程开关的结构

行程开关又称限位开关，是一种利用生产机械某些运动部件的碰撞来发出控制指令的主令电器。用于控制生产机械的运动方向、行程大小或位置保护等。

行程开关的种类很多，但其结构基本一样，不同的仅是动作的传动装置。

从结构上来看，行程开关可分为三部分：操作机构、触头系统、外壳，具体如图6-15所示。

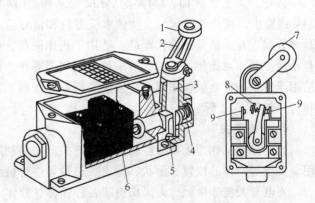

图 6-15　JLXK-111 型行程开关动作原理图
1、7—滚轮　2—杠杆　3—轴　4—复位弹簧　5—撞块 6—微动开关　8—动触头　9—静触头

（2）行程开关的种类

目前国内生产的行程开关有 JW 系列、LX19 系列及 JLXK1 系列等。JW 系列为微动开关，具有瞬时动作、微量动作行程和很小的动作压力等特点；LX19 系列行程开关是以 LX19 型元件为基础，增设不同的滚轮和传动杆，即可组成单轮、双轮及径向传动杆等形式的行程开关，其中单轮和径向传动杆式行程开关可自动复位，而双轮行程开关不能复位。

行程开关的型号含义和符号如图 6-16 所示。

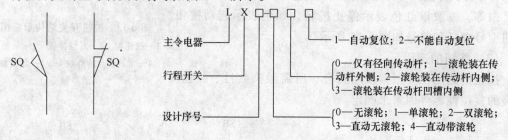

图 6-16　行程开关的型号含义和符号

（3）行程开关的选用

行程开关的选择主要依据动作要求和触头的数量来确定。当机械运动的速度很慢、电路电流较大时，可选择快速动作的行程开关；当被控制的回路很多，又不容易安装时，可选用带有凸轮的转动式行程开关；当开关频率很高时，可选用晶体管式的无触头行程开关。

（4）行程开关在使用时的注意事项

1）安装方向应与机械动体运动方向一致。

2）安装位置要灵活，保证撞击时灵活、到位。

3. 接近开关

接近开关是一种无接触式物体检测装置，即某一物体接近某一信号机构时，信号机构就发出"动作"信号的开关。它不需要像机械式行程开关必须施以机械力。接近开关的用途已远超出一般行程控制和限位保护，它还可以用于高速计数、测速、液面控制、检测金属与非金属、检测零件尺寸及用作无触头按钮等。

接近开关主要有 LJ、LJ1A-24、LJ2 等系列。LJ2 系列晶体管接近开关适用于直流 12V 和 24V 线路中，可作为机床与自动流水线定位和信号检测之用。U 系列交直流集成接近开关是晶体管接近开关的升级换代产品，适用于机床限位、检测、计数、测速、液面控制、信号及自动保护等，可连接计算机、可编程序控制器等作为信号传感用。特别是电容式接近开关还适用于对多种非金属，如纸张、橡胶、烟草、塑料、液体、木材及人体等进行检测。其外形和符号如图 6-17 所示。

4. 光电开关

光电开关又称为无接触检测和控制开关。它是利用物体对光束的遮蔽、吸收或反射等作用，实现对物体的位置、形状、标志、符号等进行检测。

光电开关能非接触、无损伤检测各种固体、液体、透明体、烟雾等。它具有体积小、功能多、寿命长、功耗低、准确度高、响应速度快、检测距离远和对光、电、磁的抗干扰性能好等优点，广泛应用于各种生产设备中，如物体检测、液位检测、行程控制、产品计数、速度监测、产品准确度检测、产品尺寸控制、产品宽度鉴别、信号延时、色斑与标记识别、自

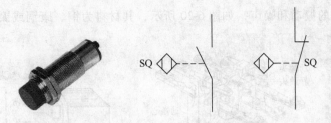

图 6-17　接近开关的外形和符号

动门、人体接近开关和防盗器等，成为自动控制系统和各生产流水线中不可缺少的重要元件。

　　光电开关型号有 HWK、FET0、GDN15、GD-T 等系列。HWK 系列光电开关采用主动式红外系统，由调制脉冲发生器产生的调制脉冲，经发射管 GL 辐射出 $9.1 \sim 9.4 \times 10^{-7}$m 红外线脉冲。当被检测体进入传感头作用范围时，反射红外线脉冲被反射回来，进入接收管，接收管的光电效应加上控制器中的解调放大器，将红外线脉冲解调成电脉冲信号，并选通放大，整流为直流电平，再由抗干扰网络滤去干扰脉冲后，去触发驱动器，带动负载。同时传感器上的红色发光管 LED 发光，指示工作状态。它的外形和工作原理框图如图 6-18 所示。

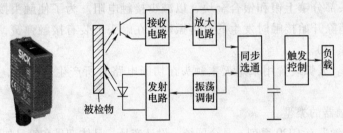

图 6-18　HWK 系列红外光电开关工作原理框图

6.2.6　接触器

　　接触器是用来频繁地远距离接通或断开交直流主电路及大容量控制电路的控制电器。接触器是利用电磁吸力和弹簧反作用力配合动作，而使触头闭合和分断，具有失电压保护、控制容量大、可远距离控制等特点。按其触头通过的电流种类不同，分为交流接触器和直流接触器两种。

1. 交流接触器

（1）交流接触器的结构

交流接触器有 CJ12、CJ15、CJ20 和 B 系列等，交流接触器的外形及结构，如图 6-19 所示。

交流接触器主要由电磁系统、触头系统和灭弧装置等部分组成。

1）电磁系统。电磁系统用来操作触头的闭合与分断，包括线圈、动铁心和静铁心。

　　交流接触器的线圈是由绝缘铜导线绕制而成，一般制成粗而短的圆筒形，并与铁心之间有一定的间隙，便于铁心散热，以免线圈与铁心直接接触而受热烧坏。

　　交流接触器的铁心由硅钢片叠压而成，以减少铁心中的涡流损耗，避免铁心过热。在铁心上装有一个短路的铜环作为减振器，使铁心中产生了不同相位的磁通量 ϕ_1、ϕ_2，以减少交流接触器吸合时的振动和噪声，如图 6-20 所示，其材料为铜、康铜或镍铬合金等。

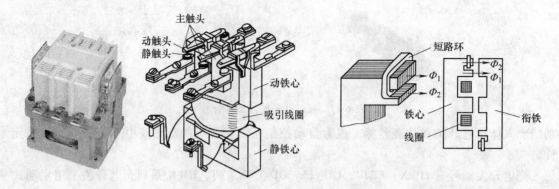

图 6-19　交流接触器结构　　　　　　　图 6-20　交流接触器铁心上的短路环

2）触头系统。触头系统用来直接接通和分断所控制的电路，分主触头和辅助触头。主触头用来通断电流较大的主电路，体积较大，一般由三对常开触头组成；辅助触头用来通断电流较小的控制电路，体积较小，它有常开和常闭两种触头。触头是由导电性能较好的纯铜制成，并在接触头部分镶上银和银合金块，以减少接触电阻。为了使触头接触得更紧密，减少接触电阻，并消除开始接触时发生的有害振动，在触头上装有接触弹簧，以加大触头闭合时的互压力（压紧力）。

3）灭弧装置。灭弧装置用来熄灭主触头在切断电路时所产生的电弧，保护触头不受电弧灼伤。

（2）交流接触器的类型

常用的交流接触器有 CJ20 系列，是全国统一设计产品，具体型号和符号如图 6-21 所示。

图 6-21　常用的交流接触器的型号及符号

（3）接触器的主要技术参数

1）额定电压。接触器铭牌上的额定电压是指主触头的额定电压。交流有 127V、220V、380V、500V；直流有 110V、220V、440V。

2）额定电流。接触器铭牌上的额定电流是指主触头的额定电流。有 5A、10A、20A、40A、60A、100A、150A、250A、400A、600A。

3）吸引线圈的额定电压交流有 36V、110V、127V、220V、380V；直流有 24V、48V、220V、440V。

4）电气寿命和机械寿命以万次表示。

5）额定操作频率以次/h 表示。

（4）接触器常见故障分析

1）触头过热。造成触头发热的主要原因有触头接触压力不足、触头表面接触不良、触头表面被电弧灼伤烧毛等。以上原因都会使触头接触电阻增大，使触头过热。

2）触头磨损。触头磨损有两种：一种是电气磨损，由触头间电弧或电火花的高温使触头金属气化和蒸发所造成；另一种是机械磨损，由触头闭合时的撞击，触头表面的滑动摩擦等造成。

3）线圈断电后触头不能复位。其原因有触头熔焊在一起、铁心剩磁太大、反作用弹簧弹力不足、活动部分机械上被卡住、铁心端面有油污等。

4）衔铁振动和噪声。产生振动和噪声的主要原因有短路环损坏或脱落；衔铁歪斜或铁心端面有锈蚀、尘垢，使动、静铁心接触不良；反作用弹簧弹力太大；活动部分机械上卡阻而使衔铁不能完全吸合等。

5）线圈过热或烧毁。线圈中流过的电流过大时，就会使线圈过热甚至烧毁。发生线圈电流过大的原因有：线圈匝间短路；衔铁与铁心闭合后有间隙；操作频繁，超过了允许操作频率；外加电压高于线圈额定电压等。

6.2.7　继电器

继电器是根据电流、电压、温度、时间和速度等信号的变化来接通和分断小电流电路的自动控制元件。继电器一般不直接控制主电路，而是通过接触器或其他电器对主电路进行控制，因此继电器触点的额定电流很小（5～10A），不需要灭弧装置，具有结构简单、体积小、重量轻等优点，但对其动作的准确性则要求较高。按照它在自动控制系统中的作用，分为热继电器、时间继电器、中间继电器、速度继电器、电流继电器和电压继电器等。

1. 热继电器

热继电器是利用电流的热效应原理工作的保护电器，在电路中用作电动机的过载保护。电动机在实际运行中，常遇到过载的情况，若过载不太大，时间较短，只要电动机绕组不超过允许温升，这种过载是允许的。但过载时间过长，绕组温升超过了允许值时，将会加剧绕组绝缘老化，缩短电动机的使用年限，严重时甚至会使电动机绕组烧毁。因此，凡电动机长期运行时，都需要对其过载提供保护装置。其型号和符号含义如图 6-22 所示。

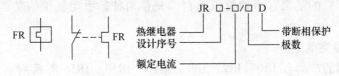

图 6-22　热继电器的型号及符号

（1）热继电器的结构和工作原理

热继电器种类很多，应用最广的是基于双金属片的热继电器，其外形及结构如图 6-23 所示。热继电器主要由热元件、触点系统、动作机构、复位按钮和整定电流装置等部分组成。

1）热元件。热元件是热继电器接受过载信号部分，它由双金属片及绕在双金属片外面的绝缘电阻丝组成。双金属片由两种热膨胀系数不同的金属片复合而成，如铁镍铬合金和铁镍合金。电阻丝用康铜或镍铬合金等材料制成，使用时串联在被保护的电路中。

热元件一般有两个，属于两相结构热继电器。此外，还有三相结构热继电器。

2）触点系统。触点系统一般配有一组切换触点，即一个常开触点、一个常闭触点，如

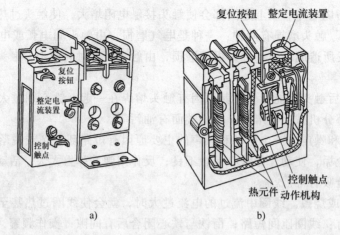

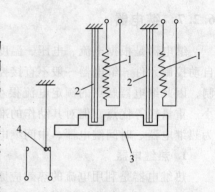

图 6-23　热继电器

a）外形　b）结构

图 6-24 所示。

　　3）动作机构、复位按钮和整定电流装置动作机构由导板、补偿双金属片、推杆、杠杆及拉簧等组成，用来将双金属片的热变形转化为触点的动作。补偿双金属片用来补偿环境温度的影响。

　　热元件串接在电动机定子绕组中，当电动机正常运行时，热元件产生的热量虽能使双金属片弯曲，但还不足以使继电器动作。当电动机过载时，流过热元件的电流增大，热元件产生的热量增加，使双金属片弯曲位移增大，经过一定时间后，双金属片推动导板使继电器触点动作，切断电动机控制电路。其工作原理如图 6-24 所示。

图 6-24　热继电器工作原理示意图

1—热元件　2—双金属片
3—导板　4—触点

　　热继电器动作后的复位有手动复位和自动复位两种，手动复位的功能由复位按钮来完成。

　　（2）热继电器类型

　　热继电器常用的产品有 JR0、JR2、JR9、JR10、JR15、JR16 等系列。其中 JR16 系列有断相保护。近年来，新品种有 3UA、T、LR1、KTD 等系列。

　　（3）热继电器的安装使用注意事项

　　1）热继电器只能作为电动机的过负荷保护，不能做短路保护使用。因为发生短路，表明电路已出事故，必须立即切断电源，把故障压缩到最小范围，用热继电器作保护元件就不能达到这个要求。

　　2）热继电器安装时，应清除触点表面尘污，以免因接触电阻太大或电路不通影响热继电器的动作性能。热继电器必须按照产品说明书中规定的方法安装。当它与其他电器装在一起时，应注意将它安装在其他电器的下方，以免其动作特性受到其他电器发热的影响。

2. 电磁式继电器

　　电磁式继电器主要有电压继电器、电流继电器和中间继电器。

（1）电磁式继电器的基本结构与工作原理

电磁式继电器的结构、工作原理与接触器相似，由电磁系统、触点系统和反力系统三部分组成，吸引线圈通电（或电流、电压达到一定值）时，衔铁运动带动触点动作。图 6-25 所示为电磁式继电器基本结构示意图和符号。

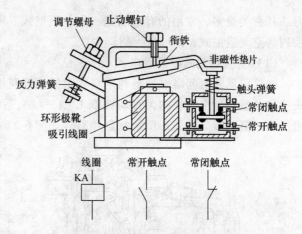

图 6-25 电磁式继电器基本结构示意图和符号

（2）常用电磁式继电器介绍

1）电压继电器。电压继电器是根据电路中电压的大小来控制电路的"接通"或"断开"，主要用于电路的过电压或欠电压保护，使用对其吸引线圈直接（或通过电压互感器）并联在被控电路上。过电压继电器在电路电压正常时不动作，在电路电压超过额定电压的 1.05 ~ 1.2 倍以上时才动作。欠（零）电压继电器在电路电压正常时，电磁机构动作（吸合），电路电压下降到（30% ~ 50%）以下或消失时，电磁机构释放，实现欠（零）电压保护。电压继电器可分为直流电压继电器和交流电压继电器，交流电压继电器用于交流电路，直流电压继电器用于直流电路，它们的工作原理是相同的。

2）电流继电器。电流继电器根据电路中电流的大小动作或释放，用于电路的过电流或欠电流的保护，使用时其吸引线圈直接（或通过电流互感器）串联在被控电路中。过电流继电器在电路正常工作时衔铁不能吸合，当电路出现故障或电流超过某一整定值（1.1 ~ 4倍额定电流）时。过电流继电器动作。欠电流继电器则在电路正常工作时动铁心被吸合，电流减小到某一整定值（0.1 ~ 0.2 倍额定电流）时，动铁心被释放。电流整定值可通过调节反力弹簧的弹力来调节。

电流继电器可分为直流电流继电器和交流电流继电器，其工作原理与电压继电器相同。

3）中间继电器。

① 中间继电器的结构和工作原理。中间继电器是传输或转换信号的一种低压电器元件，它可将控制信号传递、放大、分路、隔离和记忆，以用于解决触点容量、数目与继电器灵敏度的矛盾。其工作原理和交流接触器相似。中间继电器的型号含义如图 6-26 所示。

② 中间继电器的类型。中间继电器有通用型继电器、电子式小型通用继电器、电磁式中间继电器、采用集成电路构成的无触点静态中间继电器等。

当电路电流小于 5A 时，可用中间继电器代替接触器起动电动机。

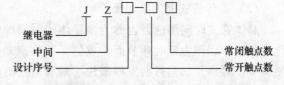

图 6-26 中间继电器的型号及含义

③ 中间继电器的选用。选择中间继电器主要考虑被控电路的电压等级、所需触点的类型、容量和数量。

3. 时间继电器

时间继电器是一种利用电磁原理或机械动作原理实现触头延时接通或断开的自动控制电

器。其种类很多，常用的有电磁式、空气阻尼式、电动式和晶体管式等。其规格主要有 JS7 系列为空气阻尼式；JSJ 列为晶体管式。

（1）空气阻尼式时间继电器

空气阻尼式时间继电器是利用空气阻尼原理获得延时的，它由电磁机构、延时机构、触头三部分组成，电磁机构为直动式双 E 型，触头系统是借用 LX5 型微动开关，延时机构采用气囊式阻尼器。其外形图、触点和型号如图 6-27～图 6-29 所示。

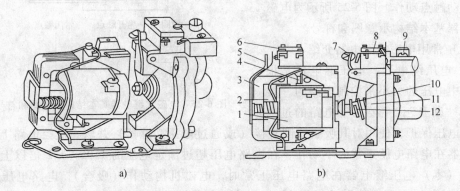

图 6-27　JS7 系列时间继电器

a）外形　b）结构

1—线圈　2—反作用弹簧　3—衔铁　4—铁心　5—弹簧片　6—瞬时触点　7—杠杆

8—延时触点　9—调节螺钉　10—推板　11—推杆　12—宝塔弹簧

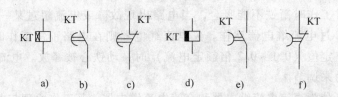

图 6-28　时间继电器的符号

a）通电延时线圈　b）延时闭合常开触点　c）延时断开常闭触点　d）断电延时线圈

e）瞬时闭合延时断开常开触点　f）瞬时断开延时闭合常闭触点

空气阻尼式时间继电器可以做成通电延时型或断电延时型两种。

（2）晶体管式时间继电器

晶体管式时间继电器也称为半导体式时间继电器，它是利用电阻的阻尼及电容对电压变化的阻尼作用作为延时环节而构成的。其特点是延时范围广、准确度高、体积小、耐冲振、便调节、寿命长，是目前发展最快、最有前途的电子器件。图 6-30 为 JSJ 型晶体管式时间继电器的原理图。其工作原理自行分析。常用的产品有 JSJ、JSR、JS14、JS15、JS20 型等。

（3）数字式（又称计数式）时间继电器

数字式时间继电器和晶体管式时间继电器都属于电子式时间继电器。数字式时间继电器由脉冲发生器、计数器、放大器及执行机构组成，具有定时准确度高、延时时间长、调节方便等优点，通常还带有数码输入、数字显示等功能，应用范围很广。常用的数字式时间继电器有 JSS14、JSS20、JSS26、JSS48、JS11S、JS14S 等系列。

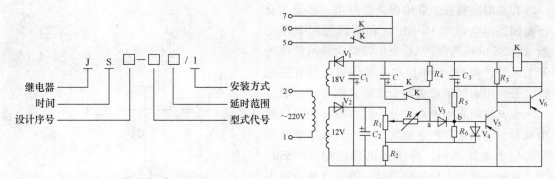

图 6-29　时间继电器的型号　　　　　图 6-30　JSJ 型晶体管式时间继电器原理图

（4）时间继电器的选用

对延时要求不高的场合，一般选用价格较低的 JS23 系列空气阻尼时间继电器；对延时要求较高的场合，则应选用 JS11 系列电动式时间继电器。延时方式分为通电延时和断电延时两种方式，应根据控制线路的要求选择延时方式，并且满足延时范围。线圈电压应根据控制线路的电压选择吸引线圈的电压。

4. 速度继电器

速度继电器主要用作笼型异步电动机的反接制动控制，所以也称反接制动继电器。它主要由转子、定子和触头三部分组成，转子是一个圆柱形永久磁铁，定子是一个笼型空心圆环，由硅钢片叠成，并装有笼型绕组。图 6-31 为 JY1 型速度继电器的符号和结构示意图。

速度继电器工作原理：速度继电器转子的轴与被控电动机的轴相连接，而定子空套在转子上。当电动机转动时，速度继电器的转子随之转动，定子内的短路导体便切割磁场，产生感应电动势，从而产生电流，此电流与旋转的转子磁场作用产生转矩，于是定子开始转动，当转到一定角度时，装在定子轴上的摆锤推动簧片动作，使常闭触点分断，常开触点闭合。当电动机转速低于某一值时，定子产生的转矩减小，触点在弹簧作用下复位。

常用的速度继电器有 JY1 型和 JFZ0 型。一般速度继电器的动作转速为 120r/min，触点的复位转速在 100r/min 以下，转速在 3000～3600r/min 以下能可靠的工作。

5. 固态继电器

固态继电器简称 SSR，是一种无触点通断电子开关，因为可实现电子继电器的功能，故称为固态继电器。又因其断开和闭合均为无触点，无火花，因而又称其为无触点开关。其型号含义如图 6-32 所示。

由于固态继电器是由固体元件组成的无触点开关元件，所以与电磁继电器相比，它具有体积小、重量轻、工作可靠、寿命长，对外界干扰小、能与逻辑电路兼容、抗干扰能力强、开关速度快、使用方便等一系列优点。同时由于采用整体集成封装，使其具有耐腐蚀、抗振动、防潮湿等特点，因而在许多领域有着广泛的应用，在某些领域有逐步取代传统的电磁继电器的趋势。固态继电器的应用还在电磁继电器难以胜任的领域得到扩展，如计算机和可编程序控制器的输入输出接口，计算机外围和终端设备、机械控制、中间继电器、电磁阀、电动机等的驱动，调压、调速装置等。在一些要求耐振、耐潮、耐腐蚀、防爆的特殊装置和恶劣的工作环境中，以及要求工作可靠性高的场合中使用固态继电器都较传统电磁继电器具有无可比拟的优越性。

固态继电器按负载电源类型分类，可分为交流型固态继电器（AC-SSR）和直流型固态继电器（DC-SSR）两种，AC-SSR 以双向晶闸管作为开关元件，而 DC-SSR 以功率晶体管作为开关元件，分别用来接通或关断交流或直流负载电源。

交流型固态继电器可分为过零型和随机导通型两种，它们之间的主要区别在于负载端交流电流导通的条件不同。对于随机导通型 AC-SSR，当在其输入端加上导通信号时，不管负载电源电压处于何种相位状态下，负载端立即导通，而对于过零型 AC-SSR，当在其输入端加上导通信号时，负载端并不一定立即导通，只有当电源电压过零时才导通。

由于双向晶闸管的关断条件是控制极导通电压撤除，同时负载电流必须小于双向晶闸管导通的维持电流。因此，对于随机导通型和过零型 AC-SSR，在导通信号撤除后，都必须在负载电流小于双向晶闸管维持电流时才关断，可见这两种 SSR 的关断条件是相同的。

直流固态继电器 DC-SSR 内部的功率器件一般为功率晶体管，在控制信号的作用下工作在饱和导通或截止状态，DC-SSR 在导通信号撤除后立即关断。

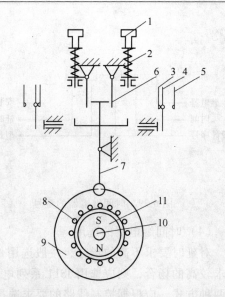

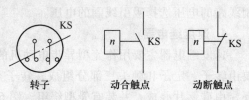

图 6-31　JY1 型速度继电器符号和结构示意图
1—调节螺钉　2—反力弹簧　3—常闭触点
4—动触点　5—常开触点　6—返回杠杆
7—杠杆　8—定子导体　9—定子
10—转轴　11—转子

如图 6-33 所示固态继电器应用电路，1、2 端接控制信号，3、4 端接负载和交流电源。

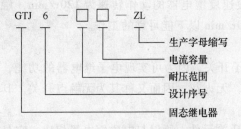

图 6-32　固态继电器的型号含义

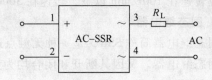

图 6-33　固态继电器的应用电路

6.2.8　执行电器

机械设备的执行电器主要有电磁铁、电磁阀、电磁离合器、电磁抱闸等，许多机械设备的工艺过程就是通过这些元件来完成的。电磁铁、电磁阀已发展成为一种新的电器产品系列，并已经成为成套设备中的重要元件。

电磁阀是电气系统中用于自动控制开启和截断液压或气压通路的阀门。电磁阀按电源种类分有直流电磁阀、交流电磁阀、交直流电磁阀等；按用途分有控制一般介质（气体、流体）电磁阀、制冷装置用电磁阀，蒸汽电磁阀、脉冲电磁阀等；按动作方式分有直接起动式和间接起动式。各种电磁阀都有二通、三通、四通、五通等规格。图 6-34 所示是螺管电磁系统电磁阀的结构示意图，它由动铁心 1、静铁心 2、外壳 3、压盖 4、隔磁管 5、线圈 6、管路 7、阀体 8、反力弹簧 9 等组成。为了使介质与磁路的其他部分隔绝，用非磁性材料（如不锈钢）制成隔磁管将动铁心与静铁心包住，并将其下部与压盖密封，在压盖与阀体之间用氟橡胶密封圈密封，使进、出管之间不会泄漏。该电磁阀的阀门是直通式的，用反力弹簧压住动铁心上端，而动铁心下端的氟橡胶塞将阀门进出口密封阻塞。当接通线圈电源时，电磁吸力克服反力弹簧的阻力把动铁心吸起，开启阀门接通管道。

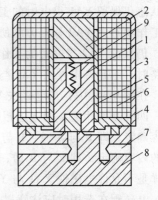

图 6-34　螺管电磁系统电磁阀
的结构示意图

1—动铁心　2—静铁心　3—外壳　4—压盖　5—隔磁管　6—线圈　7—管路　8—阀体　9—反力弹簧

在液压系统中，电磁阀也用来控制液流方向，而阀门的开关是由电磁铁来操纵的，所以控制电磁铁就是控制电磁阀。电磁阀的结构性能可用它的位置数和通路数来表示。电磁阀有单电磁铁（称为单电式）和双电磁铁（称为双电式）两种。图 6-35 是电磁阀的图形符号，其中，图 6-35a 为单电式两位二通电磁换向阀；图 6-35b 为单电两位三通电磁换向阀；图 6-35c 为单电两位四通电磁换向阀；图 6-35d 为单电两位五通电磁换向阀；图 6-35e 为双电两位四通电磁换向阀；图 6-35f 为双电三位四通电磁换向阀；图 6-35g 为电磁阀的电气图形符号和文字符号。在单电电磁阀图形符号中，与电磁铁邻接的方格中表示孔的通向正是电磁铁得电时的工作状态，与弹簧邻接的方格中表示的状态是电磁铁失电时的工作状态。双电磁铁图形符号中，与电磁铁邻接的方格中表示孔的通向正是该侧电磁铁得电的工作状态。

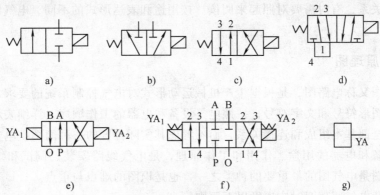

图 6-35　电磁阀的图形符号和文字符号

如在图 6-35d 中，电磁铁得电的工作状态是 1 孔与 3 孔相通，2 孔与 4 孔相通；电磁铁失电时的工作状态，由于弹簧起作用，使阀芯处在右边，1 孔与 2 孔通，3 孔与 4 孔通，2 孔还与 4 孔通，即改变了油液（压缩空气）进入液（气）压缸的方向，实现了换向。

在图 6-35e 中，与 YA1 邻接的方格中的工作状态是 P 与 A 通，B 与 O 通，也即表示电磁线圈 YA1 得电时的工作状态。随后如果 YA1 失电，而 YA2 又未得电，此时，电磁阀的工作状态仍保留 YA1 得电时的工作状态，没有变化，直至电磁铁 YA2 得电时，电磁阀才换向。其工作状态为 YA2 邻接方格所表示的内容，即 P 与 B 通，A 与 O 通。同样，如接着 YA2 失电，仍保留 YA2 得电时的工作状态，如要换向，则需 YA1 得电，才能改变流向。设计控制电路时，不允许电磁铁 YA1 与 YA2 同时得电。

在图 6-35f 中，当电磁铁 YA1 和 YA2 都失电时，其工作状态是以中中间方格的内容表示，四孔互不相通，同上述相同，如 YA1 得电时，阀的工作状态由邻接 YA1 的方格所表示内容确定，即 P 与 A 通，B 与 O 通。当 YA2 得电时，阀的工作状态视邻接 YA2 的方格所表示的内容确定，即 P 与 B 通，A 与 O 通。对三位四（五）通电磁阀，在设计控制电路时，同样是不允许电磁铁 YA1 与 YA2 同时得电。

电磁阀在选用时应注意以下几点：

1）电磁阀的工作机能要符合执行机构的要求，并据此确定所采用阀的形式（二位或三位，单电或双电，二通或三通，四通，五通等）。

2）阀的额定工作压力等级以及流量要满足系统要求。

3）电磁铁线圈采用的电源种类以及电压等级等都要与控制电路一致，并应考虑通电持续率。

6.3　电气图的识别

电气图是指用来指导电气工程和各种电气设备、电气线路的安装、接线、运行、维护、管理和使用的图样。由于电气图描述的对象复杂，表达形式多种多样、应用领域广泛，因而使其成为一个独特的专业技术图种。作为电气工程从业技术人员，学会阅读和使用电气图是必备的基本素质要求。

一项电气工程用不同的表达方式来反映工程问题的不同侧面，它们彼此作用不同，但又有一定的对应关系，有时需要对照起来阅读。按用途和表达形式的不同，电气图可分为以下几种。

6.3.1　电气原理图

电气原理图又称电路图，是根据生产机械运动形式对电气控制系统的要求，采用国家统一规定的电气图形符号和文字符号，按照电气设备和电器的工作顺序，详细表示电路、设备或成套装置的全部基本组成和连接关系，而不考虑其实际位置的一种简图。电气原理图能充分表达电气设备和电器的用途、作用和工作原理，是电气线路安装、调试和维修的理论依据。电气原理图是电气图的最重要的种类之一，也是识图的难点与重点。

绘制和精读电气原理图时应遵循以下原则：

1）电气原理图一般分电源电路、主电路和辅助电路三部分来绘制。

电源电路画成水平线，三相交流电源相序 L_1、L_2、L_3 自上而下依次画出，中线 N 和保护地线 PE 依次画在相线之下。直流电源的"＋"端画在上边，"－"端画在下边。电源开关要水平画出。

主电路是从电源向用电设备供电的路径，由主熔断器、接触器的主触头、热继电器的热元件以及电动机等组成。主电路通过的电流较大，一般要画在电气原理图的左侧并垂直电源电路，用粗实线来表示。

　　辅助电路一般包括控制电路、信号电路、照明电路及保护电路等。辅助电路由继电器和接触器的线圈、继电器的触点、接触器的辅助触头、主令电器的触头、信号灯和照明灯等电器元件组成。辅助电路通过的电流都较小，一般不超过5A。画辅助电路图时，辅助电路要跨接在两根电源线之间，一般按照控制电路、信号电路和照明电路的顺序依次垂直画在主电路图的右侧，且电路中与下边电源线相连的耗能元件（如接触器和继电器的线圈、信号灯、照明灯等）要画在电路图的下方，而电器的触头要画在耗能元件与上边电源线之间。为读图方便，一般应按照自左至右、自上而下的排列来表示操作顺序。

　　2）原理图中各电器元件不画出实际的外形图，而是采用国家统一规定的电气图形符号和文字符号来表示。

　　3）原理图中所有电器的触头位置都按电路未通电或电器未受外力作用时的常态位置画出。分析原理时，应从触头的常态位置出发。

　　4）原理图中各个电器元件及其部件（如接触器的触头和线圈）在图上的位置是根据便于阅读的原则安排的，同一电器元件的各个部件可以不画在一起，即采用分开表示法。但它们的动作却是相互关联的，因此，必须标注相同的文字符号。若图中相同的电器较多时，需要在电器文字符号后面加注不同的数字，以示区别，如SB_1、SB_2或KM_1、KM_2、KM_3等。

　　5）画原理图时，电路用平行线绘制，尽量减少线条和避免线条交叉并尽可能按照动作顺序排列，便于阅读。对交叉而不连接的导线在交叉处不加黑圆点；对"＋"形连接点（有直接电联系的交叉导线连接点），必须要用小黑圆点表示；对"T"形连接点处则可不加。

　　6）为安装检修方便，在电气原理图中各元件的连接导线往往予以编号，即对电路中的各个接点用字母或数字编号。

　　主电路的电气连接点一般用一个字母和一个一位或两位的数字标号，如在电源开关的出线端按相序依次编号为L_{11}、L_{12}、L_{13}。然后按从上至下，从左至右的顺序，标号的方法是经过一个元件就变一个号，如L_{21}、L_{22}、L_{23}；L_{31}、L_{32}、L_{33}等。单台三相交流电动机（或设备）的三根引出线按相序依次编号为U、V、W。对于多台电动机引出线的编号，为了不致引起误解和混淆，可在字母前用不同的数字加以区别，如1U、1V、1W；2U、2V、2W等。

　　辅助电路编号按"等电位"原则从上至下、从左至右的顺序用数字依次编号，每经过一个电器元件后，编号要依次递增。控制电路编号的起始数字必须是1，其他辅助电路编号的起始数字依次递增100，如照明电路编号从101开始；信号电路编号从201开始等。

6.3.2　安装接线图

　　安装接线图是根据电气设备和电器元件的实际位置和安装情况绘制的，只用来表示电气设备和电器元件的位置、配线方式和接线方式，而不明显表示电气动作原理。为了具体安装接线、检查线路和排除故障，必须根据原理图查阅安装接线图。安装接线图中各电器元件的图形符号及文字符号必须与原理图核对。

　　绘制和精读安装接线图应遵循以下原则：

　　1）接线图中一般显示出电气设备和电器元件的相对位置、文字符号、端子号、导线号、导线类型、导线截面积、屏蔽和导线绞合等。

2) 在接线图中，所有的电气设备和电器元件都按其所在的实际位置绘制在图样上。元件所占图面按实际尺寸以统一比例绘出。

3) 同一电器的各元件根据其实际结构，使用与原理图相同的图形符号画在一起，并用点画线框上，即采用集中表示法。

4) 接线图中各电器元件的图形符号和文字符号必须与原理图一致，以便对照检查接线。

5) 各电器元件上凡是需要接线的部件端子都应绘出并予以编号，各接线端子的编号必须与原理图上的导线编号相一致。

6) 接线图中的导线有单根导线、导线组（或线扎）、电缆等之分，可用连续线和中断线来表示。凡导线走向相同的可以合并，用线束来表示，到达接线端子板或电器元件的连接点时再分别画出。在用线束来表示导线组、电缆等时可用加粗的线条表示，在不引起误解的情况下也可采用部分加粗。另外，导线及管子的型号、根数和规格应标注清楚。

7) 安装配电板内外的电气元器件之间的连线，应通过端子进行连接。

6.3.3　位置图

位置图是根据电器元件在控制板上的实际安装位置，采用简化的外形符号（如正方形、矩形、圆形等）而绘制的一种简图。它不表达各电器的具体结构、作用、接线情况以及工作原理，主要用于电器元件的布置和安装。图中各电器的文字符号必须与原理图和接线图的标注相一致。

6.3.4　设备元件表

设备元件表是由成套装置、设备中各组成元器件的名称、型号、规格和数量列成的表格。在实际中，原理图、接线图和位置图要结合起来使用。

6.4　低压电器基本控制线路

低压电器基本控制线路以电动机控制电路为主，所谓电动机控制电路就是利用导线将电动机、电器、仪表等电气元器件连接起来，并能实现电动机的起动、正反转、制动等控制作用的电路。

6.4.1　三相异步电动机直接起动控制线路

电动机容量在10kW以下者，一般采用全电压直接起动方式来起动。

1. 手动控制线路

普通机床上的冷却泵、小型台钻和砂轮机等小容量电动机可直接用刀开关起动。

电动机直接起动控制电路的原理图，如图6-36所示，电路由刀开关QS、熔断器FU及三相笼型异步电动机组成。刀开关QS为电路电源开关，熔断器FU为电路的短路保护。其工作原理如下：手动合上电源开关QS，三相电从L_1、L_2、L_3引入，经过刀开关QS，经过熔断器FU，加在三相笼型异步电动机的三相绕组上，使电动机单向运转。手动断开刀开关QS，电动机断电停车。

2. 点动电路

点动电路主要用于机床刀架、横梁、立柱的快速移动，机床的调整对刀等场合。该电路的主要控制要求是电动机的"点动控制"，即电机的运行要"按则动，不按则停"。因此，分析 SB 的分、合对电机的运行影响就是读图的关键所在。接下来应分析电路的构成，明确各个元件的作用。在图 6-37 中，水平布置的是电源电路，QS 是电源刀开关，可人为地控制电路通断；FU_1、FU_2 是熔断器，

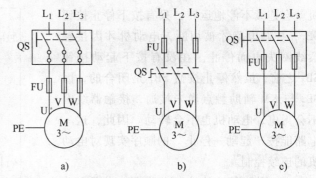

图 6-36 电动机直接起动控制电路原理图
a) 用开启式负荷开关控制 b) 用转换开关控制
c) 用封闭式负荷开关控制

分别实现对主电路和控制电路的短路保护；主电路和辅助电路明显分开，左边竖直布置的是主电路，右边竖直布置的是辅助电路；主电路与辅助电路之间通过接触器的线圈和主触头相联系。当按下起动按钮 SB 后，接触器 KM 线圈得电，置于主电路的接触器主触头闭合，电动机转动；当松开起动按钮 SB 后，接触器 KM 线圈失电，置于主电路的接触器主触头复位，电动机停止转动，实现了电机的"点动"控制。图 6-38 和图 6-39 为三相异步电动机点动控制线路的电器位置图和电气接线图。

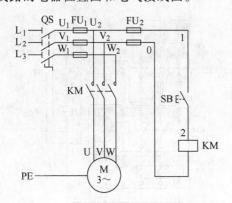

图 6-37 三相异步电机点动控制线路的
电气原理图

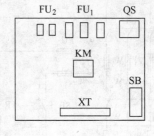

图 6-38 三相异步电机点动控制线路的
电器位置图

3. 自动控制电路

三相异步电动机的连续控制是继电接触控制系统中的又一典型的控制方式。其电气原理如图 6-40 所示，图中 QS 是电源刀开关，起分合电源的作用；FU_1 是电源熔断器，对整个电路进行短路保护；FU_2 是控制电路熔断器，实现对控制电路的短路保护，容量比 FU_1 要小；SB_2 是起动按钮；SB_1 为停止按钮。

按下 SB_2，接触器 KM 线圈得电，接触器 KM 的主、辅触头吸合。一方面因 KM 的主触头闭合，主电路接通使电动机得电旋转；另一方面因 KM 的辅助触头闭合使起动按钮 SB_2 被短接，不管起动按钮 SB_2 状态如何，接触器的线圈都处于得电状态，实现了控制电路的"自锁"或"自保"功能。正因为这个"自锁"功能的存在，一旦按下起动按钮 SB_2，电动

机就会连续不停地运转，只有按下停止按钮 SB_1，控制电路才被切断，电动机才因接触器线圈失电而停止。在没有按下起动按钮 SB_2 之前，虽然停止按钮 SB_1 是闭合的，因 SB_2 与 KM 辅助触点尚未接通，接触器线圈不会得电，电动机也不会转动。因此，这一电路能按"起动—停止"的顺序实现对电动机的连续控制。

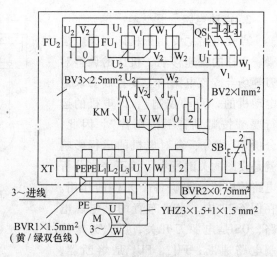

图 6-39　三相异步电机点动控制的电气接线图

在电动机的连续控制电路中，由于电动机起动后可以长时间连续运行，为了避免电动机因过载而被烧毁，电路中增加了热继电器 FR。热继电器的整定电流必须按电动机的额定电流进行调整，绝对不允许人为弯折双金属片；热继电器一般应置于手动复位的位置上，当需要自动复位时，可将复位调节螺钉以顺时针方向向里旋；热继电器因电动机过载动作后，若要再次起动电动机，必须待热元件冷却后（自动复位需 5min，手动复位需 2min），才能使热继电器复位。

电动机的连续控制线路并不复杂，与点动控制线路相比，多一个热继电器，又多一个自锁环节，注意到这两个环节，接线一般就不会发生错误。其电气接线图如图 6-41 所示。

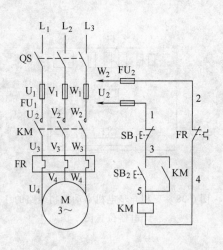

图 6-40　三相异步电动机连续控制
线路的电气原理图

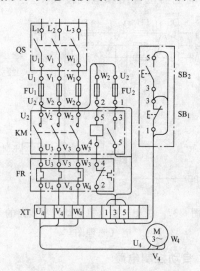

图 6-41　三相异步电动机连续控制
线路的电气接线图

6.4.2　正反转控制

实际生产中往往要求转动部件能正反两个方向运行，具有可逆性。如机床工作台的前进与后退，主轴的正转与反转，起重机吊钩的上升与下降等。这要求对电动机进行正反转控制。由电动机工作原理可知，完成正反转可逆控制只要改变电动机的电源相序，将接至电动机三相电源进线中任意两相对调即可达到反转控制的目的。

三相异步电动机的正反转控制也是继电器-接触器控制系统中常见的一种控制方式，它可以用接触器互锁、倒顺开关等多种形式来实现。图 6-42 为采用接触器互锁的三相异步电动机正反转控制电气原理图。

图 6-42 中 QS 为电源刀开关，起分合电源的作用。FU_1 是电源熔断器，对整个电路进行短路保护。FU_2 是控制电路熔断器，实现对控制电路的短路保护，容量比 FU_1 要小。FR 为热继电器，对电动机起过载保护。SB_1 是停止按钮，在任何时候按下它都可以停车。SB_2 和 SB_3 分别作为正转和反转的起动按钮。KM_1 的辅助触点与 SB_2 并联，KM_2

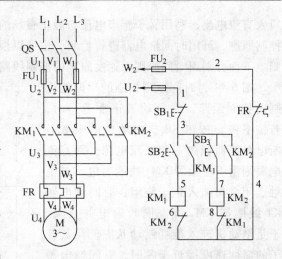

图 6-42　三相异步电动机正反转控制电气原理图

的辅助触点与 SB_3 并联，以实现对正转或反转的自锁控制；KM_1 的辅助触点与 KM_2 的线圈串联，KM_2 的辅助触点与 KM_1 的线圈串联，以保证正转时绝不允许反转，反转时绝不允许正转（否则主电路短路），从而实现正、反转的互锁控制。

按下 SB_2，如果 KM_2 此时未吸合，则 KM_1 线圈得电。一方面 KM_1 主触点闭合，电动机正转；另一方面 KM_1 的一个辅助常开触点闭合使 SB_2 短接实现自锁，同时一个辅助常闭触点打开使 KM_2 断路，确保正转的同时反转不能进行（此时因 KM_1 断开，按下 SB_3 无效），实现对反转的互锁。正转时要想使电动机停下来，按下 SB_1 使 KM_1 失电即可。

按下 SB_3，如果 KM_1 此时未吸合，则 KM_2 线圈得电。一方面 KM_2 主触点闭合，电机反转；另一方面 KM_2 的一个辅助常开触点闭合使 SB_3 短接实现自锁，同时一个辅助常闭触点打开使 KM_1 断路，确保反转的同时正转不能进行（此时因 KM_2 的断开，按下 SB_2 无效），实现对正转的互锁。反转时要想使电动机停下来，按下 SB_1 使 KM_2 失电即可。

当然，由于互锁的影响，电动机正转时不能直接通过按反转按钮使之变为反转；电动机反转时也不

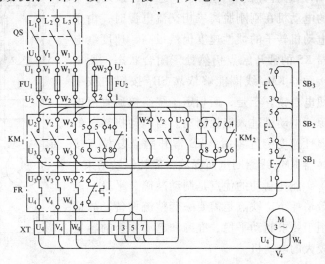

图 6-43　三相异步电动机正反转控制电气接线图

能直接通过按正转按钮使之变为正转。要实现正、反转的切换，必须先停车。图 6-43 为三相异步电动机的正反转控制的电气接线图。

6.4.3　能耗制动控制线路

所谓能耗制动，就是在电动机脱离三相交流电源之后，定子绕组上加一个直流电压，即

通入直流电流,利用转子感应电流与静止磁场的作用以达到制动的目的。根据能耗制动时间控制原则,可用时间继电器进行控制,也可以根据能耗制动速度原则,用速度继电器进行控制。下面分别用时间原则与速度原则的控制线路为例进行说明。

图 6-44 为时间原则控制的单向能耗制动控制线路。在电动机正常运行时,若按下停止按钮 SB₁,电动机由于 KM₁ 断电释放而脱离三相交流电源,而直流电源则由于接触器 KM₂ 线圈通电,其主触点闭合而加入定子绕组,时间继电器 KT 线圈与 KM₂ 线圈同时通电并自锁,于是电动机进入能耗制动状态。当其转子的惯性速度接近于零时,时间继电器延时打开的常闭触点断开接触器 KM₂ 线圈电路。由于 KM₂ 常开辅助触点的复位,时间继电器 KT 线圈的电源也被切断,电动机能耗制动结束。

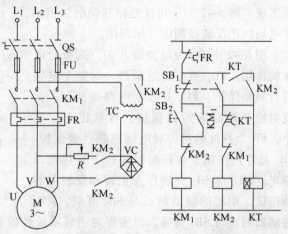

图 6-44　时间原则控制的单相能耗制动线路

图 6-45 为速度原则控制的单向能耗制动控制线路。该线路与图 6-44 控制线路基本相同,仅是控制电路中取消了时间继电器 KT 的线圈及其触点,而在此同时在电动机轴伸端安装了速度继电器,并且用 KS 的常开触点取代了 KT 延时打开的常闭触点。这样,该线路中的电动机在刚刚脱离三相交流电源时,由于电动机转子的惯性速度仍然很高,速度继电器 KS 的常开触点仍然处于闭合状态,所以接触器 KM₂ 线圈能够依靠 SB₁ 按钮的按下通电自锁。于是,两相定子绕组接通直流电源,电动机进入能耗制动。当电动机转子的惯性速度接近零时,KS 常开触点复位,接触器 KM₂ 线圈断电而释放,能耗制动结束。

能耗制动的优点是制动准确、平稳、能量消耗小。缺点是需要一套整流设备,故适用于要求制动平稳、准确和起动频繁的容量较大的电动机。

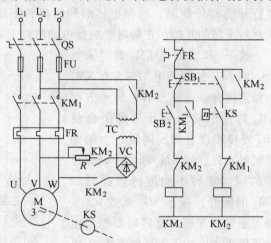

图 6-45　速度原则控制的单向能耗制动控制线路

6.4.4　两台电动机顺序起停控制线路

在工农业生产中,有时需要多台电动机协调工作,而且要求各台电动机能按一定的顺序进行起动或停止操作,这就是电动机的顺序起动和顺序停止控制。图 6-46 为两台三相异步电动机顺序起动、顺序停止控制线路原理图。电动机 M2 只能在电动机 M1 起动以后才能起动;电动机 M1 只能在电动机 M2 停止以后才能停止。

图中 M₁、M₂ 为两台三相异步电动机。FU₁ 为主电路熔断器,实现对主电路的短路保

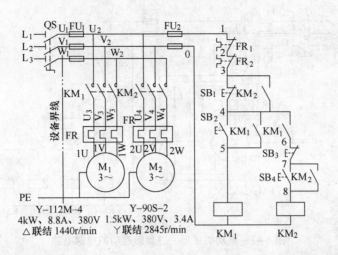

图 6-46　两台三相异步电动机顺序起动、顺序停止控制线路原理图

护；FU_2 为控制电路熔断器，实现对控制电路的短路保护。FR_1、FR_2 为热继电器，分别对两台电动机 M_1、M_2 实现过载保护。SB_2 为第一台电动机的起动按钮，SB_1 为第一台电动机的停止按钮；SB_4 为第二台电动机的起动按钮，SB_3 为第二台电动机的停止按钮。

　　按下 SB_2，接触器 KM_1 线圈得电，KM_1 的主触点闭合，第一台电动机起动运行。同时，KM_1 的两个常开辅助触点闭合，一方面短接 SB_2 实现自锁；另一方面为第二台电动机的起动准备了条件。如果事先没有按下 SB_2，接触器 KM_1 不会吸合，常开的 KM_1 触点就控制了 KM_2 支路，确保第二台电动机不能起动。如果在第二台电动机还没有起动时，让第一台电动机停车，只要按一下第一台电动机的停止按钮 SB_1 即可。

　　在第一台电动机已经运行的情况下，按下 SB_4，则接触器 KM_2 的线圈得电。一方面 KM_2 的主触点闭合，第二台电动机开始运行；另一方面，KM_2 的常开辅助触点闭合，短接了 SB_1 和 SB_4，实现了双重自锁，保证了两台电动机同时连续运转。

　　在两台电动机同时运行时，若按下停止按钮 SB_1，试图使第一台电动机停止运转，由于 KM_2 的吸合，使之不能实现。若按下第二台电动机的停止按钮 SB_3，KM_2 便失电停车，同时与 SB_1 并联的 KM_2 常开触点释放，为第一台电动机的停车准备了条件。此时按下 SB_2 可以使第一台电动机停车。这说明只有在第二台电动机停车后，第一台电动机才能停车。

6.4.5　电动机星形-三角形起动控制的技能训练

1. 实训目的

1）学会三相异步电动机星形-三角形起动控制线路的分析方法。

2）掌握三相电动异步机星形-三角形起动控制元器件的识别与选择。

3）画出三相异步电动机星形-三角形起动控制线路的安装接线图。

2. 实训准备

1）精读图 6-47 星形-三角形起动控制电路的电气原理图，熟悉线路的工作原理。

2）正确选配电器元件见表 6-1。

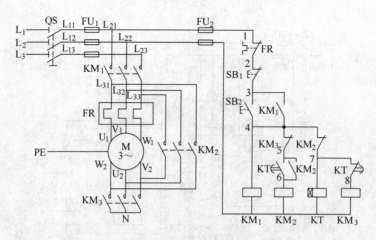

图 6-47　电动机星形 - 三角形起动的控制电路

表 6-1　电器元件及部分电工器材、仪表明细表

序号	名称	型号与规格	数量
1	三相异步电动机	Y132MS-4、5.5kW、380V、11.6A、Δ 联结、1440r/min	1
2	组合开关	HZ10-25/3	1
3	熔断器及熔芯配套	RT18-32/25	3
4	熔断器及熔芯配套	RT18-32/2	2
5	接触器	CJ20-20、线圈电压 380V	3
6	时间继电器	JS7-2A、线圈电压 380V	1
7	热继电器	JR16-20/3、整定电流 11.6A	1
8	三联按钮	LA10-3H 或 LA4-3H	1
9	端子排	JX2-1015、380V、10A、15 节	1
10	主电路导线	BVR-2.5mm²	若干
11	控制电路导线	BVR-1.0mm²	若干
12	按钮线	BVR-0.75mm²	若干
13	接地线	BVR-1.5mm²	若干
14	走线槽	18mm×25mm	若干
15	控制板	500mm×450m×20mm	1
16	异形编码套管	φ3.5mm	若干
17	电工通用工具	验电笔、钢丝钳、螺钉旋具、电工刀、尖嘴钳、剥线钳、手电钻、活扳手、压接钳等	1
18	万用表	自定	1
19	绝缘电阻表	自定	1
20	钳形电流表	自定	1
21	劳保用品	绝缘鞋、工作服等	1

3. 绘制电气接线图和原理

异步电动机星形-三角形减压起动控制电路如图 6-48 所示。

三相异步电动机的直接起动是一种简单、可靠、经济的起动方法。但由于直接起动的电流可达电动机额定电流的 4~7 倍，过大的起动电流会造成电网电压显著下降，直接影响在同一电网中工作的其他电动机，甚至使它们停转或无法起动。因此，三相异步电动机功率大于 10kW 时，经常采用减压起动。如定子串电阻减压起动、星形-三角形减压起动、延边三角形减压起动、自耦变压器减压起动等。其中星形-三角形减压起动广泛用于笼型三角形联结的异步电动机的起动控制系统中。

对于正常运行时采用三角形联结的笼型电动机，加在定子绕组上的电压是线电压 380V。如果在起动时，临时采用星形联结，则线圈绕组所加电压为相电压，起动电压降为 220V；起动后再改为三角形联结，以 380V 电压正常运行，以实现低压起动，全压运行。

由于电动机的起动电压降低，起动电流将降为正常运行时的 1/3，起动转矩也降为正常起动时的 1/3。因此星形-三角形起动仅适用于电动机的空载或轻载起动。

目前我国生产的 Y 系列笼型异步电动机，功率在 4kW 以上的大都为星形-三角形联结，在需要减压起动时，一般都可以采用星形-三角形起动。电动机星形-三角形起动的控制电路形式比较多，图 6-47 为三相异步电动机星形起动的控制电路原理图中的一种。合上电源开关 QS 后，按下起动按钮 SB₂，接触器 KM₁、时间继电器 KT、接触器 KM₃ 线圈通电吸合。KM₁ 在 3 号线至 4 号线间的常开触头闭合自锁，接触器 KM₁、KM₃ 的主触头将电动机 M 绕组接成 Y 形减压起动。同时，接触器 KM₃ 在 4 号线至 5 号线间的常闭触点断开，切断接触器 KM₂ 线圈回路电源，使得在接触器 KM₃ 吸合时，接触器 KM₂ 不能吸合。经过一定时间后电动机转速升高至一定值时，电动机电流下降，时间继电器 KT 延时达到整定值，其在 5 号线至 6 号线之间延时闭合常开触点闭合，在 7 号线至 8 号线之间延时断开常闭触点断开，切

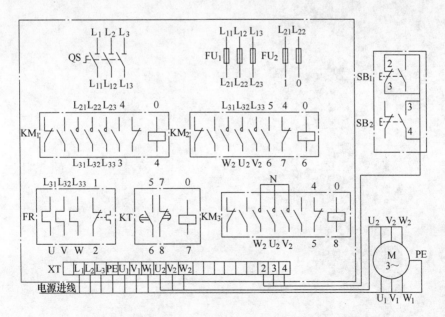

图 6-48　星形-三角形减压起动电气接线图

断接触器 KM$_3$ 线圈回路的电源，接触器 KM$_3$ 失电释放，同时 KM$_3$ 在 4 号线至 5 号线之间的常闭触点复位闭合，接通接触器 KM$_2$ 线圈回路电源，接触器 KM$_2$ 线圈通电吸合自锁，其主触点与接触器 KM$_1$ 主触点将电动机 M 绕组接成 △ 联结全压运行。而接触器 KM$_2$ 在 4 号线至 7 号线间的常闭触点断开，切断时间继电器 KT 和接触器 KM$_3$ 线圈的电源通路，时间继电器 KT 失电释放，并保障在接触器 KM$_2$ 吸合时接触器 KM$_3$ 不能吸合。利用 KM$_2$ 的常闭触点断开 KT 线圈的电源，使 KT 退出运行，这样可以延长时间继电器的使寿命并节约电能。停车时按下 SB$_1$ 停车按钮，接触器 KM$_1$、KM$_2$ 的线圈相继断电释放，电动机 M 停转。

第7章 低压成套设备的安装与调试

本章内容的目的是使读者了解成套设备的作用、分类、组成及常见的型号，并掌握低压配电盘和电气控制柜安装接线与调试的一般技术要求和基本技能。并结合实际生产、参观等教学手段，建立实物概念。

低压成套开关设备是由一个或多个低压开关电器和相关的控制、测量、信号、保护和调节单元构成，由制造厂完成所有内部电器和机械连接，用结构部件完整组装在一起的一种组合体。

7.1 低压成套配电装置（低压配电屏）

1. 低压配电屏简介

低压配电屏是按一定的线路方案将一、二次设备组装而成的一种低压成套配电装置，在低压配电系统中用来控制受电、馈电、照明、电动机及补偿功率因数。根据应用场合的不同，屏内可装设自动断路器、刀开关、接触器、熔断器、仪用互感器、母线以及信号和测量装置等不同设备。低压配电屏按结构形式可分为固定式、抽屉式和组合式。

国产新系列低压配电屏全型号的表示及含义如下：

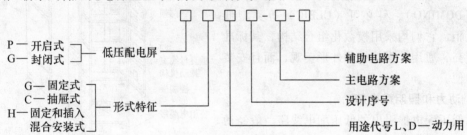

固定式低压配电屏将一、二次设备均固定安装在柜中。柜面上部安装测量仪表，中部安装刀开关的操作手柄，柜下部为外开的金属门。母线装在柜顶，自动断路器和电流互感器都装在柜后。目前多采用 GGD 和 GGL 型固定式低压配电屏。GGD 型固定式低压开关柜的外形如图 7-1 所示。该型低压开关柜采用 DW15 型或更先进的断路器，具有分断能力高、动稳定性好、组合灵活方便、结构新颖和安全可靠等特点。

GGD 型交流低压配电柜的柜体采用通用柜的形式，框架用冷弯型钢局部焊接或组装而成。柜体设计时充分考虑到柜体运行中的散热问题。热量从柜体上、下两端槽孔排出，而冷风不断由下端槽孔补充进柜，使密封的柜体自下而上形成一个自然通风道，达到散热的目的。按照现代工业产品造型设计的要求，采用黄金分割比的方法设计柜体外形和各部分的分割尺寸，使整柜美观大方。柜门用转轴式活动铰链与构架相连，安装、拆卸方便。门的折边处嵌有一根山形橡塑条，关门时门与框架之间的嵌条有一定的压缩行程，能防止门与柜体直接碰撞，也提高了门的防护等级。装有电器元件的仪表用多股软铜线与框架相连。柜内的安装件与框架间用滚花垫圈连接，整柜构成完整的接地保护系统。柜体面漆可选用聚脂桔形烘漆,亦可选用喷塑粉工艺处理,它们均具有附着力强,质感好等优点。整柜呈亚光色调,这避免了眩光效应,给值班人员创造了较舒适的视觉环境。柜体的顶盖在需要时可拆除,便于现场主母线的装配和调整,柜顶的四角装有吊环,用于起吊和装运。

抽屉式低压配电屏为封闭式结构,主要设备均放在抽屉内或手车上。当回路有故障时,可换上备用手车或抽屉,迅速恢复供电,以提高供电的可靠性。抽屉式低压配电屏还具有布置紧凑、占地面积小、检修方便等优点;但其结构复杂,钢材消耗多,价格较贵。目前,常用的有 GCL、GCS、GCK、GHT1 型等。其中,GHT1 型是 GCK (L) 1A 型的更新换代产品。由于采用了 ME、CMI 型断路器和 NT 型熔断器等高性能新型元件,因此其性能大为改善,但价格较贵。GCK 型抽屉式低压开关柜的结构如图 7-2 所示。

目前,我国应用的组合式低压配电屏有 GZL1、GZL2、GZL3 型及引进国外技术生产的多米诺(DOMINO)、科必可(CLBIC)等类型低压配电柜,它们均采用模数化组合结构,其标准化程度高,通用性强,柜体外形美观,而且安装灵活方便。

2. 动力和照明配电箱

从低压配电屏引出的低压配电线路一般经动力和照明配电箱接至各用电设备,它们是车间和民用建筑的供、配电系统中对用电设备的最后一级控制和保护设备。

动力和照明配电箱的种类很多,按其安装方式可分为靠墙式、悬挂式和嵌入式。靠墙式是靠墙落地安装,悬挂式是挂在墙壁上明装,嵌入式是嵌在墙壁里暗装。

动力和照明配电箱全型号的一般表示和含义如下:

图 7-1　GGD 型固定式低压开关柜实物图

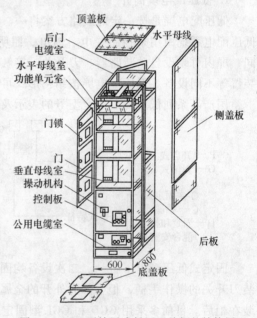

图 7-2　GCK 型抽屉式低压开关柜的结构图

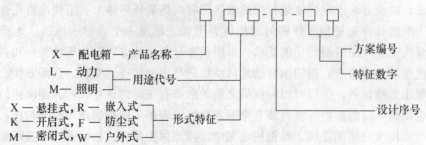

（1）动力配电箱

动力配电箱通常具有配电和控制两种功能，主要用于动力配电和控制，但也可用于照明的配电与控制。常用的动力配电箱有 XL、X1-10、BGL、BGM 型等，其中 BGL 型和 BGM 型多用于高层建筑的动力和照明配电。XL-21 型为户内装置，采用钢板折弯焊接而成，单扇左手开门，也可上、下两道门，刀开关操作手柄可装在上道门，门上可装测量仪表，控制按钮，信号元件等，打开门后，全部安装元件敞露，便于检修维护，进出线采用电缆线，安全可靠。门与箱体结合部分贴有密封橡皮，防止液体渗入。其主要用于工业、民用建筑、工矿企业、高层大厦、车站、医院、学校、机关、住宅及一些特殊的环境中。如图 7-3 为 XL 型动力配电箱实物图。

图 7-3　XL 型动力配电箱实物图

（2）照明配电箱

照明配电箱主要用于照明和小型动力线路的控制、过负荷和短路保护。照明配电箱的种类和组合方案繁多，其中，XXM系列和 XRM 系列适用于工业和民用建筑的照明配电，也可用于小容量动力线路的漏电、过负荷和短路保护。

7.2　低压配电盘的安装接线

本部分主要讲述低压配电盘电器元件的选用安装和配线操作技能，以及怎样应用电气识图知识。

在低压配电盘上的低压配电装置装有控制电器和保护电器。控制电器包括断路器、隔离开关和负荷开关。其中断路器用于切断过载电流和短路电流；负荷开关则只能用于切、合负荷电流；隔离开关只能在无负荷时拉开作为断路点，在断路器的电源侧应装有隔离开关，以便检修时隔离开电源。

保护电器的作用通常分短路保护、过载保护和漏电保护三类。短路保护由熔断器或断路器中的电磁脱扣器来实现；过载保护可由热继电器、过电流继电器或断路器中的热脱扣器来实现；漏电保护通常由漏电继电器和断路器中的漏电脱扣器来完成。

7.2.1　低压配电盘电器元件的选用

1. 隔离开关的选用

低压隔离开关常选用 HD 型、HS 型（又称低压刀开关），其中 HD 型为单投式，HS 型为双投式。它们用于交流 50Hz、额定电压为 380V，直流额定电压为 440V、额定电流为 1500A 及以下的低压成套配电装置。

选用低压隔离开关要注意以下几点：

（1）结构形式的选择

根据开关的作用和安装位置确定结构形式。具体考虑以下几点：

1）刀开关仅用来隔离电源时，应选无灭弧装置的，而用来分断小负荷电流时则应选用有灭弧装置的。

2) 确认正面操作还是侧面操作。

3) 确认直接操作还是杠杆操作。

4) 确认板前接线还是板后接线。一般选用 HD11-14 型和 HS11-14 型。

（2）额定电流的选择

刀开关的额定电流应大于或等于所控制的各支路的负载额定电流的总和。如果负载是电动机，则应按电动机的起动电流来选择。

2. 低压空气断路器的选用

低压空气断路器又称自动开关或自动断路器。一般包括 DW10 型万能式断路器和 DZ10 型装置式断路器。

低压断路器作为一种可以自动切断故障电路的配电电器，应用于 500V 及以下的低压供电系统，作为线路或单台用电设备的控制和过载、短路及失电压保护。在正常情况下也可以用作不频繁地接通和分断带负荷电路。

选用低压断路器需注意以下几点：

（1）一般低压断路器的选择

1) 低压断路器额定电压应不小于线路额定电压。

2) 低压断路器额定电流应不小于线路计算负载电流。

3) 低压断路器的极限通断能力应不小于最大短路电流。

4) 脱扣器额定电流应不小于线路计算电流。

5) 欠电压脱扣器额定电压等于线路额定电压。

6) $\dfrac{\text{线路末端单相对地短路电流}}{\text{低压断路瞬时（或短延时）脱扣器整定电流}} \geqslant 1.25$。

（2）配电用低压断路器的选择

1) 长延时动作整定电流值 =（0.8 ~ 1）导线允许载流量。

2) 3 倍长延时动作电流整定值的可返回时间应不小于线路中最大起动电流的电动机起动时间。

3) 短延时动作电流整定值应不小于 $1.1(I_{jx} + 1.35K \cdot I_{dem})$，式中，$I_{jx}$ 为线路计算负载电流；K 为电动机起动电流倍数；I_{dem} 为最大一台电动机额定电流。

4) 短延时的延时时间按被保护对象的热稳定校核。

5) 无短延时时瞬时电流整定值应不小于 $1.1(I_{jk} + K_1 \cdot K \cdot I_{dem})$，式中，$K_1$ 为电动机起动电流的冲击系数，$K_1 \approx 1.7 ~ 2$。

6) 有短延时时瞬时电流整定值应不小于 1.1，下一级开关按进线端计算短路电流值。

（3）电动机保护用断路器的选择

1) 长延时电流整定值等于电动机额定电流。

2) 6 倍长延时电流整定值的可返回时间不小于电动机实际起动时间。

3) 瞬时整定电流：笼型电动机为 8 ~ 15 倍脱扣器额定电流，绕线转子电动机为 3 ~ 6 倍脱扣器额定电流。

（4）照明用断路器的选择

1) 长延时电流整定值不大于线路计算负载电流。

2）瞬时动作整定值 = 6 ~ 20 倍线路计算负载电流。

3）对起动电流倍数较大、实际负荷较小，且过电流整定较小的线路（设备）可选用 DZ 型。对容量较大，作为电流和线路总保护或需远方控制的，则可选 DW 型。

3. 交流接触器的选用

交流接触器适用于 500V 及以下的低压系统中，可频繁带负荷分合电动机等电路。

选择交流接触器需注意以下几点：

1）主触头额定电流、电压。

$$I_{NC} = \frac{P_N}{(1 ~ 1.4) U_N}$$

式中，I_{NC} 为主触头额定电流（A）；P_N 为电动机额定功率（W）；U_N 为电动机额定电压（V）。

如接触器控制的电动机起、制动频繁或正反转频繁，应将其主触头额定电流降一级使用。主触头的额定电压应不小于负载额定电压。

2）线圈额定电压的选择。线圈额定电压不一定等于接触器铭牌上所标的主触头的额定电压。当线路简单、使用电器少时，可直接选用 380V 或 220V 电压；当使用电器超过 5 个时，可用 24V、48V 或 110V 电压的线圈。

3）操作频率的选择。操作频率是指接触器每小时通断的次数。若操作频率超过了该型号的规定值，应选用额定电流大一级的接触器。

4. 熔断器的选用

熔断器在线路中作为电气设备的短路和过载保护。选择熔断器时需注意以下几点：

1）熔体额定电流。一台电动机负载的短路保护为

$$I_{N.r} \geq (1.5 ~ 2.5) I_N$$

式中，$I_{N.r}$ 为熔体额定电流；I_N 为电动机额定电流。

多台电动机负载的短路保护为

$$I_{N.r} \geq (1.5 ~ 2.5) I_{N.max} + \Sigma I$$

式中，$I_{N.max}$ 为最大电动机的额定电流；ΣI 为其余电动机计算负荷电流。

对于输配电线路为 $I_{N.r} \leq I_{sa}$，式中，I_{sa} 为线路安全电流。

对于变压器、电炉、照明负载有 $I_{N.r} \geq I_{fz}$ 式中，I_{fz} 为负载电流。

2）熔断器的选择。

$$U_{N.rd} \geq U_1$$

$$I_{N.rd} \geq I_1$$

式中，$U_{N.rd}$ 为熔断器额定电压；U_1 为线路电压；$I_{N.rd}$ 为熔断器额定电流；I_1 为线路电流。

5. 热继电器的选用

热继电器一般作为交流电动机的过载保护用，常和接触器配合使用。选用热继电器需注意以下几点：

1）类型选择。轻载起动、长期工作的电动机及周期性工作的电动机选择二相结构的热继电器；电源对称性较差或环境恶劣的电动机可选三相结构的热继电器；三角形联结的电动机应选用带断相保护装置的热继电器。

2）额定电流的选择。热继电器的额定电流应大于电动机的额定电流。

3）热元件额定电流选择。热元件的额定电流应略大于电动机额定电流。

总之，选用热继电器时还要注意下列几点：

1）先由电动机额定电压和额定电流计算出热元件的电流范围，然后选型号及电流等级。例如，电动机额定电流 $I_N = 14.7A$，则可选 JR0-40 型热继电器，因其热元件电流 $I_R = 16A$。工作时，将热元件的动作电流整定在 14.7A。

2）要根据热继电器与电动机的安装条件和环境的不同，将热元件电流做适当调整。如高温场合，热元件的电流应放大 1.05～1.20 倍。

3）设计成套电气装置时，热继电器应尽量远离发热电器。

4）通过热继电器的电流与整定电流之比称之为整定电流倍数。其值越大发热越快，动作时间越短。

5）对于点动、重载起动、频繁正反转及带反接制动等运行的电动机，一般不用热继电器作过载保护。

6. 电流互感器的选用

互感器是一种电流、电压的变换装置，其作用是将大电流、高电压变成小电流、低电压，从而保证了仪表测量和继电保护的安全，同时扩大了仪表、继电器的使用范围。互感器从基本结构和工作原理来说就是一种特殊的变压器。

选用电流互感器时，需注意电流互感器应按装置地点的条件及额定电压、一次电流、二次电流（一般为 5A）、准确度等级等条件选用，并校验短路时的动稳定度和热稳定度。低压电流互感器常用 LMZ 系列和 LQJ 系列。

以上是低压配电盘上主要电器元件的选用原则。

7. 低压配电盘电器元件的安装与调整

（1）低压隔离开关（刀开关）的安装与调整

1）刀开关的主体部分由两根支件（角钢）固定。先固定下角钢，注意槽孔对人，无孔面在下，再根据刀开关安装孔决定上角钢位置。上角钢槽孔对人，无孔面向上。

2）刀开关应垂直安装，并注意静触头在上，动触头在下，这样可以防止刀开关打开时由于自重向下掉落而发生误动作。刀座装好后先不将螺钉拧紧。

3）操作手柄要装正，螺母要拧紧。将手柄放到合闸位置。

4）将手柄连杆与刀座连接起来并拧紧螺母。

5）打开刀开关，再慢慢合上，检查三相是否同时合上，如不同时则予以调整，试合 3～4 次，直到三相基本一致。最后拧紧固定螺母。

6）检查触刀与静触头是否接触良好。如接触面不够，应将手柄连杆收短，如果有回弹现象，则适当放长。

（2）低压空气断路器（自动开关）的安装与调整

1）低压断路器应垂直安装，安装件也是角钢。先固定上角钢，长槽孔对人，有小孔的面朝上，安装高度视具体情况而定，下角钢位置由开关孔距确定。

2）注意开合位置，"合"在上，"分"在下。操作力不应过大。

3）触头在闭合、断开过程中，可动部分与灭弧室的零件不应有卡阻现象。应将铁心极面上的防锈油擦净。

（3）接触器的安装与调整

1）安装前应先检查线圈的电压与电源的电压是否相符；各触头接触是否良好，有无卡阻现象。最后将铁心极面上的防锈油擦净，以免油垢粘滞造成不能释放的故障。

2）接触器安装时，其底面应与地面垂直，倾斜角小于5°。

3）CJ20 系列交流接触器安装时，应使有孔两面放在上、下位置，以利于散热。

4）安装时切勿使螺钉、垫圈落入接触器内，防止造成机械卡阻或短路故障。

5）检查接线正确无误后，应在主触头不带电的情况下，先使线圈通电分合数次，查其动作是否可靠，然后才可投入使用。

（4）熔断器的安装与调整

熔断器是低压电路及电动机控制线路中作过载和短路保护的电器。它串联在电路中使线路或电气设备免受短路电流或很大的过载电流的损害。

1）先将熔断器安装在安装支架上，在底座和安装件间要加纸垫，注意安装螺钉不要拧得太紧，然后将安装支架装到盘上。

2）螺旋式熔断器安装时，应将电源进线接在瓷底座的下接线端上，出线应接在螺纹壳的上接线端上。

3）安装熔丝时，应将熔丝顺时针方向弯曲，压在垫圈下，以保证接触良好。必须注意不能使熔丝受到机械损伤，以免减少熔体面积，产生局部发热而造成误动作。

4）更换熔丝时，应先切断电源。一般情况下不要带电拨出熔断器。确需带电拨出熔断器时也应先切除负荷。

（5）热继电器的安装和调整

1）安装前，应清除触头表面尘污，以免因接触电阻太大或电路不通而影响动作性能。

2）按产品说明书中规定的方式安装。应注意将其安装在其他电器的下方，以免其他电器的发热影响热继电器的动作性能。

3）热继电器出线端的导线的材料和粗细均影响到热元件端触点的传热量，过细的导线可能使热继电器提前动作，过粗则滞后动作。额定电流为 10A 和 20A 的热继电器分别采用截面积为 $2.5\,\text{mm}^2$ 和 $4\,\text{mm}^2$ 的单股铜芯塑料线；额定电流为 60A 和 150A 时则分别采用截面积为 $16\,\text{mm}^2$ 和 $35\,\text{mm}^2$ 的多股铜芯橡皮软线。

（6）电流互感器的安装与调整

1）电流互感器的一次侧 L_1、L_2 应与被测回路串联，二次侧 K_1、K_2 应与各测量仪表串联。L_1 与 K_1 为同极性端（同名端），安装和使用时应注意极性正确，否则可能烧坏电流表。

2）LMZ 型穿心互感器直接装在角钢上。角钢的无孔面向上，电流互感器的接线端子应朝上。

3）使用中不得使电流互感器二次侧开路，安装时二次侧接线应保证接触良好和牢靠。二次侧不得串入开关或熔断器。

4）电流互感器的铁心应可靠接地，电流互感器二次侧一端要接地。

7.2.2　一次线的加工与安装

一次线（母线）也称汇流排，按材料不同分为铜、铝两种。

1. 母线的选择

某段母线的规格应以其下端的电器元件的额定电流作为选择依据，所选母线允许载流量应大于或等于其下端电器的额定电流。常用母线选择表见表7-1。

表 7-1　常用母线选择表

电器额定电流/A	铝		铜	
	母线规格 （宽/mm×厚/mm）	允许载流量 /A	母线规格 （宽/mm×厚/mm）	允许载流量 /A
200 以下	15×3	134	15×3	170
200	25×3	213	20×3	223
250	30×4	294	25×3	277
400	40×5	440	40×4	506
600	50×6	600	50×5	696
1000	80×8	1070	60×8	1070
1500	100×10	1475	80×10	1540

2. 母线的加工

母线的加工步骤大致分为校正、测量和下料、弯曲、钻孔、接触面加工等工序。

1）校正。母线本身要求很平直，故对于弯曲不直的母线应进行校正。校正最好由母线校正机进行，也可手工将弯曲的母线放在平台或槽钢上，用硬木槌敲打校正，也可用垫块（铜、铝、木垫块均可）垫在母线上用大锤敲打。敲打时用力要适当，不能用力过猛。

2）测量和下料。在施工图样上一般不标注母线加工尺寸，因此在母线下料前，应到现场实测出实际需要的安装尺寸。测量工具为线锤、角尺、卷尺等。以图7-4所示在两个不同垂直面上安装的母线为例，测量时，先在两个绝缘子与母线接触面的中心各放两个线锤，用尺量出两线锤的距离 A_1 和绝缘子中心线距离 A_2。而 B_1 和 B_2 的尺寸则可根据实际需要选定，以施工方便为原则。然后将测得尺寸在木板或平台上划出大样，也可以用截面积为 $4mm^2$ 的铜或铝导线弯成样板，作为弯曲母线的依据。

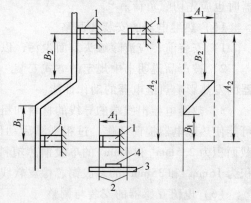

图 7-4　测量母线安装尺寸

1—支持绝缘子　2—线锤　3—平板尺　4—水平尺

下料时应注意节约、合理用料。为了检修时拆卸母线方便，可在适当地点将母线分段，用螺栓连接，但这种母线接头不宜过多，否则不仅浪费人力和材料，还增加了事故点。其余接头采用焊接。

3）弯曲。矩形母线的弯曲，通常有平弯、立弯和扭弯（麻花弯）三种，如图7-5所示。

① 平弯。平弯可采用平弯机，弯曲小型母线时也可用台虎钳弯曲。母线平弯最小允许弯曲半径见表7-2。

② 立弯。立弯可采用立弯机。

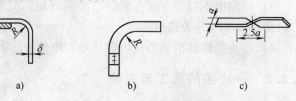

a)　　　　　b)　　　　　c)

图 7-5　矩形母线的弯曲

a）平弯　b）立弯　c）扭弯

δ—母线厚度　α—母线宽度　R—弯曲半径

母线立弯最小允许弯曲半径见表 7-3。

③ 扭弯。扭弯可用扭弯器进行。扭弯 90°时扭弯部分的全长应不小于母线宽度的 2.5 倍（见图 7-5c）。用扭弯器冷弯的方法只适用于 100mm×8mm 以下的铝母线，超过这个范围就需要将母线弯曲部分加热后再进行弯曲。母线的加热温度，铜为 350℃左右，铝为 250℃左右。

表 7-2 母线平弯最小允许弯曲半径			
母线截面积	最小弯曲半径		
/mm×mm	铜	铝	钢
50×5 以下	2δ	2δ	2δ
120×10 以下	2δ	2.5δ	2δ

注：表中 δ 为母线的厚度。

表 7-3 母线立弯最小允许弯曲半径			
母线截面积	最小弯曲半径		
/mm×mm	铜	铝	钢
50×5 以下	1α	1.5α	0.5α
120×10 以下	1.5α	2α	1α

注：表中 α 表示母线的宽度。

④ 钻孔。凡是螺栓连接的接头，首先应在母线上钻孔。钻孔步骤为：按尺寸在母线上划线；在孔中心用冲头冲眼；用电钻或台钻钻孔，孔眼直径不大于螺栓直径 1mm，孔眼要垂直；钻好孔后，除去孔口毛刺。

⑤ 表面处理。

铝母线表面处理步骤为：碱洗（放入 NaOH 溶液处理），有条件也可搪锡；母线表面涂漆，注意接触面不涂漆；在钢轮上抛光或用锉刀锉去接触面氧化层，再涂一层中性凡士林油，如不立即安装，接头应用纸包好。

铜母线表面处理步骤为：用压床压平，或用锉刀将接触面锉成粗糙而平坦的形状；放入酸溶液中处理；镀锡；母线表面涂漆，接触面不涂漆；铝和铜相连接时，两种材料都应镀锡，至少铜必须镀锡，如镀锡不方便时，必须在接触面之间加镀锡的薄铜片。

3. 母线的安装

母线安装的一般规定如下：

1）母线的漆色及安装时的相序位置规定见表 7-4。

表 7-4 母线的漆色及安装时的相序位置规定

组 别	漆色	相互位置		
		垂直布置	水平布置	引下线
U	黄	上	后	左
V	绿	中	中	中
W	红	下	前	右

2）母线与母线、母线与盘架之间的距离应不小于 20mm。

3）当母线工作电流大于 1500A 时，每相母线的支持铁件及母线支持夹板零件（如双头螺栓、压板垫板等）应不使其构成闭合磁路。

4）母线跨径太长时，为防止振动和电动力造成短路，需用母线夹固定。

硬母线除了采用焊接外，还可采用螺栓连接。用螺栓连接母线时，螺栓连接处加弹簧垫圈及平垫圈，所用螺栓和螺母应是精制或半精制的，在室内潮湿场所应镀锌，以免锈蚀。具体注意事项如下：

1）螺栓安装时，如母线平放，则螺栓由下向上穿；其余情况，螺母要装在便于维护的一侧。螺栓两侧都应放置平垫圈，螺母侧加装弹簧垫圈，两螺栓垫圈间应有 3mm 以上间距，以防止构成磁路造成发热。拧紧螺栓时，应逐个拧紧，且掌握松紧程度，一般以弹簧垫圈压平为宜。拧紧后的螺杆应露出螺母 3~5 扣。

2）母线的接触部分应保持紧密结合，可用 0.05mm×10mm 的塞尺检查接触面间隙，其塞入深度应小于 5mm，否则应重新处理。

3）母线用螺栓连接后，应将连接处外表油垢擦净，在接头的表面和缝隙处涂抹 2~3 层能产生弹性薄膜的透明清漆，使接触点密封良好。

4）母线与设备端子连接时，如母线为铝材而端子是铜材，应使用铜铝接头。在母线与端子连接处，任何情况下不能使设备端子产生机械应力，为此通常将引出母线弯曲一段，以便温度变化时可以伸缩。

7.2.3　盘内配线

在配电盘电器元件和母线全部安装完毕后，可进行盘内配线工作。配线开始前应仔细阅读安装接线图和平面布置图，并与展开图、原理图相对照，弄清细节后才能按图配线。

1. 盘内配线的要求

1）接线应按图进行，准确无误。线路布置应横平竖直、整齐美观、清晰。导线绝缘良好且无损伤。电气回路的连接应牢固可靠。

2）除图样有要求外，一般选用单根铜芯塑料导线。当导线两端分别连接固定部分和可动部分，（如配电盘门）时，应采用多芯软导线，并留有适当余量，其导线线束应有加强绝缘层，如外套塑料管等。在与电器连接时，其端部应绞紧，不得松散或断股，在可动部分的两端应用卡子固定。

3）盘内电器之间一般不经过接线端子而用导线直接连接，导线中间不应有接头，当需要接入试验仪表仪器时，应通过试验型端子连接。

4）盘内各电器与盘外设备连接时，应通过端子排。端子排与盘面电器的连接线一般由端子排里侧或上侧（分别对应端子排竖放或横放）引出。端子排与盘外设备、盘后附件、小母线的连接线则一般由端子排外侧或下侧引出。每个连接端子一般只连接两根导线，即端子上下侧（或里外侧）各一根。当端子的任一侧螺钉下必须压入两根导线时，两导线间应加装一垫圈。

5）配线走向力求简捷明显，横平竖直。同一排电器的连接线应汇集到同一水平线束，然后转变为垂直线束，再与下一排电器的连接线汇总成为较粗的垂直线束，当总线束走至端子排区域时又按上述相反顺序分散到各排端子排上。

6）所配导线的端部均应标明其回路编号，其编号应正确，与安装接线图一致，字迹清楚不易脱色。导线标号：横放时从左到右读字，竖放时从下到上读字。

2. 导线的敷设方法

1）敷线前应根据安装接线图确定导线的敷设方位，确定敷设走向。为了不使接线混乱，避免导线在接线时交叉，在敷线前应根据安装接线图和二次元件分布位置进行排列接线。接线的长短要根据实际元件的位置量线，切割导线时应将线拉直，每个转弯处都要测量，最后放一定的余量为 17cm 左右。裁完的线应整齐放好，不得弯曲。

2）在裁好的导线两端套上根据安装接线图写好的导线标号。然后按确定的排列编成线束，线束可用 8 ~ 12mm 宽的镀锌铁皮做成的带扣的抱箍绑扎，也可用线绳绑扎。在线束导线较少时，采用铝皮当作卡子来绑扎。

线束可绑扎成长方形或圆形。图 7-6 为绑扎好的一个线束。

3）线束的卡固应与弯曲配合进行，导线的弯曲半径一般为导线直径的 3 倍。线束弯曲时应从弯曲的里侧到外侧依次弯曲，逐根贴紧（见图 7-6）。线束分支时，必须先卡固再进行弯曲，每一转角处都必须绑扎卡固。导线弯曲时不允许使用尖嘴钳、钢丝钳，而应采用手指或弯线钳，以免损坏导线绝缘和芯线。

4）为简化配线工作，常将导线敷设在线槽内。线槽的形式如图 7-7 所示，它一般与配电盘一起制成。线槽固定在配电盘上，配线时将线放在槽内并绑扎成束，接至端子排的导线由线槽侧面的穿眼孔中引出。

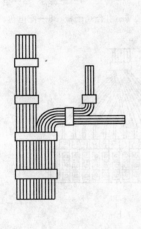

图 7-6　线束的绑扎与弯曲

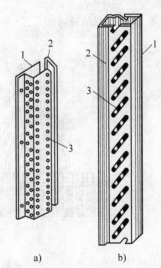

图 7-7　穿孔线槽

a）钢线槽　b）塑料线槽

1—线槽底座　2—线槽盖　3—穿线孔

3. 导线的分列和连接

（1）导线的分列

导线的分列是指导线由线束引出并有次序地接向端子。在进行分列前，应校对导线的标号与端子标号是否相符。导线分列时，应注意工艺美观，并应使引至端子上的线端留有一个弹性弯，以免线端或端子受到应力。导线分列一般有以下几种：

1）单层导线的分列。当接线端子数量不多，而且位置比较宽裕时，可采用单层导线分列，如图 7-8 所示。

2）多层导线的分列。在位置狭窄的条件下，大量的导线要引向端子时，常采用多层导线分列，如图 7-9 所示。图中，在端子板附近导线分为 3 层，第 I 层的 4 根导线接入 1 ~ 4 号端子；第 II 和第 III 层的导线则分别接入 5 ~ 8 和 9 ~ 12 号端子。

3）导线的扇形分列。在不复杂的单层或双层配线时，如要求配线连接有很好的外形并安装迅速，可采用扇形分列，如图 7-10 所示。这种方式应注意导线的校直，连接时首先将两侧最外层导线固定好，然后逐步接向中间，注意所有导线的弯曲应一致。

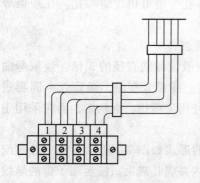

图 7-8　单层导线的分列

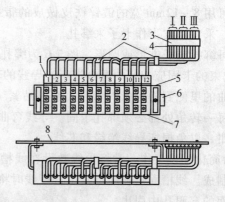

图 7-9　多层导线的分列

1—编号牌　2—绑带　3—线夹　4—绝缘层　5—空白端子
6—端子板条　7—组合端子板　8—配电盘

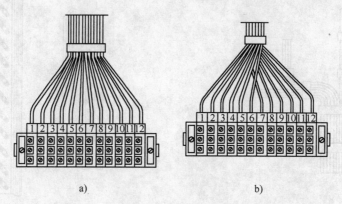

a)　　　　　　　　　　b)

图 7-10　导线的扇形分列

a）单层导线　b）双层导线

（2）导线的连接

从线束分列出的导线，应接到端子板上。接线
要点如下：

1）在接线之前应量好尺寸，剥去导线的绝缘
层。截面积为 $1.5 \sim 2.5 \mathrm{mm}^2$ 的塑料线应尽量采用
剥线钳剥线。其他截面积的绝缘线可用电工刀削
线，削线时注意不要划伤导线芯，塑料线的绝缘层
也可用烙铁烫下。

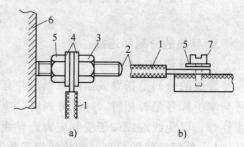

a)　　　　　　　　b)

图 7-11　导线末端固定法

a）用螺母固定　b）固定在螺钉头下

1—导线　2—螺钉　3、5—螺母　4—垫
圈　6—继电器　7—螺钉

2）如果导线接入的端子板是螺钉连接，则应
根据螺钉直径将导线末端弯成一个环，其弯曲方向
应与螺钉旋入方向相同。如用螺母固定时，要用两
片垫圈；当固定在螺钉头下时，则用一片垫片，如
图 7-11 所示。

3）接线工作完成后，还应把全部接线进行一次校对。确认无误后拆除临时线卡和标
志，进行清理和修饰。

7.2.4　二次线的检查与试验

1. 二次线的校对

对二次线进行校对的目的是检查接线是否正确。校对前应熟悉展开图和安装图。

1）盘内二次线的校对应对照展开图和安装图，采用蜂鸣器、试灯或万用表进行，有条件时最好采用蜂鸣器，使查线迅速、省力。

2）校线顺序为先从端子排自上而下、逐端子进行，而后校对盘内电器元件的接线。为防止因窜线而无法分辨通断，应松开端子上的有关线头，但要注意恢复时不得出错。

3）在确定接线正确后，应复查一下端子和其他电气连接是否牢固，拧紧松动的螺钉。二次接线如果是单层配线，且线路较短，则只需仔细对图校对，无需使用校对工具。

2. 绝缘电阻的测定

测量绝缘电阻时，应使用 500 ~ 1000V 绝缘电阻表，对于电压低于 24V 的回路，可使用 500V 以下的绝缘电阻表。

（1）测量范围

绝缘电阻的测量范围应包括所有电气设备的操作、保护、测量、信号回路和这些回路中的电器，如操作机构的线圈、接触器、继电器、仪表、电流互感器和电压互感器的二次线圈等。具体可分为

1）直流回路。由熔断器或断路器隔离的一段。

2）交流回路。由一组电流互感器连接的所有保护装置及仪表的回路，或一组装置的数组电流互感器回路。

3）电压回路。由一组或一个电压互感器连接的回路。

（2）对绝缘电阻值的要求

新安装、大修及二次更换后测得的绝缘电阻应符合以下规定：

1）直流小母线和控制盘的电压小母线，在断开所有其他连接支路时，其绝缘电阻应不小于 10MΩ。

2）二次回路的每一支路和开关，以及隔离开关操作机构的电源回路，其绝缘电阻应不小于 1MΩ。

3）接在主电源回路上的操作回路、保护回路和 500 ~ 1000V 的直流发电机励磁回路，其绝缘电阻应不小于 1MΩ。

4）在比较潮湿的地方，上述 2）、3）两相的绝缘电阻可降至 0.5MΩ。

如发现某一回路绝缘电阻值不符合规定，应找出原因后及时处理。

7.2.5　低压配电柜的安装与调试技能训练

1. 训练目的

1）熟悉小型低压配电柜的结构、安装方法。

2）熟悉小型低压配电柜的一次接线线路和二次接线线路。

2. 设备简介

小型低压配电屏一般是由一块总配电屏和若干块分配电屏组成。总配电屏的电源线引自变压器的二次输出端，总配电屏的输出线分别接到每块分配电屏上。分配电屏是将总配电屏

送出的电源分成若干条线路（俗称回路）输送到负载端的配电箱。

3. 配电屏电路的电气图

下面介绍由一块总配电屏和两块分配电屏组成的低压配电屏接线线路。

小型低压配电屏是由总配电屏、动力电配电屏和照明线路配电屏组成。总配电屏为一条总路，动力线路分屏有四条动力分路，照明分屏为四条分路。

配电屏接线分为一次接线和二次接线。一次接线是指主线路的接线线路，二次接线是指各仪表接线线路。小型低压配电屏一次实际接线线路图如图7-12所示。小型低压配电屏一次接线线路图中的元件明细见表7-5。

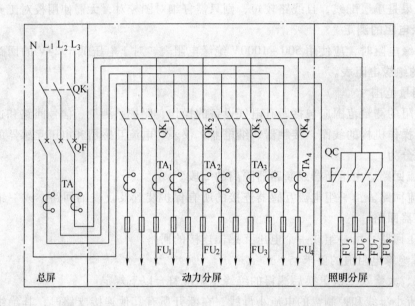

图 7-12　小型低压配电屏一次实际接线线路图

表 7-5　小型低压配电屏一次接线线路图中的元件明细表

序 号	符 号	名 称	型 号	规 格	数 量
1	QK	刀开关	HD13-200/3	500V/200A	1
2	QF	自动断路器	DW10-200/3	500V/200A	1
3	$TA_1 \sim TA_4$	电流互感器	LQG-0.5	100/5	8
4	TA	电流互感器	LQG-0.5	200/5	2
5	$QK_1 \sim K_4$	刀开关	HD13-100/3	500V/100A	4
6	QC	转换开关	HZ10-10/4	500V/10A	1
7	$FU_1 \sim FU_4$	熔断器	RT0-100	500V/100A	12
8	$FU_5 \sim FU_8$	熔断器	RL1-15	配 5A 熔芯	4

小型低压配电屏总屏的二次接线电路图如图7-13所示。

小型低压配电屏动力分屏和照明分屏的二次接线线路图如图7-14所示。

在图7-13和图7-14中，电流表与电流互感器应该相匹配，电流表的读数就是电源线电

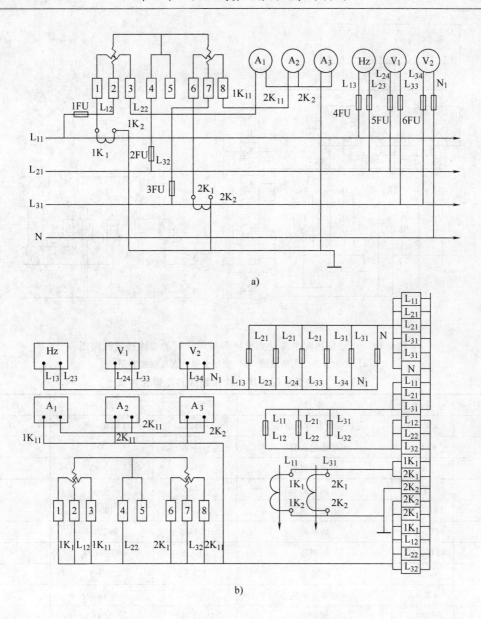

图 7-13 小型低压配电屏总屏二次接线线路图

a）低压配电屏总屏二次接线线路图（原理图） b）低压配电屏总屏二次接线线路图

流值。图中三相电能表也应当与电流互感器相匹配，以确保电能表的读数就是电路有功电量值。图中电压表的量程一定要大于被测电压值。低压配电屏二次接线线路图中的电器元件明细见表 7-6。

4. 实训要求

1）安装时把电器元件排列、整齐合理，并牢固地安装在配电盘上。

2）板面母线导线必须垂直、整齐、合理，各接点必须紧密、可靠，并保持板面整洁。

3）安装完毕后，应仔细检查是否有误，如有应及时改正，然后向指导老师提出通电要求，经同意后才能带负载起动。

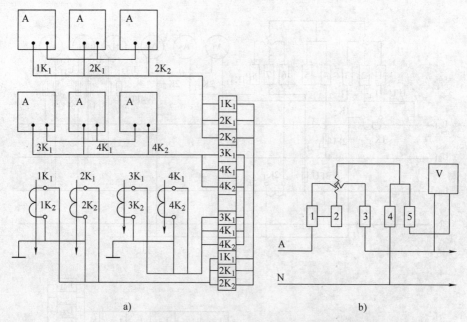

图 7-14　小型低压配电屏动力分屏和照明分屏的二次接线线路图

a）动力分屏二次接线图　b）照明分屏二次接线线路图

表 7-6　小型低压配电屏二次接线线路电器元件表

序　号	符　号	名　称	型　号	规　格	数量
1	kW·h	三相三线制有功电能表	DS15	3×380V/5A	1
2	V	交流电压表	ITI-V	500V	2
3	A	交流电流表	ITI-A	200/5	3
4	TA	电流互感器	QLG-0.5	200/5	2
5	TA1 ~ TA8	电流互感器	QLG-0.5	100/5	8
6	1FU ~ 3FU	熔断器	RL1-15	熔芯 5A	3
7	4FU ~ 6FU	熔断器	RLl-15	熔芯 15A	4
8	A	电流表	ITI-A	100/5	12
9	kW·h	单相有功电度表	DS8	220V/40A	1
10	PH	频率表	19D1-HZ	380V	1

7.3　机床电气控制柜的安装与调试

本节将主要介绍气控制柜的安装与调试，同时使读者弄清电气原理图与安装接线图的对应关系，并掌握配电盘和电气控制柜安装接线与调试的一般技术要求和基本技能。

7.3.1　安装与调试的一般要求

机床对电气线路的基本要求如下：

1）必须满足机床的工作要求。

2）控制线路的动作应准确，动作顺序和安装位置要合理。对电气控制线路既要求电器元件的动作正确，惯性滞后影响小，而且要求当导线和个别电器元件损坏时，不应破坏线路工作顺序。安装时，安装位置既要紧凑又要留有充分的余地。线路应能够迅速从一种控制形式转换到另一种控制形式，便于操作人员操作。

3）有一定的保护环节。为防止因电气控制发生故障时。导致人身伤害和设备损坏，线路各环节之间应具有必要的互锁及防止各种事故的完善的保护和预警信号。

4）成本要低。在保证电气线路安全、可靠工作的前提下，应尽量使控制线路简单，选用的电器元件要合理，容量要适当，尽可能减少电器元件的数量、型号，采用标准的电器元件；导线截面积选择要合理，不要过大；布线要经济合理。

5）检修方便。在安装电器元件和电气控制柜时，应保证检修时安全方便。

7.3.2　机床电气线路的安装步骤及要求

根据机床结构特点，操作要求以及电气线路的复杂程度决定机床电气线路的安装方式和方法，对一些控制线路简单，电器元件较少的机床，可利用机床床身作为电气控制柜。在控制线路复杂或对控制线路有一定要求时，需将控制线路安装在独立的电气控制柜内。

各种机床电气线路的特点和安装要求不尽相同，但基本工艺要求是一样的。下面将介绍电气线路安装的基本步骤及要求。

1. 安装准备工作

1）熟悉机床电气原理图、主要结构和运动形式。机床电气线路是电器元件按一定的控制关系连接而成的，这种控制关系反映在机床电气原理图上。为了能顺利地安装接线，检查调试以及故障排除，在安装调试前，应认真阅读机床电气原理图。必须了解以下几个面：①了解机床的主要结构和运动形式；②机床电气原理图由哪几个部分组成，各部分又有哪几个控制环节，它们之间的相互关系如何；③各电器元件之间是怎样的控制关系；④线路控制动作的顺序；⑤电气元件的种类及数量。

2）为了接线方便，避免安装时出现差错以及在线路投入运行后的日常维护和故障排除，必须按规定给机床电气原理图标注线号。标注时，应将主电路和控制电路分开，各自从电源端起始，各相线分开，顺序标注到负荷端，且做到每段导线均有线号。

3）检查电气元器件。在安装前对所有使用的电气设备和电器元件逐个进行检查，检查包括以下几个方面：①根据电器元件明细表，检查各电气设备和电器元件是否有短缺，核对它们的规格是否符合设计要求；②检查电器元件外观是否清洁完整，有无损伤；各接线端子及紧固件有无缺损、生锈等现象；③电器元件的触头是否光滑，接触面是否良好，有无熔焊粘连、变形、严重氧化锈蚀等现象，触头的分断闭合动作是否灵活，触头的开距、起程是否符合标准，接触压力弹簧是否有效；④检查延时作用的电器元件的功能，检查热继电器的热元件和触头的动作情况；⑤用绝缘电阻表检查电器元件和电气设备的绝缘电阻是否符合要求，用万用表检查一些电器元件和电气设备的线圈的通断情况；⑥检查各操作机构和复位机构是否灵活。

4）选择导线。根据电动机的额定功率、控制电路的电流容量、控制回路子回路数以及配线方式选配连接导线。

①　导线的类型：硬导线只能固定安装于不动部件之间，且导线的截面积应小于 0.5mm^2。若在有可能出现振动的场合或导线的截面积大于等于 0.5mm^2 时，必须采用软导线。

② 导线的绝缘：导线必须绝缘良好，并应具有抗化学腐蚀能力。在特殊条件下工作的导线，必须同时满足使用条件的要求。

③ 导线的截面积：在能承受正常条件下流过的最大稳定电流的同时，还应考虑到线路允许的电压降、导线的机械强度以及与熔断器的配合。

④ 导线的颜色：对复杂的电气电路，其主电路和控制回路应选择不同颜色的导线，对控制回路子回路数较多的场合，最好每一个控制子回路选配一种颜色的导线，以便安装、识别、检查及维修。

5）绘制接线图。根据电气原理图的控制顺序对电器元件进行布局，习惯上把电源开关、熔断器装在柜内上侧；以下装接触器、继电器和其他电器。热继电器安装在相应的接触器的下方，并作好与原理图上相同的字符标记。为便于接线和维修，控制柜所有的进出线都要通过接线板连接，接线板的节数和规格应根据进出线的数量及流过的电流进行选配组装，且根据连接导线的号码进行编号，接线板安装在柜内的最下面或侧面。

电器元件在电气控制柜中或配电扳上的布局要合理。其总的原则是：连接导线最短，导线交叉最少。

2. 准备好安装工具和检查仪表

安装用的主要工具有十字螺钉旋具和一字螺钉旋具、尖嘴钳、钢丝钳、剥线钳、电工刀、活扳手，手电钻等，在使用多股导线时，还需压接钳。常用的仪表主要有万用表、绝缘电阻表、电桥等。

3. 电气控制柜（箱或板）的安装

（1）安装电器元件

不同种类和型号的电器元件有不同的安装形式，一般来说，在选择电器元件时尽可能考虑相同的安装形式。虽然各电器元件的安装形式不尽相同，但其固定时应按产品说明书和电气接线图进行，做到安全可靠，排列整齐。此外，元件之间的距离要适当，既要节省板面，又要方便走线和检修，安装电器元件可按下列步骤进行：

1）底板选料。底板可选用2.5~5mm厚的钢板或5mm厚的层压板等。

2）底板裁剪。根据电器元件的数量和大小、安装允许的位置及安装图，确定板面尺寸大小。裁剪时，钢板要求用剪扳机裁剪，且四角要呈90°直角，四边必须去毛刺并倒角。裁剪好的底板要求板面平整，不得起翘或凸凹不平。

3）定位。根据电器产品说明书上的安装尺寸（或将电器元件摆放在确定好的位置）用划针确定安装孔的位置，再用样冲冲眼以固定钻孔中心。元件应排列整齐，以减少导线弯折，方便敷设导线，提高工作效率。若采用导轨安装电气元件，只需确定其导轨固定孔的中心点。对线槽配线，还要确定线槽安装孔的位置。

4）钻孔。确定电器元件等的安装位置后，在钻床上（或用手电钻）钻孔。钻孔时，应选择合适的钻头（钻头直径略大于固定螺栓的直径），并用钻头先对准中心样冲眼，进行试钻；试钻出来的浅坑应保持在中心位置，否则应予校正。

5）固定。用固定螺栓把电器元件按确定的位置，逐个固定在底板上。紧固螺栓时，应在螺栓上加装平垫圈和弹簧垫圈，不能用力过猛以免将电器元件的塑料底座压裂而损坏。对导轨式安装的电器元件，只需按要求把电器元件插入导轨即可。

在安装按钮时，应注意其相对位置及颜色。具体要求如下：①对应的"起动"和"停止"按钮应相邻安装。"停止"按钮必须在"起动"按钮的下边或左边。当两个"起动"按钮控制相反方向时,"停止"按钮可以装在中间。②"停止"按钮和急停按钮必须是红色的。当按下红色按钮时,必须使设备停止工作或断电。"起动"按钮的颜色是绿色。"起动"和"停止"交替动作的按钮必须是黑色、白色或灰色;点动按钮必须是黑色。复位按钮(如保护继电器的复位按钮)必须是蓝色。当复位按钮还有"停止"作用时,则必须是红色。③在自动和手动操作中,红色蘑菇头按钮用作急停。其他颜色的蘑菇头按钮,可用于"双手操作"的"循环开动"按钮,或用于备有机械保护装置"循环开动"按钮。在上述情况下,按钮不得为红色,应为黑色或灰色。

(2) 根据接线图接线

按图施工是电气控制柜安装的基本要求之一,接线时要严格按照接线图的要求,并结合原理图的编号及配线要求连接电器元件。连接的顺序原则上先接主电路,再接辅助电路;先柜内,后柜外。

1) 接线方法:所有导线的连接必须牢固,不得松动。在任何情况下,连接器件必须与连接的导线截面积和材料性质相适应。导线与端子的接线,一般一个端子只连接一根导线。有些端子不适合连接软导线时,可在导线端头上采用针形、叉形等冷压接线头。如果采用专门设计的端子,可以连接两根或多根导线,但导线的连接方式,必须是工艺上成熟的各种方式,如夹紧、压接、焊接、绕接等。这些连接工艺应严格按照工序要求进行。导线的接头除必须采用焊接方法外,所有导线应当采用冷压接线头。如果电气设备在正常运行期间承受很大振动,则不许采用焊接的接头。

2) 导线的标志:导线的颜色标志。保护导线(PE)采用黄绿双色;动力电路的中性线(N)和中间线(M)必须是浅蓝色;交流或直流动力电路应采用黑色;交流控制电路采用红色;直流控制电路采用蓝色;用作控制电路联锁的导线,如果是与外边控制电路连接,而且当电源开关断开仍带电时,应采用橘黄色或黄色;与保护导线连接的电路采用白色。导线线号的标志应与原理图和接线图相符合。在每一根连接导线的线头上必须套上标有线号的套管,位置应接近端子处。线号的编制方法如下:

① 对主电路,三相电源按相序自上而下编号为 L_1、L_2、L_3,经过电源开关后,在出线端子上按相序依次编号为 U_{11}、V_{11}、W_{11}。主电路中各支路的编号,应从上至下、从左至右,每经过一个电器元件的线桩后,编号要递增,如 U_{11}、V_{11}、W_{11},U_{12}、V_{12}、W_{12}等。单台三相交流电动机(或设备)的三根引出线按相序依次编号为 U、V、W(或用 U_1、V_1、W_1 表示),多台电动机引出线的编号,为了不引起误解和混淆,可在字母前冠以数字来区别,如 1U,1V,1W,2U,2V,2W。在不产生矛盾的情况下,字母后应尽可能避免采用双数字,如单台电动机的引出线采用 U、V、W 的线标志时,三相电源开关后的出线端编号可用 U_1、V_1、W_1。当电路编号与电动机线端标志相同时,应三相同时跳过一个编号来避免重复。

② 对控制电路与照明、指示电路,应从上至下、从左至右,逐行用数字依次编号,每经过一个电器元件的接线端子,编号要依次递增。编号的起始数字,除控制电路必须从阿拉伯数字 1 开始外,其他辅助电路依次递增 100 作起始数字,如照明电路编号从 101 开始;信号电路编号从 201 开始等。

③ 控制柜(箱或板)内部配线方法:一般采用能从正面修改配线的方法,如板前线槽配线或板前明线配线,较少采用板后配线的方法。采用线槽配线时,线槽装线不要超过容积

的 70%，以便安装和维修。线槽外部的配线，对装在可拆卸门上的电器接线必须采用互连端子板或连接器，它们必须牢固固定在框架、控制箱或门上。从外部控制、信号电路进入控制箱内的导线超过 10 根时，必须接到端子板或连接器件过渡，但动力电路和测量电路的导线可以直接接到电器的端子上。

4）控制柜（箱或板）外部配线方法：除了有适当保护的电缆外，全部配线必须一律装在导线通道内，使导线有适当的机械保护，以防止液体、铁屑和灰尘的侵入。导线通道应留有余量，允许以后增加导线。导线通道必须固定可靠，内部不得有锐边和远离设备的运动部件。导线采用钢管，壁厚应不小于 1mm，如用其他材料，壁厚必须有等效于壁厚为 1mm 钢管的强度。若用金属软管时，必须有适当的保护。当利用设备底座作导线通道时，无需再加预防措施，但必须能防止液体、铁屑和灰尘的侵入。移动部件或可调整部件上的导线必须用软线；运动的导线必须支承牢固，使得在接线点上不致产生机械拉力，又不出现急剧的弯曲。不同电路的导线可以穿在同一线管内，或处于同一个电缆之中，如果它们的工作电压不同，则所用导线的绝缘等级必须满足其中最高一级电压的要求。

为了便于修改和维修，凡安装在同一机械防护通道内的导线束，需要提供一定的备用导线，当同一管中相同截面积导线的根数在 3～10 根时，应有 1 根备用导线，以后每递增 1～10 根，增加 1 根。

5）接线的一般步骤；首先考虑好元器件之间连接线的走向、路径。需要注意的是，导线与导线之间不得交叉、重叠，同向导线应紧靠在一起并紧贴底板排列。选取导线时，应根据导线的走向和路径，度量连接点之间的长度，截取适当长度的导线，并将导线理直。根据导线应走的方向和路径，用尖嘴钳将每个转角都弯成 90°角，并与相应的边保持平行，沿底板排列的导线应紧贴底板。用电工刀或剥线钳剥去两端的绝缘层，套上与原理图相对应的号码套管。用尖嘴钳把剖去绝缘的导线线端弯成羊角圈（若用多芯软线时，须用压接端头经冷压钳压接），然后套入接线端子上的压紧螺钉并拧紧。在所有导线连接好后，进行整理。应做到横平竖直，导线之间相互平行，必要时用铝线卡将同一走向的导线固定在一起。

4. 电气控制柜安装事项

1）控制柜内外所有电器元件和导线的编号必须与电气原理图上的编号完全一致，因为安装和检修电器线路都要对照原理图进行。

2）安装接线时，为防止差错，主、辅电路要分别接线；控制电路应一个子回路一个子回路的连接。可安装一部分检查一部分，避免出现大的差错。

3）接线时，需注意各电路用线规格和颜色，不可搞错。

4）如采用线管配线，应在导线穿管时预留 1～2 根备用线。

5）安装时不可漏接接地线。

7.3.3　电气控制柜的安装配线

电气控制柜配线有柜内和柜外两种。柜外配线常用线管配线，柜内配线有明配线，暗配线和线槽配线等。

1. 线管配线

对不在电气控制柜内的所有导线都应穿管，管配线具有耐潮，耐腐、导线不易遭受机械损伤的特点，常用于承受一定压力的地方。

（1）铁管配线

1）根据使用场合、导线截面积、导线根数选择铁管类型及管径，所穿导线截面积应比管内径截面积小 40%。

2）尽量取最短距离敷设铁管，并且管路应尽可能少转角或弯曲（一般不多于三个），管路引出地面时，离地面高度不得小于 0.2m。

3）铁管弯曲时，弯曲半径不小于管径的 4~6 倍，且弯曲后不可有裂缝和凹陷现象，管口不能有毛刺。

4）线管敷设前，应先清除管内杂物和水分，管口塞上木塞；对明敷的铁管应采用管卡支持，并使管路做到横平竖直。

5）不同电压、不同回路的导线不得穿在一根管内，除直流回路导线和接地外，铁管内不允许穿单根导线。

6）铁管内导线不准有接头，也不能穿入绝缘破损后经包缠绝缘的导线。

7）穿管导线的绝缘强度应不低于 500V。铜芯线导线最小截面积为 $1.5mm^2$，铝芯线导线最小截面积为 $2.5mm^2$。

8）管路穿线时，选用直径 1.2mm 的钢丝做引线。当线管较短且弯头较少时，可把钢丝引线由管子一端送向另一端，这时一人送线一人拉线。若管路较长或弯头较多时，在引线端弯成小钩，从管子的两端同时穿入引线。当钢丝引线在管中相遇时，转动引线使其钩在一起。然后从一端把引线拉出，即可将导线牵引入管。注意穿线时需在管口加护圈并保证容管导线的长度大于所穿管路的总长度。

9）铁管应可靠地保护接零或接地。

（2）金属软管配线

在机床本身各电器或设备之间的连接常采用金属软管配线，在使用金属软管配线时，应根据穿管导线的总截面积选择金属软管的规格。对有脱节、凹陷的金属软管不能使用。金属软管两头应有接头连接，中间部分用管卡固定。对移动的金属软管应采用合适的固定方式且有足够的余量。

2. 柜内的配线

根据电气线路的特点、设备要求选择合理的电气控制柜内配线方式，下面介绍几种常见的配线方式。

（1）明配线

明配线又称板前配线，其特点是导线走向清楚，检查故障方便，但工艺要求高，配线速度较慢，适用于电路比较简单，电器元件较少的设备。采用明配线时应注意以下几个方面：

1）明配线一般选用 BV 型的单股塑料硬线作连接导线。

2）线路应整齐美观，要做到横平竖直，转弯处应为直角；成排成束的导线用线束固定；导线的敷设不影响电气元件的拆卸。

3）导线与接线端子应保证可靠的电气连接，线端应弯成羊角圈；对不同截面积的导线在同一接线端子连接时，大截面积在下，小截面积在上，且每个接线端子原则上不超过两根导线。

4）导线应尽可能不重叠、不交叉。

（2）暗配线

暗配线又称板后配线，其特点是板面整齐美观，配线速度较快，但检查电气线路故障时较困难。暗配线应注意下面几点：

1）电器元件的安装孔、导线穿线孔的位置要准确，孔径要合适。

2）板前与电器元件的连接线要接触可靠，穿板的导线应与板面垂直。

3）配电盘固定时，应使安装电器元件的一面朝向控制柜的门，以便检查维修，且板与安装面要留有一定的间隙。

（3）线槽配线

它综合了明配线和暗配线安装的优点，不仅安装施工迅速简便，而且外观整齐美观，检查维修及改装方便，是目前使用较为广泛的一种配线形式，特别适用于电气线路复杂、电器元件多的电气设备安装。一般使用塑料多股软导线作为其连接导线。

（4）配线的基本要求

1）配线前应认真阅读电气原理图、安装接线图，然后根据要求考虑导线的走向。

2）根据负荷大小和回路不同及配线方式选择导线的规格和型号（包括颜色）。

3）先配主电路后配控制电路。

4）电气控制柜内配线应整齐美观、横平竖直，转角处应成90°直角，成排成束的导线应用钢筋扎头固定；控制柜与外部连接的导线在柜内的导线端应穿塑料管或用线绳，布带、塑料带绑扎。敷设导线时，尽量减少交叉或架空线。

5）导线敷设不能妨碍电器元件的拆换。

6）导线端部应采用套管标上线号，常用的套管有异形塑料管、白色塑料管及号码管。

7）导线与接线端子连接时，线头应弯成羊角圈（多股线的线头弯成羊角圈后应搪锡），羊角圈的弯曲方向应与压紧螺钉的旋紧方向一致。

8）配线完毕后，应根据图样检查接线是否正确，确认无误后，紧固所有紧压件。

3. 其他配线附件（见表7-7）

表7-7　配线附件

序号	名称	示意图	使用说明
1	塑料夹		适用于直径为 12mm、16mm、20mm、25mm 的线束固定
2	缠绕带		适用于直径为 5mm、10mm、15mm、22mm、25mm 的线束保护
3	固定座		适用于直径为 10mm、15mm、20mm 的线束固定
4	波纹管		直径为 10mm、13mm、16mm、23mm、29mm、36mm，对相应的导线或线束保护

（续）

序号	名　称	示意图	使用说明
5	自粘吸盘	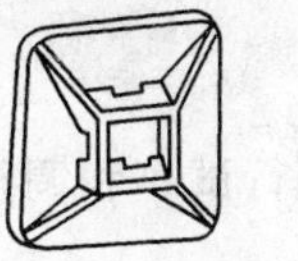	规格为 15mm × 20mm、20mm × 20mm、30mm × 30mm、38mm × 38mm，有强力胶可贴于设备内，与捆扎带配合使用固定导线线束
6	单螺栓固定夹		适用于直径为 5mm、8mm、10mm、16mm、20mm、24mm、30mm 的线束固定
7	护线齿条		适用于板厚为 1mm、2mm、3mm 的屏板开孔的导线线束保护
8	热缩管		内径为 1.2mm、1.6mm、2.2mm、3.2mm、4.8mm、9.6mm、12mm、35mm、40mm、50mm、60mm、70mm。套入导线后加热而收缩，起保护与标志作用，收缩率为 50% 左右
9	齿形垫圈	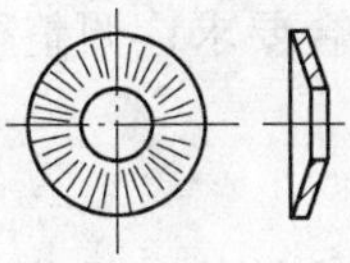	M3 ~ M12，用于刺破喷涂层达到接地连续性要求

7.3.4　电气控制柜的调试

机床电气线路全部安装完毕后，必须经过认真细致的检查、试车与调整，方可正式投入生产使用。

1. 调试前的准备工作

1）调试前必须熟悉电气设备与电气系统的性能，掌握调试的方法和步骤。

2）清理电气控制柜内及周围的环境。

3）做好调试前的检查工作，检查的主要内容如下：

① 对照原理图、接线图，检查各电器元件安装位置是否正确，外观是否整洁、美观；柜内接线是否正确，连接线截面积选择是否合适，且连接可靠；检查线号、端子号有无错误；所有电器元件的触头接触是否良好；电动机有无卡壳现象；各种操作机构、复位机构是否灵活、可靠；保护电器的整定值是否符合要求；指示和信号装置能否按要求正确发出信号。

② 进行绝缘检查。用 500V 绝缘电阻表检查导线的绝缘电阻，应不小于 7MΩ；检查电动机的绝缘电阻，应不小于 0.5MΩ。

③ 检查电器动作是否符合电气原理图的要求；有互锁装置电路时，试验互锁装置是否满足原理图的要求；有夹紧、升降装置时，要进行夹紧、升降试验，试验时要与装配和操作

人员一起配合，防止损坏夹紧、升降机构或电动机。

④　检查各开关按钮、行程开关等电器元件，应处于原始位置；调速装置的手柄应处于最低速位置。

2. 电气控制柜的调试

在进行上述准备工作且确认无误后，可进行试车和调整工作。

（1）空操作试车

断开主电路，接通电源开关，使控制电路空操作，检查控制电路的工作情况。如操作各按钮，检查其对接触器、继电器的控制作用以及自锁、互锁功能是否符合要求，特别要验证急停器件的动作是否正确；如有行程开关，可用带绝缘手柄的工具操作行程开关，检查其控制作用；如有时间继电器，应检查并调整其延迟时间，使其符合机床要求。此外，还要观察电器有无异常现象，若有异常情况，必须立即切断电源查明原因。

（2）空载试车

在空操作试车基础上，接通主电路，即可进行空载试车。在空载试车时，应先点动检查各电动机的转向是否正确，转速是否符合要求；调整好热继电器等保护电器的整定值；检查各指示信号及照明灯是否完好。

（3）带负荷试车

通过以上试车后，机床可进行带负荷试车，以便在正常负荷下连续运行，验证电气设备所有部分运行的正确性，特别要验证电源中断和恢复时是否会危及人身安全、损坏设备。此时应观察各机械机构、电器元件的动作是否符合要求；调整行程开关的位置及挡块的位置；对控制电器的整定数值作进一步调整。

（4）试车注意事项

1）调试人员在进行试车时，必须熟悉机床结构、操作规程及机床电气系统的工作要求。

2）通电时，应先接通主电源。切断时与操作顺序相反。

3）通电后，要注意观察，随时作好停车准备，防止意外事件发生。若有异常现象，如电动机反转或起动困难，异常噪声、线圈过热、保护装置动作，冒烟等，应立即停车，查明原因，不得随意增大整定数值强行送电。

7.3.5　常见故障的排除方法

在现代化生产过程中，保证生产设备的正常工作是提高企业经济效益的保障。作为工程技术人员，当电气设备出现故障后，如何能熟练、准确、迅速、安全地找出原因加以排除，显得尤为重要。下面介绍故障的基本分析方法和排除方法。

1. 机床电气故障的种类

机床在运行中可能会受到不利因素的影响，如电器动作时的机械振动、因过电流使电器元件绝缘老化、电弧烧灼、自然磨损、环境温度和湿度的影响、有害气体的侵蚀，元器件的质量及自然寿命等原因，使电气线路不可避免地出现各种各样的故障。

机床电器故障可分为两大类：一类是有明显的外部特征且容易发现的故障，如电动机和电器元件的过热、冒烟、打火和发出焦煳味等；另一类是没有外表特征且较隐蔽的故障，这种故障大多出现在控制电路，如机械动作失灵，触头接触不良、接线松脱以及个别零件损坏等。

电气线路越复杂，出现故障的概率越大。在遇到较隐蔽且查找比较困难的故障时，常需要借助一些仪表和工具。另外，许多机床常常是机械，液压等的联合控制，因此要求维修人员不仅要熟悉、掌握一定的电气知识，还需要掌握机械、液压等方面的知识。

2. 故障的排除方法

（1）故障调查

机床一旦发生故障，维修人员应及时到现场调查研究，以便查找故障。具体步骤如下：

1）向该机床操作者了解故障现象、发生的前后情况以及发生的次数。如是否有冒烟、打火、异常声音和气味，是否有操作不当和控制失常等。

2）查看电气设备，如观察熔断器的熔体是否熔断，有无电器元件烧毁、绝缘有无烧焦、线路有无断线、螺钉是否松动等。

3）听一听各电器元件在运行时有无异常声音，如打火声、电动机的"嗡嗡"声等。

4）用手触摸电器元件和设备，检查有无过热和振动等异常现象。如温度上升很快，应切断电源并及时用手摸电动机、变压器和电磁线圈等一些电器元件，即可发现过热元件。

（2）确定故障范围

根据故障调查结果，分析电气原理图，缩小检查范围，从而确定故障所在部位。然后，再进一步检查，就能发现故障点。如照明或信号灯不亮，可能容易判断故障所在的电路，然后在不通电情况下用仪表（如万用表的欧姆档）检查其所在线路，就能迅速找到故障点。若机床的主轴不转，按起动按钮，观察控制主轴电动机的接触器是否吸合，若吸合而电动机不转，说明故障在主电路；若不吸合则说明故障在控制电路，在此判断的基础上，再作进一步检查，就可找到故障所在位置。

（3）查找故障点

对一些有外表特征的故障，通过外表检查，就能容易发现故障点。但那些没有明显外表特征的故障。常常需作进一步的查找，方能找出故障点。

借助电工仪表和工具，这是查找电气故障非常有效的方法。如用万用表的欧姆档（应断电）测量电气元件有无短路、断路；用万用表的电压档测量线路的电压是否正常；用钳形电流表检查电动机的起动电流大小；用验电笔检查是否有电等。

由于机床有液压、机械等传动装置，所以在检查、判断故障时，应注意检查液压、机械等方面的故障。

以上所介绍的是查找、排除机床电气线路故障的一般方法，实际中应根据故障情况灵活运用，并通过具体实践，不断总结积累经验。

7.4　典型机床电气控制柜的安装与调试

为了帮助大家进一步熟悉、掌握电气控制柜的安装与调试方法，本节结合典型机床电气线路加以叙述。

1. 主要结构及对电气线路的要求

（1）主要结构

C620-1 型车床主要是由车身、主轴变速箱、进给箱、溜板箱、溜板与刀架等几部分组成。机床的主传动是主轴的旋转运动，且由主轴电动机通过带传动传到主轴变速箱再旋转的，机床的其他进给运动是由主轴传动的。

（2）对电气线路的要求

机床共有两台电动机，一台是主轴电动机，带动主轴旋转；另一台是冷却泵电动机，为车削工件时输送冷却液。机床要求两台电动机只能单向运动，且采用全压直接起动。

2. 电气线路的安装

（1）熟悉电气原理图

C620-1 型车床电气线路是由主电路、控制电路、照明电路等部分组成，如图 7-15 所示。

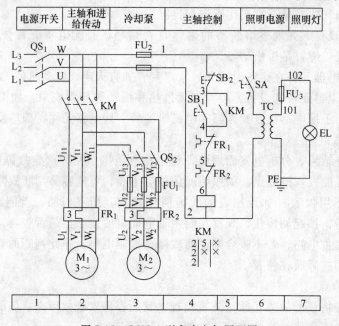

图 7-15　C620-1 型车床电气原理图

1）主电路。电动机电源采用 380V 的交流电源，由电源开关 QS_1 引入。主轴电动机 M_1 的起停由 KM 的主触头控制，主轴通过摩擦离合器实现正反转；主轴电动机起动后，才能起动冷却泵电动机 M_2。是否需要冷却，由转换开关 QS_2 控制。熔断器 FU_1 为电动机 M_2 提供短路保护。热继电器 FR_1 和 FR_2 为电动机 M_1 和 M_2 的过载保护，它们的常闭触头串联后接在控制电路中。

2）控制电路。主轴电动机的控制过程：合上电源开关 QS_1，按下起动按钮 SB_1，接触器 KM 线圈通电使铁心吸合，电动机 M_1 由 KM 的三个主触头吸合而通电起动运转，同时并联在 SB_1 两端的 KM 辅助触头（3-4）吸合，实现自锁；按下停止按钮 SB_2，M_1 停转。

冷却泵电动机的控制过程为：当主轴电动机 M_1 起动后（KM 主触头闭合），合上 QS_2 电动机 M_2 得电起动；若要关掉冷却泵，断开 QS_2 即可；当 M_1 停转后，M_2 也停转。只要电动机 M_1 和 M_2 中任何一台过载，其相对应的热继电器的常闭触头断开，从而使控制电路失电，接触器 KM 释放，所有电动机停转。FU_2 为控制电路的短路保护。另外，控制电路还具有失压保护，因为当电源电压低于接触器 KM 线圈额定电压的 85% 时，KM 会自行释放。

3）照明电路。照明由变压器 TC 将交流 380V 转换为 36V 的安全电压供电，FU_3 为短路保护。合上开关 SA，照明灯 EL 亮。照明电路必须接地，以确保人身安全。

4）电器元件明细表。表 7-8 列出了 C620-1 型车床的电器元件。

表 7-8　C620-1 型车床的电器元件

代　号	元 件 名 称	型　号	规　格	件　数
M_1	主轴电动机	J52-4	7kW　1400r/min	1
M_2	冷却泵电动机	JCB-22	0.125kW　2790r/min	1
KM	交流接触器	CJ0-20	380V	1
FR_1	热继电器	JR16-20/3D	14.5A	1
FR_2	热继电器	JR2-1	0.43A	1
QS_1	三相转换开关	HZ2-10/3	380V10A	1
QS_2	三相转换开关	HZ2-10/2	380V10A	1
FU_1	熔断器	RM3-25	4A	3
FU_2	熔断器	RM3-25	4A	2
FU_3	熔断器	EM3-25	1A	1
SB_1、SB_2	控制按钮	LA4-22K	5A	1
TC	照明变压器	BK-50	380V/36V	1
EL	照明灯	JC6-1	40W/36V	1

（2）绘制电气安装接线图

根据前面的介绍，先确定电气元件的安装位置，然后绘制电气安装接线图，图 7-16 给出了 C620-1 型车床安装接线图。

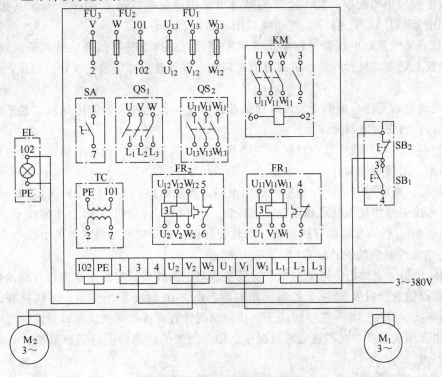

图 7-16　C620-1 型车床接线图

（3）检查和调整电器元件

根据表 7-8 列出的 C620-1 型车床电器元件，配齐电气设备和电器元件，并结合上节所述，逐件对其检验。检验步骤如下：

1）核对各电器元件的型号、规格及数量。

2）用电桥或万用表检查电动机 M_1、M_2 各相绕组的电阻；用绝缘电阻表测量其绝缘电阻，并做好记录。

3）用万用表测量接触器 KM 的线圈电阻，记录其电阻数值；检查 KM 外观是否清洁完整、有无损伤，检查各触头的分合情况是否正常，接线端子及紧固件有无短缺、生锈等。

4）检查电源开关 QS_1、QS_2 的断合及操作的灵活程度。

5）检查熔断器 FU_1、FU_2 的外观是否完整，陶瓷底座有无破裂。

6）检查按钮的常开、常闭触头的分合动作。

7）用万用表检查热继电器 FR_1、FR_2 常闭触点是否接通，并分别将热继电器 FR_1、FR_2 的整定电流调整到 14.5A 和 0.43A。

（4）电气控制柜的安装配线

1）制作安装底板。由于 C620-1 型车床线路简单，电气元件数量较少，所以它是利用机床机身的柜架作为电气控制柜。除电动机、按钮和照明灯外，其他电器元件安装在配电盘上。配电盘可采用钢板或其他绝缘板，如选 4mm 厚的钢板。为了美观和加强绝缘，可在铁板覆盖一层玻璃布层压板或布胶木层，也可在铁板上喷漆。

2）选配导线。由于生产厂家不同，所以 C620-1 型车床电气控制柜的配线方式也有不同，但大多数采用明配线。其主电路的导线可采用单股塑料铜芯 $\phi BV2.5mm^2$（黑）、控制电路采用中 $\phi BV1.5mm^2$（红）、按钮线采用 $\phi BV0.75mm^2$（红）。

3）划安装线及弯电线管。在熟悉电气原理后，根据安装接线图，按照安装操作规程，在安装底板上划安装尺寸线以及电线管的走向线，并测量尺寸锯割电线管，根据走线方向弯管。

4）安装电器元件。根据安装尺寸线钻孔，固定电器元件。若使用导轨安装形式，则应先安装导轨，再安放电器元件。

5）给各元件和导线编号。根据图 7-15 所示的电气原理图，给各电器元件和连接导线作好编号标志，给接线板编号。

6）接线。接线时，先接控制柜内的主电路、控制电路，需外接的导线接到接线端子排上，然后再接柜外的其他电器和设备，如按钮 SB_1 和 SB_2、照明灯 EL、主轴电动机 M_1、冷却泵电动机 M_2。引入车床的导线要用金属软管加以保护，接线的要求参见上节中介绍。

（5）电气控制柜的安装检查

安装完毕后，测试绝缘电阻并根据安装要求对电器线路，安装质量进行全面的检查。

1）常规检查。对照图 7-15 的电气原理图、图 7-16 的安装接线图，逐线检查，核对线号，防止错接、漏接；检查各接线端子的接触情况，若有虚接现象应及时排除。

2）用万用表检查。在不通电的情况下，用万用表的欧姆档进行通断检查，具体方法如下：

① 检查控制电路。断开主电路接在 QS_1 上的三根电源线 U、V，W，切断 SA，把万用表拨到 R×100 档，调零以后，将两测试棒分别接到熔断器 FU_2 两端，此时电阻应为零，否

则有断路问题。将两测试棒再分别接到 1-2 端，此时电阻应为无穷大，否则接线可能有误（如 SB_1 应接常开触头，而错接成常闭触头）或按钮 SB_1 的常开触头粘连而闭合；按下 SB_1，此时若测得有电阻值（为 KM 线圈电阻），说明 1-2 支路接线正确；按下接触器触头架，其常开触头（3-4）闭合，此时万用表测得的电阻仍为 KM 的线圈电阻，此表明 KM 自锁起作用，否则 KM 的常开触头（3-4）可能有虚接或漏接等问题。

②　检查主电路。接上主电路上的三根电源线 U、V、W，断开控制回路（取出 FU2 的熔芯），取下接触器 KM 的灭弧罩，合上开关 QS_1，将万用表拨到适当的电阻档。把万用表的两测试棒分别接到 L_1-L_2、L_2-L_3、L_3-L_4 之间，此时测得的电阻应为 ∞，若某次为零，则说明所测两相接线有短路。用手按下接触器 KM 的触头架，使 KM 的常开触头闭合，重复上述测量，此时测得的电阻应为电动机 M_1 两相绕组的阻值，且三次测得的结果应基本一致，若有为零、∞ 或不一致的情况，则应进一步检查。

将万用表的两表笔分别接到 U_{11}—V_{11}、V_{11}—W_{11}、W_{11}—U_{11} 之间，未合上 QS_2 时，测得的电阻为 ∞，否则可能有短路问题；合上 QS_2 后测得的电阻应为电动机 M_2 两绕组的电阻值，若为零、∞ 或不一致，则应进一步检查。

在上述检查时发现问题，应结合测量结果，通过分析电气原理图，再作进一步检查，排除的方法可参考后面有关 C620-1 型车床线路常见故障及处理的内容。

（6）电气控制柜的调试

经过上面检查无误后，可进行通电试车。

1）空操作试车。断开图 7-15 中主电路接在 QS_1 上的三根电源线 L_1、L_2、L_3，合上电源开关 QS_1 使控制电路得电。按下起动按钮 SB_1，KM 应吸合并自锁，按下 SB_2，KM 应断电释放。合上开关 SA，机床照明灯应亮，断开 SA，照明灯则灭。

2）空载试车。空操作试车通过后，断电接上队 U、V、W，然后送电，合上 QS_1，按下 SB_1，观察主轴电动机 M_1 的转向、转速是否正确，再合上 QS_2 吸，观察冷却泵电动机 M_2 的转向、转速是否正确。空载试车时，应先拆下联接主轴电动机和主轴变速箱的皮带，以免转向不正确，损坏传动机构。

3）带负荷试车。在机床电气线路及所有机械部件安装调试后，按照 C620-1 型车床的性能指标，进行逐项试车。

3. 常见故障及处理

（1）主轴电动机不能起动

1）故障现象。主轴电动机不能起动的故障现象主要有：①按下起动按钮 SB_1 不能起动。②电动机在运行中突然停止，随后不能再起动。⑧按起动按钮 SB_1，熔断器中的熔丝烧断。④按起动按钮 SB_1，电动机不转且发出"嗡嗡"声。⑤按停止按钮 SB_2，电动机停止运行，但再按 SB_1 不能起动。

2）检查与分析。根据前面介绍，并结合该机床电气线路的分析，进行检查与分析。

①　首先应用万用表的欧姆档检查主电路的电源开关 QS_1 和 FU_2，如 FU_2 的熔丝熔断，应查明原因后再更换熔丝；如熔丝未断，检查 FR_1 和 FR_2 是否动作过，若动作过，应查明原因。导致其动作的主要原因有：规格选择不当、机械部分被卡住、脱扣、整定电流调整偏小。

②　若 FR_1 和 FR_2 没有动作过，应检查 KM 的线圈引线是否松动，主触头接触是否良

好。

③　通过上述检查未发现问题，断开 U、V、W 引线，合上 QS_1 使控制回路通电，按下 SB_1 如 KM 不动作，说明故障在控制回路，此时通过检查 SB_2 的常闭触头、SB_1 的常开触头的接触是否良好以及 KM 的引线是否松动，即可查明故障所在。

④　如控制电路正常，电动机仍不能起动，说明故障发生在主电路。主电路的故障主要有 KM 触头接触不良、电源电压不正常、电动机损坏等。

（2）主轴电动机不能停车

1）故障的主要现象。按起动按钮 SB_1，主轴电动机起动后，按下停止按钮 SB_2 主轴电动机不能停车。

2）故障处理方法。造成此故障的主要原因是 KM 的主触头熔焊或 KM 不能释放。对于前者的处理方法是，切断 QS_1，更换主触头；引起后者的原因有接触器机械卡死、铁心剩磁过大或动铁心与静铁心的接触面有油污，只要对症处理即可。另外，若 KM 的常开触头（3-4）接错（接成 1-4）也会导致主轴电动机不能停车。

（3）主轴电动机能起动但不能自锁

1）故障现象。按下起动按钮 SB_1，主轴电动机起动，但松开后主轴电动机停止。

2）检查与分析。导致此故障的主要原因是 KM 的自锁触头（3-4）接触不良或接线松脱，应检修 KM 的常开辅助触头及连接导线。

第8章 三相异步电动机的拆装与检修

电动机是利用电磁感应原理将电能转换为机械能并拖动生产机械工作的动力机。电动机按使用的电源相数不同分为三相电动机和单相电动机。在三相电动机中，笼型电动机结构简单，价格低廉、运行可靠，使用极为广泛。在笼型电动机中，中小型电动机占使用总量的70%以上，本章将讨论中小型三相笼型异步电动机的结构、拆装与维修。

8.1 三相笼型异步电动机的结构与铭牌

8.1.1 笼型异步电动机的结构

笼型异步电动机主要由定子和转子两个基本部分组成。其结构如图8-1所示，定子和转子之间留有很小的空气间隙。

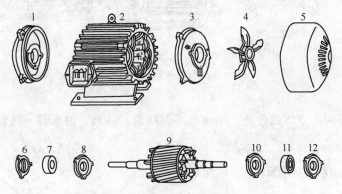

图8-1 三相异步电动机的结构

1—前端盖 2—定子 3—后端盖 4—外风扇 5—风扇罩

6—前轴承外盖 7—前轴承 8—前轴承内盖 9—转子

10—后轴承内盖 11—后轴承 12—后轴承外盖

1. 定子

定子由定子铁心、定子绕组和机座三部分组成，其作用是通入三相交流电源时产生旋转磁场。

定子铁心组成电动机磁路的一部分，通常由0.35~0.50mm厚的硅钢片叠压而成，为减小磁滞和涡流损失，硅钢片表面有绝缘漆或氧化膜。在硅钢片内圆冲有均匀分布的槽口，以便在叠压成铁心后嵌放线圈。整个铁心被固定在铸铁机座内，如图8-2所示。

定子绕组组成电动机的电路部分。它是由若干

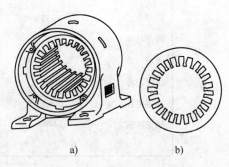

a)   b)

图8-2 定子铁心与硅钢片

a) 定子铁心 b) 硅钢片

线圈组成的三相绕组，在定子圆周上均匀分布，按一定的空间角度嵌放在定子铁心槽内，每相绕组有两个引出线端，一个叫首端，另一个叫尾端。三相绕组共有六个引出端，其中三个首端分别用 U_1、V_1、W_1 表示，三个尾端分别用 U_2、V_2、W_2 表示。

机座主要用于容纳保护定子铁心和绕组并固定端盖，中小型电动机的机座由铸铁制成。其上铸有加强散热功能的散热筋片。

2. 转子

转子的作用是通过磁通，并在定子旋转磁场作用下产生电磁转矩，沿着旋转磁场方向转动，并输出动力带动生产机械运转。转子由转子铁心、转子绕组（笼型绕组）和转轴三部分组成。

转子铁心由外圆冲有均匀槽口、互相绝缘的硅钢片叠压而成，铁心槽内有铝质或铜质的笼型转子绕组，两端有端环，如图 8-3 所示。整个转子套在转轴上形成紧配合，被支承在端盖中央的轴承中，这样由定子铁心、转子铁心和两者之间的空气间隙构成了电动机的完整磁路。

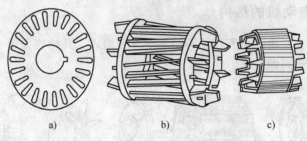

a)　　　　　b)　　　　　c)

图 8-3　笼型转子

3. 其他附件

除定子、转子两个主体部分外，电动机还有端盖、轴承、轴承盖、风扇叶和接线盒等附件。

8.1.2　笼型电动机的铭牌

任何新出厂的电动机，在机座上都装有一块铝质或铜质的标牌，叫铭牌。它简要地标明了该电动机的类型、主要性能、技术指标和使用条件。为用户使用和维修这台电动机提供了重要依据。这里综合了电动机有关铭牌内容，下面列出了铭牌的内容。

三相异步电动机			
型号	Y112M-4	额定频率	50Hz
额定功率	4kW	绝缘等级	E 级
接法	△	温升	60℃
额定电压	380V	定额	连续
额定电流	8.6A	功率因数	0.85
额定转速	1440r/min	重量	59kg
××电机厂			

1. 型号

型号表示电动机的品种、规格，由字母和数字组成，其含义如下。

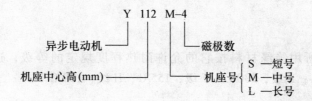

2. 额定功率

电动机按铭牌所给条件运行时，轴端所能输出的机械功率，单位为千瓦（kW）。

3. 额定电压

电动机在额定运行状态下加在定子绕组上的线电压，单位为伏（V）。

4. 额定电流

电动机在额定电压和额定频率下运行，输出功率达额定值时，电网注入定子绕组的线电流，单位为安（A）。

5. 额定频率

指电动机所用电源的频率。铭牌注明 50Hz，表明该电动机只能在 50Hz 电源上使用。

6. 额定转速

指电动机转子输出额定功率时每分钟的转数。通常额定转速比同步转速（旋转磁场转速）低 2% ~ 6%。其中同步转速、电源频率和电动机磁极对数的关系为

$$同步转速 = 60 × 频率／磁极对数$$

7. 联结

指电动机三相绕组六个线端的连接方法。将三相绕组首端 U_1、V_1、W_1 接电源、尾端 U_2、V_2、W_2 连接在一起，称为星形（Y）联结，如图 8-4a 所示。若将 U_1 接 W_2、V_1 接 U_2、W_1 接 V_2，再将这三个交点接在三相电源上，称为三角形（△）联结，如图 8-4b 所示。

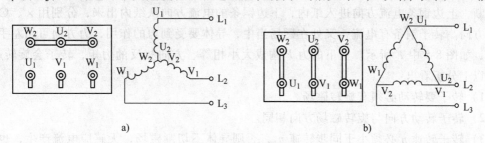

图 8-4　三相绕组联结

a）Y联结　b）△联结

8. 定额

电动机定额分连续、短时和断续三种。连续是指电动机连续不断地输出额定功率而温升不超过铭牌允许值。短时表示电动机不能连续使用，只能在规定的较短时间内输出额定功率。断续表示电动机只能短时输出额定功率、但可多次断续重复起动和运行。

9. 温升

电动机运行中，部分电能转换成热能，使电动机温度升高，经过一定时间，电能转换的热能与机身散发的热能平衡，机身温度达到稳定。在稳定状态下，电动机温度与环境温度之差，叫电动机温升。而环境温度规定为 40℃。如果温升为 60℃，表明电动机温度不能超过

100℃。

10. 绝缘等级

指电动机绕组所用绝缘材料按它的允许耐热程度规定的等级，这些级别有：A 级，105℃；E 级，120℃；B 级，130℃；F 级，155℃；H 级，180℃。

11. 功率因数

指电动机从电网所吸收的有功功率与视在功率的比值。视在功率一定时，功率因数越高，有功功率越大，电动机对电能的利用率也越高。

8.1.3　三相异步电动机工作原理

三相绕组接通三相电源产生的磁场在空间旋转，称为旋转磁场，其转速 n_1 的大小由电动机极数 $2p$ 和电源频率 f 决定，即

$n_1 = \dfrac{120f}{2p}$。这种旋转磁场肉眼看不到，如果在定子铁心内放一个空易拉罐，罐的两端用尖端支上，则易拉罐就会旋转。为了说明电动机的工作原理，我们模拟两个磁场（N、S 极）在旋转，转子用铜条做成笼型的，如图 8-5 所示。

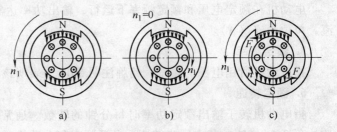

图 8-5　三相异步电动机工作原理

如图 8-5a 所示，定子两极按逆时针方向旋转，转子静止，也可以看成定子静止（$n_1 = 0$），转子按顺时针方向旋转（定、转子间相对运动），由于转子铜条（或铝条）切割磁场，铜条内有感应电动势，由于铜条是闭合回路，所以有感应电流产生，它的方向可以用右手定则判断，上边铜条电流方向进入纸内，下边铜条的电流方向从纸内出来，分别用 ×、⊙ 表示电流方向。转子铜条有电流，又处在磁场当中，导体要受到力的作用，力方向可用左手定则判出，如图 8-5 中 F 所示。上下的力 F 构成大小相等、方向相反的力矩，转子会旋转起来。通过以上分析看出：

1）转子要转动必须有旋转磁场。

2）转子转动方向与旋转磁场方向相同。

3）转子转速 n 必须小于同步转速 n_1，否则导体不切割磁场，无感应电流产生，也就无转矩，电动机要停下来。

4）$n_1 - n = \Delta n$ 是转差，通常用百分数表示，即 $\dfrac{n_1 - n}{n_1} \times 100\% = s$，$s$ 叫转差率，一般为 0.02~0.06，所以电动机转速 $n = n_1 (1 - s)$。

8.2　三相异步电动机的拆卸与组装

1. 三相异步电动机的拆卸

（1）拆卸前的准备工作

拆卸电动机的专用工具有拉具、油盘、活扳手、锤子、螺钉旋具、纯铜棒、钢铜套、毛

刷、砧木等。

（2）做好记录和标记

在线头、端盖、刷握等处做好标记；对于绕线转子异步电动机，记录好联轴器与端盖之间的距离及电刷装置把手的行程。

（3）拆卸前的检查

1）外观检查。观察机座、端盖、风扇等零部件是否有裂纹、损伤；检查转轴是否弯曲；转子可否灵活转动；轴承是否松动或卡死。

2）测量绝缘电阻。用绝缘电阻表测量各相对地、各相绕组间的绝缘电阻，其值应大于 $0.5M\Omega$，否则说明绕组已受潮。

3）测量绕组直流电阻。用电桥或万用表进行测量，三相电阻差别应不大于平均值的 2%，否则说明某相存在短路。

2．三相异步电动机的拆卸步骤

1）切断电源，拆下电动机与电源的连接线，并将电源连接线线头作好绝缘处理。

2）脱开带轮或联轴器与负载的连接，松开地脚螺栓及接地线螺栓。

3）拆卸带轮或联轴器。

4）拆卸风罩风扇。

5）拆卸轴承盖和端盖。

6）抽出或吊出转子。

3．主要零部件的拆卸方法

（1）联轴器或带轮的拆卸

首先要在联轴器或带轮的轴伸端做好尺寸标记，再将联轴器或带轮上的定位螺钉或销子取出，装上拉具，用如图 8-6 所示的方法将联轴器或带轮卸下。如果由于锈蚀而难以拉动，可在定位孔内注入煤油，几小时后再拉。若还是拉不出，可用局部加热的办法，用喷灯等在带轮轴套四周加热，使其膨胀就可拉出。但

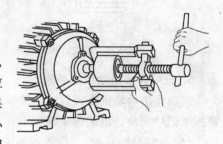

图 8-6　用拉具拆卸带轮

加热温度不能太高，以防变形。在拆卸过程中，不能用锤子或坚硬的东西直接敲击联轴器或带轮，防止碎裂和变形，必要时应垫上木板或用纯铜棒。

（2）拆卸风罩和风扇

拆卸风罩螺钉后，即可取下风罩，然后松开风扇的锁紧螺钉或定位销子，用木槌或纯铜棒在风扇四周均匀地轻轻敲击，风扇就可以松脱下来。风扇一般用铝或塑料制成，比较脆弱，因此在拆卸时忌用锤子直接敲打。

（3）轴承盖和端盖的拆卸

把轴承外盖的螺栓卸下，拆开轴承外盖。为了便于装配时复位，应在端盖与机座接缝处做好标记，松开端盖紧固螺栓，然后用铜棒或用锤子垫上木板均匀敲打端盖四周，使端盖松动取下，再松开另一端的端盖螺栓，用木槌或纯铜棒轻轻敲打轴伸端，就可以把转子和后端盖一起取下。注意往外抽转子时不要触碰定子绕组。

4．拆卸轴承的几种方法

（1）用拉具拆卸轴承

　　拆卸时应根据轴承的大小选择适宜的拉具，并按如图 8-7 所示的方法夹住轴承。拉具的脚爪应紧扣在轴承内圈上，拉具丝杠的顶尖要对准转子轴的中心孔，慢慢扳转丝杠，用力要均匀，丝杠与转子应保持在同一轴线上。

　　（2）用细铜棒拆卸

　　选择直径 18mm 左右的黄铜棒，一端顶住轴承内圈，用锤子敲打另一端，敲打时要在轴承内圈四周对称轮流均匀地敲打，用力不要过猛，可慢慢向外拆下轴承，应注意不要碰伤转轴。

　　（3）端盖内轴承的拆卸

　　将端盖止口面向上，平放在两块铁板或一个孔径稍大于轴承外圈的铁板上，上面用一段直径略小于轴承外圈的金属棒对准轴承，用锤子轻轻敲打金属棒，将轴承敲出，如图 8-8 所示。

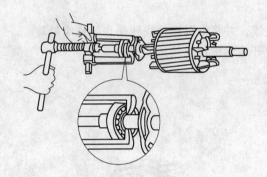 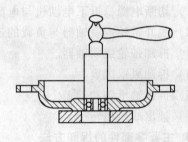

　　图 8-7　用拉具拆卸轴承　　　　　　　　图 8-8　端盖内轴承的拆卸方法

5. 三相异步电动机的装配

　　三相异步电动机修理后的组装顺序与拆卸时相反。装配时要注意拆卸时的一些标记，尽量按原记号复位。组装的步骤如下：

　　（1）清理铁心内膛、绕组端部、槽口

　　铁心内膛、绕组端部、槽口应无杂物或突起的绝缘材料，灰尘应用压缩空气吹净。

　　（2）轴承的安装

　　轴承安装的质量将直接影响电动机的寿命，安装前应把轴承、转轴和轴承室等处清洗干净。如果轴承不用更换，清洗轴承时，先刮去轴承和轴承盖上的残留废油脂，再用汽油洗净，用干净布擦干待装。清洗后的轴承要检查是否损坏，检查时可用手拨动轴承外圈，看转动是否灵活、均匀，有无卡住现象。要仔细检查滚道、保持夹、滚珠（滚柱）表面是否有锈斑、疤痕、裂纹等。不合格的轴承一定要更换。如果是更换新轴承，应将轴承放入 70 ~ 80℃ 的变压器油中加热 5min 左右，待防锈油全部熔化后，再用汽油洗净，用干净的布擦干待装。

　　轴承往轴径上装配可采用冷套法和热套法，如图 8-9 所示。套装零件及工具都要清洗干净。把清洗干净的轴承内盖加好润滑油脂套在轴径上。

　　1）冷套法。把轴承套在轴颈上，用一段内径略大于轴径，外径小于轴承内圈直径的铁管顶在轴承的内圈上，用锤子敲打铁管的另一端，把轴承敲进去。如图 8-9a 所示。如果有条件最好是用油压机缓慢压入。

2）热套法。将轴承放在 80 ~ 120℃ 的变压器油中，加热 30 ~ 40min，趁热快速把轴承推到轴颈根部，加热时轴承要放在网架上，不要与油箱底部或侧壁接触，油面要超过轴承，油温不要超过 120℃，以免轴承退火。如图 8-9b 所示。

3）装润滑脂。轴承的内外环之间、轴承滚珠间隙中及轴承盖内装填洁净的润滑脂，润滑脂的塞装要均匀和适量，装的太满在受热后容易溢出，装的太少润滑期短。一般二极电动机应装容腔的 $\frac{1}{3}$ ~ $\frac{1}{2}$；四极以上的电动机应装空腔容积的 2/3，轴承内外盖的润滑脂一般为盖内容积的 $\frac{1}{3}$ ~ $\frac{1}{2}$。由于每拆装一次轴承都会影响轴承质量，所以维修时一般不要轻易拆卸轴承。

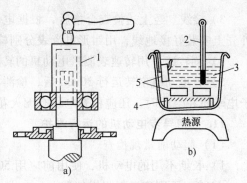

图 8-9　轴承的安装方法
a）用套管安装轴承　b）热套法
1—套管　2—温度计　3—润滑油
4—钢丝网　5—轴承

6. 后端盖的安装

将电动机的后端盖套在转轴的后轴承上，并保持轴与端盖相互垂直，用清洁的木槌或纯铜棒轻轻敲打，使轴承进入端盖的轴承室内，拧紧轴承内、外盖的螺栓，螺栓要对称逐步拧紧。

7. 转子的安装

把安装好后端盖的转子对准定子铁心的中心，小心地往里放送，注意不要碰伤绕组线圈，当后端盖已对准机座的标记时，用木槌将后端盖敲入机壳止口，拧上后端盖的螺栓，暂时不要拧得太紧。

8. 前端盖的安装

将前端盖对准机座的标记，用木槌均匀敲击端盖四周，使端盖进入止口，然后拧上端盖的紧固螺栓。最后按对角线上下左右均匀地拧紧前、后端盖的螺栓。在拧紧螺栓的过程中，应边拧边转动转子，避免转子不同心或卡住。接下来是装前轴承内、外盖，先在轴承外盖孔插入一根螺栓，一只手顶住螺栓，另一只手缓慢转动转子，轴承内盖也随之转动，用手感来对齐轴承内外盖的螺孔，将螺栓拧入轴承内盖的螺孔，再将另两根螺栓逐步拧紧。

9. 安装风扇和带轮

在后轴端安装上风扇，再装好风扇的外罩，注意风扇安装要牢固，不要与外罩有碰撞和摩擦。装带轮时要修好键槽，磨损的键应重新配制，以保证连接可靠。

10. 三相异步电动机组装后的检验

1）检查所有紧固件是否拧紧，转子转动是否灵活，轴伸端有无径向偏摆。当转子转动比较沉重，可用纯铜棒轻敲端盖，同时调整端盖紧固螺栓的松紧程度，使之转动灵活。检查绕线转子电动机的刷握位置是否正确，电刷与集电环接触是否良好，电刷在刷握内有无卡阻，弹簧压力是否均匀等。

2）检查电动机的绝缘电阻值。用绝缘电阻表测量电动机定子绕组相与相之间、各相对地之间的绝缘电阻，绕线转子异步电动机还应检查转子绕组及绕组对地间的绝缘电阻。

3）接线。经上述检查合格后，根据电动机的铭牌与电源电压，正确接线，并在电动机外壳上安装好接地线，用钳形电流表分别检测三相电流是否平衡。

4）测转速。用转速表测量电动机的转速是否均匀，并符合规定要求。

5）让电动机空转运行 30min 后，检测机壳和轴承处的温度，观察振动和噪声。绕线转子电动机在空载时，还应检查电刷有无火花及过热现象。

11. 三相异步电动机的运行维护

（1）起动前常规检查

1）长期不用的电动机，使用前应用 500V 绝缘电阻表检查绕组绝缘电阻，阻值不得低于 $0.5M\Omega$，否则应进行干燥处理。

2）检查地脚螺栓及各接触螺栓、螺母是否拧紧，用压缩空气吹掉灰尘，尤其要除去电动机内部杂物。

3）检查电动机铭牌电压、频率、使用条件等与现场情况是否相符，接地线是否可靠、电源线是否合适等。

4）检查轴承油脂是否合适。

5）要求转向确定的电动机，起动前还应检查转向标志，注意电动机实际转向与要求是否一致。

（2）电动机运行监视与维护

1）应保持电动机清洁、干燥，不允许有油污、水滴、飞尘进入电动机内部。

2）监视电动机负载工作电流，一般不允许超过额定值。一旦超过，应查明原因并判断是否能继续运行。

3）经常巡视、检查轴承发热、机组漏油等情况。

4）监视电动机铁心、绕组、轴承等处温升，不得超过允许值。

5）电动机运行中不应有摩擦声、尖叫声及其他杂声。若有不正常声响，应及时停车检查，并排除之。

6）各种型式的电动机都必须保持通风状况良好，电动机进风口及出风口必须保持通畅，以利通风。

8.3 电动机绕组基础知识

绕组是电动机进行电磁能量转换与传递，实现将电能转化为机械能的关键部件。绕组既是电动机最重要的组成部分，又是电动机最容易出现故障的部分，所以在电动机的修理作业任务中大多属绕组修理。在本节中，将主要介绍与电动机绕组有关的若干基础知识。

1. 线圈

线圈是用绝缘导线（中小型电动机用漆包线）在绕线模上按一定的形状和匝数绕成的。由于端部形状不同，有菱形线圈和弧形线圈两种，如图 8-10 所示。线圈的主要工作部分是嵌入铁心槽中的两个直线边，叫做有效边，用以完成电动机的电磁转换，两个端部只起连接有效边、接通电路的作用。因为线圈是构成绕组的基本单元，所以又叫绕组元件。

2. 极距（τ）

图 8-11a 所示是 16 槽台扇电动机定子的横剖面图。从定子电流的分布可见，它产生了 4

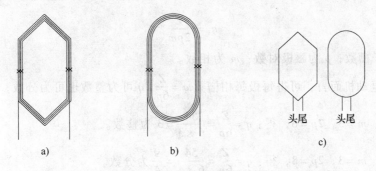

图 8-10　常用线圈及简化方法

a）菱形线圈　b）弧形线圈　c）简化画法

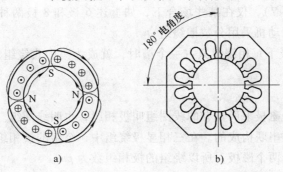

图 8-11　4 极 16 槽台扇电动机磁场分布与电角度

a）4 极磁场分布　b）电角度

极磁场，即有两对磁极的磁场。磁极对数用 p 表示，则两对磁极为 $p=2$。

所谓极距，指的是电动机每一个磁极在定子铁心内表面所对应的圆周表面距离，也就是两个相邻异性磁极之间的距离，通常可用槽数计算出，即

$$\tau = \frac{Z}{2p}$$

式中，Z 为定子铁心总槽数：p 为磁极对数。

3. 节距（Y）

节距是指线圈两个有效边在定子铁心圆周上所跨的距离，又叫跨距，可以槽数计算出。节距与极距相等的绕组叫全节距绕组，节距小于极距的绕组叫短节距绕组。

4. 电角度

电角度指电动势或电流变化的角度，它和机械角不一定相等。定子圆周的机械角为 360°，这是一个不变的量，而磁场每经过一对磁极就变化了 360°。同样，经过一对磁极电动势或电流也变化了 360°。若定子圆周有两对磁极，则电动势和电流就变化了 $2 \times 360° = 720°$，其电角度 $a = 720°$，若定子圆周有 p 对磁极，则电角度为 $p \times 360°$，即电角度 $= p \times$ 机械角。如图 8-11b 所示的 4 极（$p=2$）16 槽（$Z=16$）台扇电动机，整个定子圆周电角度 $a = p \times 360° = 2 \times 360° = 720°$。一个极距 4 槽 180°，每两个铁心槽之间所对应的电角度为 $a = \frac{p \times 360}{Z} = 45°$。

5. 每极每相槽数

每极每相槽数是交流电动机每相绕组在每个磁极下所占的槽数，其值可用下式计算：

$$q = \frac{Z}{2pm}$$

式中，Z 为定子槽数；p 为磁极对数；m 为相数。

对于三相电动机而言，可得每极每相槽数 $q = \frac{Z}{6p}$，q 可为整数也可为分数，例如：

1）$Z = 54$，$m = 3$，$2p = 6$，得：$q = \frac{Z}{6p} = \frac{54}{6 \times 3} = 3$ 为整数。

2）$Z = 54$，$m = 3$，$2p = 8$，得：$q = \frac{Z}{6p} = \frac{54}{6 \times 4} = \frac{9}{4}$ 为分数。

q 是整数时称为整数槽绕组，q 是分数时称为分数槽绕组。中小型三相电动机大多为整数槽绕组（通常 $q = 2 \sim 7$），仅在某些场合下，如上述 6 极和 8 极两种电动机为通用同一种铁心冲片，故使 8 极电动机采用分数槽绕组。

若 $q = 1$，即每个极下每相绕组只占一个槽时，就成为集中式绕组。当 $q > 1$ 时，就称为分布式绕组。

6. 极相组

每一相绕组在一个磁极下所具有的线圈组叫极相组，也叫线圈组。一个线圈组中的线圈可以是一个或数个线圈串联构成的。在三相显极绕组中，绕组的极相组数为 $2pm$。在隐极绕组中，因每组线圈形成两个磁极，所以绕组的极相组数为 pm。

对于三相交流电动机，把属于同一相并形成同一磁极的线圈（一个或多个）定为一组，称之为极相组又称线圈组，习惯上又称"联"。

在显极式绕组中，每相的极相组（线圈组）的组数等于极数（$2p$）；在庶极式绕组中，每相的极相组（线圈组）的组数等于极对数（p）。

7. 短距绕组、整距绕组、长距绕组

绕组的节距小于极距的绕组，叫做短距绕组。短距绕组广泛应用于直流电动机的转子绕组以及三相交流单速电动机的定子绕组。

绕组的节距等于极距的绕组，叫做整距绕组，又称全距绕组或满距绕组。

绕组的节距大于极距的绕组，叫做长距绕组。除了在三相交流单绕组多速电动机中会有长距绕组以外，一般情况下，不用长距绕组。

8. 单层绕组和双层绕组

一个铁心槽中只嵌放一个有效边的绕组叫单层绕组；一个铁心槽中嵌入两个有效边，一个边在上层，另一个边在下层，中间用绝缘材料隔开，这样的绕组叫双层绕组。单层绕组有同心式、同心链式、等元件链式以及交叉式绕组。双层绕组有叠绕组和波绕组（波绕组常用在转子绕组上）。双层叠绕组有 60° 相带的整数槽绕组和分数槽绕组。

转子绕组常见的有笼型绕组、绕线转子用的波绕组。波绕组也有整数槽和分数槽之分。

（1）单层链式绕组

每个线圈形状和尺寸相同。绕组只有一种节距（Y 为 1-6），绕组端部像套起来的链环一样，故称为链式绕组。这种绕组端部无线圈交叉，尺寸较短，便于嵌线，只用一种尺寸的绕线模。$q = 2$、4 等绕组常选用这种绕组形式。但线圈节距必须是奇数，否则无法构成绕组。线圈节距 Y 为 $1 + 2q$。

（2）单层交叉式绕组

当 q 为大于 2 的奇数时，常采用这种绕组。一个线圈组由 $(q+1)/2$ 个串联线圈组成，另一个线圈组是由 $(q-1)/2$ 个串联线圈组成。例如，$Z=36$，$2p=4$ 所以 $q=\dfrac{Z}{2pm}=\dfrac{36}{43}=3$。

所以一个线圈组是由两个线圈串联组成和另一个线圈组是由一个线圈组成。

这种绕组的特点是极相组（线圈组）的线圈个数不同，线圈节距也不同。

（3）同心式绕组

同心式绕组特征是在同一极相组内的串联线圈节距不同，线圈尺寸也不同，但极相组内各线圈具有同一中心线，故称同心式绕组。这种绕组嵌线方便，但端部拥挤，耗费铜材，常用在小型二极电动机绕组上。

（4）双层叠绕组

嵌线时，后一个线圈紧叠在前一个线圈上面，每槽均有两个线圈边，上下边用层间垫条垫开，这种绕组称为双层叠绕组。

8.4　三相异步电动机典型故障的排除

8.4.1　绕组常用修理工具的制作

1. 划线板

划线板又叫理线板，用于嵌线时将导线划入铁心槽，同时又是将已入槽的导线划直理顺的工具。常用楠竹、胶绸板、不锈钢等磨制。其长为 150～200mm，宽为 10～15mm，厚度约为 3mm，前端略呈尖形，一边偏薄，表面光滑，如图 8-12 所示。

2. 清槽片

清槽片是用来清除电动机定子铁心槽内残存的绝缘物或锈斑的工具，一般用废钢锯条在砂轮上磨成尖头或钩状，尾部用布条或绝缘带包缠而成，如图 8-13 所示。

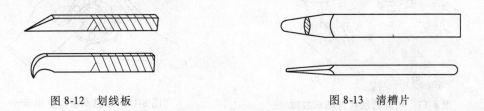

图 8-12　划线板　　　　　　　　　　　　　　图 8-13　清槽片

3. 压脚

压脚是把已嵌入铁心槽内的导线压紧使其平整的专用工具，用黄铜或不锈钢制成，其大小可按不同的铁心槽制成不同的规格，如图 8-14 所示。

4. 划针

划针是在一槽导线嵌完后，用来包卷绝缘纸的工具。有时也可用来清槽，铲除槽内残存的绝缘物、漆瘤或锈斑。划针用不锈钢制成，一般直线部分长为 200～250mm，直径为 3～4mm，尖端部分略薄而尖，表面光滑，如图 8-15 所示。

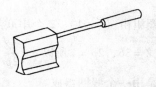

图 8-14　压脚

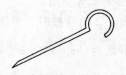

图 8-15　划针

8.4.2　轴承的修理

笼型异步电动机大量使用的是滚子轴承，下面以滚子轴承为例介绍其检查方法。

1. 轴承故障的检查

（1）在电动机运行中检查

使电动机通电运行，仔细倾听轴承部位有无"咔嚓"机械杂音。为了听得更加清晰准确，可用螺钉刀或金属杆的一端顶紧轴承部位，另一端抵在耳部细听，如图 8-16 所示。如有异响，说明轴承有故障。

（2）轴承拆下后的直观检查

将轴承从电动机轴上拆下，在柴油或汽油中清洗干净，检查滚珠、内外滚道有无划痕、裂纹或锈斑。然后固定轴承内圈，让其转动，应当是旋转平衡、转速均匀、无杂音并徐徐停止，如图 8-17 所示。如发生杂音、

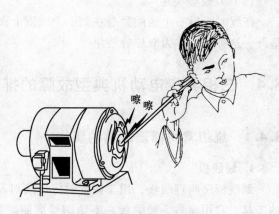

图 8-16　细听轴承故障

振动、扭动或转动突然停止，或用如图 8-18 所示的方法手推动轴承时发出撞击声，或手感游隙过大，均说明轴承不正常。

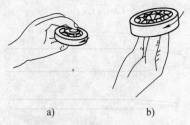

a)　　　　　　　b)

图 8-17　用旋转法检查轴承故障

a) 检查小型轴承　b) 检查大型轴承

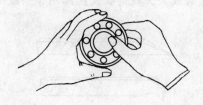

图 8-18　用推动法检查轴承

2. 轴承故障的排除

通过上述方法，可以判断出轴承的磨损程度，如果磨损程度未超过允许值，可以继续使用。在装配电动机时，可将负荷端与非负荷端轴承交换使用（负荷端轴承磨损更为严重）。

在下列情况下必须更新：轴承外圈或内圈有裂纹、滚珠破碎、滚珠之间的支架断裂、轴承严重变色退火、滚道有深刻划痕或锈坑、轴承磨损超过允许值等。

8.4.3　绕组断路故障的检查与排除

1. 绕组断路的原因及故障现象

导致绕组断路的主要原因有：绕组受机械损伤或碰撞后发生断裂；接头焊接不良在运行中脱落；绕组短路，产生大电流烧断导线；在并绕导线中，由于其他导线断路造成三相电流不平衡、绕组过热，时间稍长，冒烟烧毁。

2. 绕组断路故障的检查

不拆开电动机检查断路绕组。

电动机绕组接法不同，检查绕组断路的方法也不一样。

对于星形联结且在机内无并联支路和并绕导线的小型电动机，可将万用表置于相应电阻档，一支表笔接星形联结的中点，另一支表笔分别接三相绕组端头 U_1、V_1、W_1。如果某一相不通，电阻为 ∞，则该相断路。

星形联结中性点未引出到接线盒时，将万用表置于相应电阻档，分别测量 UV、VW、WU 各对端子，若 UV 通，而 VW 和 WU 不通，说明 W 相两端不通，则断路点在 W 相绕组，如图 8-19 所示。

当电动机绕组为三角形联结时，如果只有三个线端引出到接线盒，如图 8-20 所示，仍用万用表检测每两个线端之间的电阻。设每相绕组实际电阻为 r，万用表测得 UV 间的电阻为 R_{UV}。若三相绕组完好，则 $R_{UV} = \dfrac{2}{3}r$；若 UV 间有开路，则有 $R_{UV} = 2r$；VW 或 WU 任意一相开路，$R = r$。

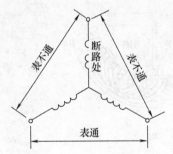

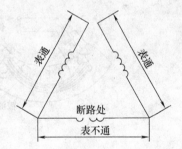

图 8-19　用万用表检查星形联结绕组故障　　　　图 8-20　用万用表检查三角形联结绕组故障

三角形联结时，如果有 6 个线端引到接线盒，先拆开三角形联结之间的连接片，使三相绕组互相独立，可直接测各相绕组首尾端电阻，哪相不通，即为断路的一相。

3. 断路的维修方法

断路的维修方法比较简单，对于引出线和过桥线以及并头套的焊接，查出故障点处便可进行补焊；对于线圈端部的断路补焊，需要将绕组加热。局部加热可采用电吹风，使温度达130℃左右，将断路点的导线撬起，如果是多根烧断，要分清，不可接错。补焊后，包扎绝缘，涂上环氧胶，室温固化。槽内导线断路的可能性较小，如有断路，要加热后剔除槽楔，趁热取出线圈，进行补焊。由于槽内面积有限，补焊点可移至线圈端部，为此要用同规格导线连接，并连接点放在槽外，进行补焊。最后垫好绝缘，打入槽楔，涂刷绝缘漆，烘干处理。

8.4.4　绕组短路故障及检修

三相异步电动机绕组短路故障有线圈匝间短路、层间短路、相间短路、对地短路（接地故障）。绕组短路时会很快冒烟，短路的匝数不严重时，电动机有可能坚持运转一段时间，这时电动机会出现发热、噪声、三相电流不平衡以及转速降低等现象。

1. 绕组短路故障的检查方法

（1）外观检查

将电动机解体，抽出转子，可以看到短路点附近绝缘的烧焦处，用鼻子闻可嗅到绝缘烧焦气味，或用手摸会发现短路区非常烫手。

（2）用开口变压器（或叫短路侦察器）检查使用时的要求：

1）电动机引出线是三角形联结的要拆开。

2）绕组是多路并联的要将各支路并联线拆开。

3）使用短路侦察器时，必须先将短路侦察器放在铁心上，使磁路闭合以后，再接通电源；使用完毕，断开电源后，再移开短路侦察器，否则磁路不闭合，线圈中电流过大，时间稍长，易烧毁侦察器绕组。

具体操作时，将开口变压器放在有短路线圈外的铁心槽上，在这个线圈的另一边槽口上放置薄钢片（或锯条片）。钢片因短路线圈中电流过大而产生振动，根据钢片振动大小和噪声来判断出短路的线圈，如图 8-21a 所示。

为了判别出双层绕组上下层的线圈短路点，需将钢片分别放在距离开口变压器的左右相隔一个线圈节距的槽口上测试，如图 8-21b 所示。

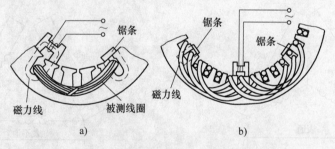

图 8-21　用短路侦察器查找短路故障

2. 绕组短路的原因

在修理过程中引起绕组短路的原因有以下几项，操作者应引起注意。

1）电磁线质量不合格，绕线时漆皮剥落。绕线前检查出不合格产品不许用。

2）紧线器夹紧力过大，或有机械损伤，使漆皮磨破。要调好夹紧力。

3）线径较小，绕制时拉力过大，导线壁形将漆皮拉出裂纹。拉力要合适。

4）嵌线时用金属材料做理线板（也叫划线板），将导线的绝缘划破，应改用绝缘板。

5）嵌线时由于槽满率高，用锤子硬砸线圈，尤其嵌入槽内的线匝排列不整齐，有交叉现象时，很容易将导线绝缘破坏。

6）槽内层间垫条尺寸小，宽度偏小，或尺寸合适但垫偏，使上、下屡线圈之间产生短路。

7）线圈端部垫的相间三角垫尺寸不符或垫偏，造成线圈端部层间、匝间短路。

8）由于浸漆不良，线圈制作不规则，个别线匝悬空，不互相靠紧，绝缘未能粘结成整体，当电动机发生电磁振动时，因摩擦将绝缘磨破。

9）线圈端部整形时，用不适当的工具将线圈匝间压破。

10）焊接极相组过桥线时，锡钎料滴落在绝缘上或线匝上，引起匝间短路。

11）槽满率过低，浸渍不良，潮气和粉尘进入线匝的空隙内腐蚀导线绝缘，造成匝间短路。

12）线圈过长，端部与端盖抵触，运行不久便会产生对地短路。要做好绕线模尺寸，不可过大。

3. 短路的修理方法

线圈端部的短路故障大多数是由于极相组间的三角绝缘垫因锡钎料坠落等原因而遭受破坏，造成绕组端部极相组间短路。修理时可采用将线圈加热（通电流或入炉加热），使线圈软化，然后用理线板或其他工具，撬开线圈端部有故障的地方，重新插入新绝缘。连接线、过桥线绝缘损坏发生短路时，也可用此法进行处理，并增垫或重包新绝缘。在用压降法检查短路线圈时，可用理线扳（环氧板或竹板制造）轻轻撬动短路线圈的各线匝，当电压表指针突然上升到正常值时，表明短路点已被隔开，用绝缘垫将此处垫好，再做绝缘处理。处理槽内上、下层间短路或匝间短路故障与处理接地故障相同。

8.4.5　绕组接地故障及检修

电动机机座如果没有很好接地，电动机绕组产生接地故障时，检修人员触及机座会引起人身安全事故。

1. 绕组接地的检查方法

（1）采用试灯检查

试灯两端头的一端接绕组，另一端接机壳。如果灯亮，表明绕组接地；如果灯光发暗红，表明绝缘受损但未安全接地，如图 8-22 所示。

（2）采用绝缘电阻表检查

用绝缘电阻表测量各相绕组对地绝缘电阻，有以下情况：

1）绝缘电阻为零。用万用表检查也为零，表明绝缘已击穿，已接地。

2）绝缘电阻为零。用万用表检查，还有一定电阻值，说明绕组没有实实在在的接地，绝缘可能受潮、污染。

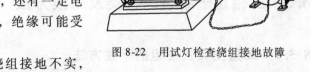

图 8-22　用试灯检查绕组接地故障

3）绝缘电阻表指零摇摆，说明绕组接地不实，造成虚接的原因可能是炭粉不固定，影响绝缘电阻值变化。

4）为了确定接地点，可采用淘汰法。先分相，测每相绕组，查出某相绝缘电阻小，再将此相绕组断开各极相组，检查每个极相组线圈接地情况，查出某极组有接地现象时，再断开此极相组中每个线圈，最后可查出某线圈接地点。

5）有时接地点很难确定，为了查明故障点，可将较高电压（500～1000V）施加给绕组和接地端，当电压升至一定值时，会发现接地处有冒烟和火花发生，从而可查出接地点。一般接地点在槽口、通风口处居多。

2. 绕组接地的原因

由于操作者操作不当造成的接地原因如下：

1）绕线模过大。虽然嵌线方便，但由于端部过长，顶碰电动机端盖，通电后线圈对端盖击穿而造成接地故障。解决办法是重绕线圈，使用尺寸合适的绕线模。

2）槽绝缘宽度不够，不能在槽口处包住导线，造成上层导线经过槽楔或槽口侧面与铁心相接发生接地故障。解决办法是打出槽楔，清理槽内的残余绝缘或灰尘，然后垫入绝缘垫条或注入环氧树脂绝缘漆。

3）槽内层间挚条和楔下垫条垫偏，或剪裁时绝缘条宽度不够，均会造成线圈对地故障。这种故障首先发生在上下层间短路，然后对铁心击穿。至于楔下垫条垫偏所产生的故障与槽绝缘宽度不够所产生的故障是相同的。

4）焊接头有毛刺、焊瘤、尖刺等，刺破绝缘，造成线圈接地故障。

5）绕组连接不正确，三相绕组标志不清楚，造成绕组接地故障。应仔细检查后正确接线，使三相绕组标志正确。

6）焊渣或杂物落入槽内或端部。因此，要求施焊时位置正确，一般是在铁心外的水平位置施焊，焊前要用纸板将不施焊的部位上。

7）端部线圈的上下层之间接触，或线圈端部异相之间接触。应检查端部层间绝缘垫尺寸和厚度是否正确，要求绝缘垫突出线圈边缘 5mm 左右，以隔离上下层线圈和异相线圈。另外，检查有无漏电现象，如有问题要纠正。

3. 接地的检修方法

如果绝缘已老化，就不要采取局部修理，应采用对质量有保证的重绕大修。只有绝缘质量尚好，或因受潮、受脏污以及局部绝缘破裂，才进行局部加强绝缘处理。

槽口部位绝缘破裂时，可将绕组加热软化，用绝缘板撬开接地点处的槽绝缘部分，清除烧焦的旧绝缘，垫入新绝缘。为了插入槽口方便，最好采用强度较高的 0.2mm 环氧板。

对于受潮绝缘只能烘干处理，烘干之前一定要清理电动机粉尘和脏污。

槽内线圈接地处理比较困难，应加热后取出槽楔，然后再取出线圈，垫好槽内绝缘，再将线圈放回，打入槽楔。因线圈的节距较大，为了取出一个线圈，就要取出一个节距的好线圈，在施工时要特别注意。

8.5 三相定子绕组的种类及下线方法

8.5.1 单层交叉式绕组的下线方法

下面以三相 4 极 36 槽，节距为 2/1-9、1/1-8 的电动机为例，介绍单层交叉式绕组的下线方法。下成 4 极电机时 $q = \dfrac{Z}{2pm} = \dfrac{36}{2 \times 2 \times 3} = 3$，线把总数为 $\dfrac{Z}{2} = 18$ 把，平均到每一相 $\dfrac{18}{3} = 6$，即每相 6 把线，每一相的"极相组数＝电极极数"，故每一相有 4 个极相组。

1. 绕组展开图

三相绕组是均匀分布在定子铁心圆周上，图 8-23 所示为 3 相 4 极 36 槽节距 2/1-9、1/1-

8 单层交叉式电动机绕组端部示意图，将此图在 1 槽与 36 槽之间剪开展平，就得到绕组展开图，如图 8-24 所示。

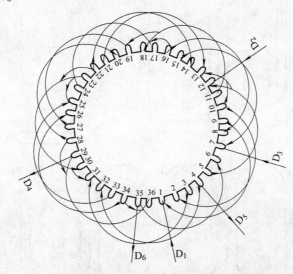

图 8-23　三相 4 极 36 槽单层交叉式绕组端部示意图

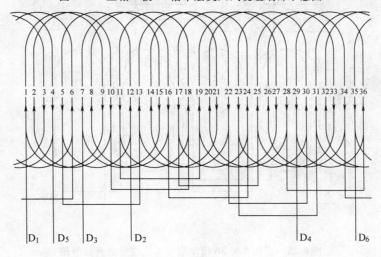

图 8-24　三相 4 极 36 槽单层交叉式绕组展开图

2. 绕组展开分解图

实际电动机绕组是按图 8-24 将三相绕组的 18 把线下在定子铁心的 36 个槽中。初学者会觉得此图较乱，不易懂，下线、接线时易出差错。为了使看图简便有利于下线，可将三相绕组分开，使每相绕组单独画成一个图，这就叫绕组展开分解图，如图 8-25 所示。在绕组展开分解图上标清每个极相组的名称、电流方向、极相组与极相组连接、每相绕组的首尾端，在线把上端标下线顺序数字。

3. 线把的绕制和整理

三相 4 极 36 槽单层交叉式电动机每相绕组由 6 把线组成，根据原电动机线把周长数据和匝数在万用绕线模上调准确，绕出 6 把线，定做 A 相绕组，绕好后，将每个线把依次用布带扎紧，两个引出线按图 8-25a 所示做好标记。将 6 把线按绕线顺序（即先绕的在左边，

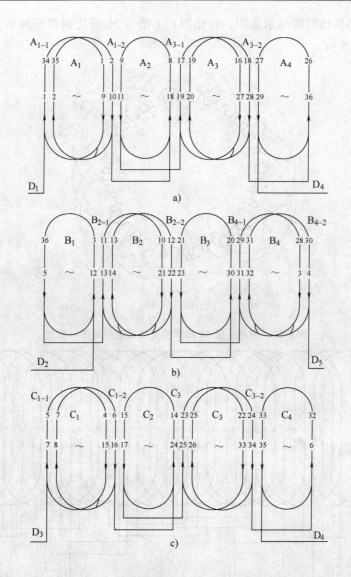

图 8-25　三相 4 极 36 槽单层交叉式绕组展开分解图

后绕的在右边）绕制，如图 8-26 所示。从左边开始第 1 把线标为 A_{1-1}，A_{1-1} 左边的头标为 D_1，第 2 把线标为 A_{1-2}，第 3 把线标为 A_2，第 4 把线标为 A_{3-1}，第 5 把线标为 A_{3-2}，第 6 把线标为 A_4，A_4 左边线头标为 D_4。为了下线时不乱，先将 A_2、A_{3-1}、A_{3-2} 和 A_4 放在一起，两边用绑带绑好，外面只留 A_{1-1}、A_{1-2} 两把线，如图 8-27 所示。

　　用同样的方法绕出 6 把线，定做 B 相绕组，将每把线的两边分别用绑带绑好，将两个引出线按图 8-25b 所示做好标记，卸下来，按先后绕线顺序，照图 8-28 所示将 6 把线放在桌子上，做好标记。为了使下线不乱，将 B_{2-1}、B_{2-2}、B_3、B_{4-1} 和 B_{4-2} 这 5 把线绑在一起，只留下 B_1 一把线留做开始下线用，如图 8-29 所示。

　　最后绕出 6 把线作为 C 相绕组，将每把线两端用绑带绑好做好标记，卸下来，按先后绕线的顺序，照图 8-30 所示将 6 把线摆放在桌子上，将 C_2、C_{3-1}、C_{3-2}、C_4 绑在一起，两边用绑带绑好，只留 C_{1-1}、C_{1-2} 两把线留做开始下线时用，如图 8-31 所示。

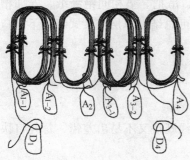

图 8-26　将 A 相绕组每个线把及线头标上代号

图 8-27　将 A_2、A_3 和 A_4 两边绑在一起

图 8-28　将 B 相绕组每个线把及线头标上代号

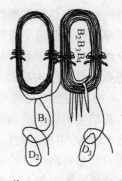

图 8-29　将 B_2、B_3 和 B_4 两边绑在一起

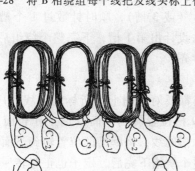

图 8-30　将 C 相绕组每个线把及线头标上代号

图 8-31　将 C_2、C_3 和 C_4 两边绑在一起

4. 下线前的准备工作

选用与原电动机一样规格的绝缘纸，按原尺寸裁出 36 条槽绝缘纸，放在一边待用。再裁十多条同样尺寸的绝缘纸作为引槽纸，然后按原电动机相间绝缘纸的尺寸一次裁制 36 块相间绝缘纸叠放一旁。将做槽楔的材料和下线用的划线板、压脚、剪刀、电工刀、锤子、打板等工具放在定子旁。将电动机定子出线口一端对着下线者，做两块木垫块垫在定子铁壳两边，清除槽内杂物，擦干油污准备下线。

5. 下线步骤

下线顺序为 $A_{1-1} \rightarrow A_{1-2} \rightarrow B_1 \rightarrow C_{1-1} \rightarrow C_{1-2} \rightarrow A_2 \rightarrow B_{2-1} \rightarrow B_{2-2} \rightarrow C_2 \rightarrow A_{3-1} \rightarrow A_{3-2} \rightarrow B_3 \rightarrow C_{3-1} \rightarrow C_{3-2}$ $\rightarrow A_4 \rightarrow B_{4-1} \rightarrow B_{4-2} \rightarrow C_4$，详细的下线步骤按图 8-25 线把上端所标数字进行。在实际下线操作

中，除了下每个极相组的线把外，还要掏把（穿把）、吊把、垫相间绝缘纸、安插槽楔、整形等，这些操作方法在下面将详细介绍。综上所述，可总结出单层交叉式绕组下线口诀为

双顺单逆不可差，

单八双九交叉下。

双隔二来单隔一，

过线不交要掏把。

掌握口诀后，下线时可不看绕组展开分解图。下线既快又不易出差错，每句口诀的理解在下线步骤中详细介绍。

6. 下线手法：边捻边推

7. 第 1 槽的确定

下线前首先应确定好第 1 槽的位置，电动机定子铁心是圆的，第 1 槽没有标记，选定哪个槽为第 1 槽都可以。若第 1 槽选得不合适，下完线后所引出的 6 根线头离出线口太远，这不但会浪费导线套管，更重要的是影响引出线头的绝缘性能和绕组的整齐美观。第 1 槽定在哪里比较合适呢？根据图 8-23 所示，下完整个绕组的每把线后，有 6 根线头分别从 29 槽、35 槽、1 槽、4 槽、7 槽和 12 槽中引出，在这 6 根引出线中 29 槽和 12 槽的引出线为最远的两根引出线，我们希望这 6 根引出线离出线口的距离都相对较短。如将出线口设计在离 29 槽太近，那么 12 槽的引出线太长；如将出线口设计离 12 槽太近，29 槽引出线离出口线又太长。正确的方法是将出线口的中心线设计在两个最远引出线（既 29 槽和 12 槽的引出线）的中间槽上，从而推算出第 1 槽的位置。如图 8-23 所示，两个最远的引出线 29 槽和 12 槽中间槽是 2 槽（或 3 槽），出线口的中心线放在 2 槽（或 3 槽），顺时针数过 1 个槽（或 2 个槽）就定为第 1 槽，用笔做好记号。按这样的方法设计出第 1 槽，下完整个绕组后，6 根线头从出线口引出，引出线既短，整个绕组又美观整齐。

8. 下线方法

将图 8-25 放在定子旁的工作台上，每下一把线都要对着图上端所标的下线顺序数字。定好第 1 槽后，从第 1 槽逆时针数到第 9 槽，将第 9 槽位置转到下面（离工作台面最近），这样下线方便，好操作。在以后的下线操作中，下哪槽的线，将哪槽的位置转到下面，一边下线一边转动定子，从 9 槽开始，转圈转动定子，整个绕组下完后，定子也正好转一周。具体步骤如下：

1）将槽绝缘纸光面在内（挨着导线），插进第 9 槽，将两条引槽纸光面向内插进 9 槽中，将 A 相绕组摆放在定子铁心前，拿起正向极相组 A_1，按图 8-25a 所示 A_1 的电流方向，在定子铁心旁把 A_1 的大致位置摆放好，不要翻转。查看 D_1 应在 A_{1-1} 的左边，A_{1-1} 与 A_{1-2} 的连接线应在 A_{1-1} 的右边，如图 8-32 所示。下线口诀的"双顺单逆不可差"中的"双顺"的意思是，双把线组成的极相组的电流方向是顺时针方向，在图上标出的电流方向从 D_1 流进，从 D_4 流出，电流经 A_1 的方向就是顺时针方向。凡是双把线组成的极相组其电流方向均为顺时针方向。经查实，A_{1-1} 摆入的方向与图 8-25 的 A_{1-1} 方向相符合后，解开 A_{1-1} 右边的绑带，将 A_{1-1} 右边放在 9 槽的引槽纸上，如图 8-33 所示。左手拇指与食指往槽中捻线，右手握划线板从定子后端伸进铁心内轻轻往槽中划导线，如图 8-34 所示。划线板要从槽的前端划到槽的后端，不管一次划进槽中几根线，也要用划线板从一端划到另一端，如果划线板划到槽的中间就抽出来，线把的一端划进槽中，另一端会翘起来。如果导线在槽内拧花、交叉或叠

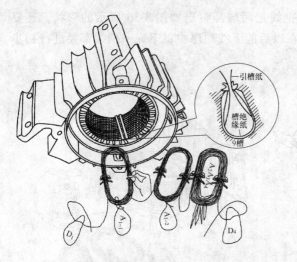

图 8-32　正确摆放 A₁

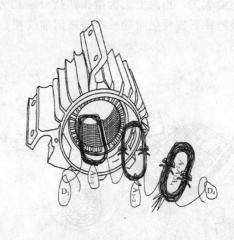

图 8-33　将 A₁₋₁右边放在 9 槽的引槽纸上

弯，造成槽满率增大，不好下线，发现这种现象要将部分导线拆出重下。划线时不能用力太大，否则将导线压弯造成槽满率增加。下线时左手捻开 5 ~ 8 根导线，右手从定子铁心后端伸到前端，将这几根线与线把分开，摆放在槽口处，划线板先在槽口处轻轻地划几次导线。当导线理顺后，用划线板的鸭嘴往槽中挤线，左手捻着线往槽中送，导线很容易进到槽中。导线进入槽中后，划线板还要在槽中再划两次，免得槽中导线有交叉。槽绝缘纸伸出定子铁心两端要一样长，用划线板划导线时，不要使槽绝缘纸随划线板移动，以免造成一端导线与定子铁心相摩擦破坏绝缘层。导线全部下入 9 槽后，将槽绝缘纸调整到两端伸出定子铁心长短合适。把引槽纸抽出来，用剪刀剪掉高出槽口的绝缘纸（注意：剪刀不要一下一下的剪，应该将剪刀张开一点，推着

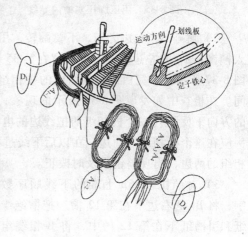

图 8-34　将导线划入 9 槽中

剪刀从一端到另一端，这样剪掉的绝缘纸一样高。用划线板把槽绝缘纸的一边划进槽后，再划进另一边，使绝缘纸包着导线，按图 8-35 所示将压脚伸进第 9 槽中，上下按动压脚手柄从一端压到另一端，压平压实槽内绝缘纸和蓬松的导线。注意槽绝缘纸要正好包住槽内所有的导线，如发现有的导线下在槽绝缘纸外面或没有被绝缘纸包上。要将槽绝缘纸拆开，包好导线后用压脚压实。实际下线时，要下完一槽检查一槽，发现隐患要及时排除。经检查无误后，将槽楔插入 9 槽中，如图 8-36 所示。然后检查槽楔是否高出定子铁心，如果高出定子铁心，则烤完漆后，装不上转子或槽楔与转子摩擦影响电动机正常运转。槽楔必须以原电动机槽楔的形状尺寸为基准制做，槽楔的上面要削成平面，不要将槽楔儿制成三角形。在以下步骤的下线中每下完一槽都要检查槽楔是否符合标准。A₁₋₁左边空着不下，留在第 34 步下，这种现象叫做吊把。将 A₁₋₁左边与铁心相连接处垫上绝缘纸，防止铁心磨坏导线绝缘层，然后对 A₁₋₁两端的端部进行初步整形，因为 8 槽还要下线，必须给 8 槽留出位置来，线把的端

部不要太尖，用两个大拇指和四指分别用力把线把两端部整出如图 8-36 所示的形状，还要轻轻地往下按线把两端，不要来回推线把，在以后的下线顺序中每下完一槽线都要进行初步整形。

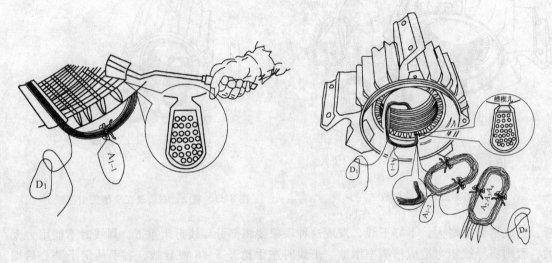

图 8-35   用压脚压实槽内导线   图 8-36   安装槽契和初步整形

2）解开 A_{1-2} 右边绑带，不要翻转，用同样的下线方法，将 A_{1-2} 右边下在第 10 槽中，插入槽镍，A_{1-2} 的左边空着不下，留在第 35 步下。检查 A_1 与 A_2 的过线从第 10 槽中引出，如图 8-37 所示。下完由两把线组成的极相组，线把与线把间的连接线不长不短夹在两线把之间。在检查中如发现图 8-38 所示的现象，A_{1-1} 与 A_{1-2} 连接线明显出了一个大线兜，证明 A_{1-2} 的方向下反了（一个极相组两把线边的电流方向应相同）。另外，一个极相组头尾的两个线头应在这个极相组的两边。在以后下线过程中，每下完一个极相组都要检查头尾是否在该极相组的两边，出现差错应及时改正。

3）对照图 8-25b 上端的下线顺序数字，将 B_1 的右边下在第 12 槽。把槽绝缘纸和引槽纸下在第 12 槽中，将 B 相绕组摆放在定子铁心旁，左手拿起反向极相组 B_1（单把线组成的极相组），如图 8-39 所示，B_1 的电流方向应与逆时针方向，在下线口诀中的"双顺单逆不可差"中的"单逆"就是这个含义，只要下线时遇到由单把线组成的极相组，其电流方向都应为逆时针方向。D_2 应在 B_1 的右边，B_1 与

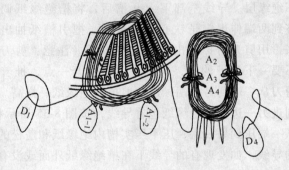

图 8-37 A_{1-2} 右边下在 10 槽

B_2 的过线应在 B_1 的左边，图 8-25b 已标出电流从 D_2 流进，从 B_1 的右边流到左边。按图 8-25b 所示的电流方向摆正确 B_1 后，不要翻转（见图 8-40），左手拿着 B_1，右手伸进 B_1 中，把 A 相绕组的 A_2、A_3、A_4 从 B_1 中掏出来，把 A_2、A_3、A_4 放在定子旁边，注意 A_2、A_3、A_4 不能放远，不能破坏原来每把线的形状，也不能把极相组与极相组的过线拉长。然后将 B_1 放入铁心内，检查无误后，把 B_1 右边绑带解开，将 B_1 的右边下在 12 槽中。B_1 的左边空

着不下，留在第 36 步再下，这种现象叫做吊把，如图 8-41 所示，下完 B_1 后要进行初步整形。

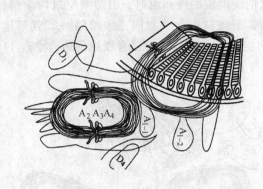

图 8-38　A_{1-2} 下反了

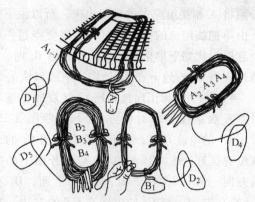

图 8-39　正确摆放 B1

图 8-40　右手伸进 B_1 掏出 A 相外甩线把

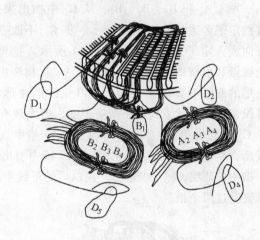

图 8-41　B_1 右边下在 12 槽

　　在实际下线中，每下完一个极相组，要检查所下线把是否正确，掏把是否正确，如出现差错，应当及时改正。检查中如发现图 8-42 所示的现象，A 相绕组的 A_2、A_3、A_4 没有从 B_1 中掏出，B_1 也下反了，检查出来以后应该将 12 槽的槽楔拔掉，用划线板拨开槽绝缘纸，把 12 槽内所有导线慢慢全拆出来整理好，重新用绑带绑好，再按正确的方法掏把、下线。

　　掏把是从极相组 B_1 开始，每下一个极相组，将外甩的其他相的外甩线把从该极相组中掏出（本相不掏）。掏把适用于所有单层绕组的下线，掏把的目的是使极相组与极相组的连线不在绕组的端部相交。图 8-42 中的 A_2、A_3 和 A_4 没有从 B_1 中掏出，在以后的下线中将造成的 A_1 与 A_2 过线从 B_1 端部绕过的现象。因此下 B_1（A_2、A_3、A_4）、C_1（A_2、A_3、A_4、B_2、B_3、B_4）、A_2（B_2、B_3、B_4、C_2、C_3、C_4）、B_2（A_3、A_4、C_2、C_3、C_4）、C_2（A_3、A_4、B_3、B_4）、A_3（B_3、B_4、C_3、C_4）、B_3（A_4、C_3、C_4）、C_3（A_4、B_4）、A_4（B_4、C_4）、B_4（C_4）极相组时都要掏把，括号内为下当前极相组时所要掏的极相组，如果忘记掏把，检查出来后应将该极相组拆出，掏把后，再下入槽中。极相组的下线顺序为 $A_1 \rightarrow B_1 \rightarrow C_1 \rightarrow A_2 \rightarrow B_2 \rightarrow C_2 \rightarrow A_3 \rightarrow B_3 \rightarrow C_3 \rightarrow A_4 \rightarrow B_4 \rightarrow C_4$。$B_1$ 右边下完后，从图 8-41 可以看出 B_1 的右边与已下

到槽中的 $A_{1\text{-}2}$ 右边空过 1 个槽，这个槽是留给 A_2 左边的，每个极面内每相绕组各占三个槽，按 A、B、C 顺序排列，A_1 下完，只占了 2 个槽，还剩 1 个槽，下 B 相绕组的极相组 B_1 时必须将 A 相绕组应占的槽留出来，所以说下由双把线组成的极相组时，右边要空过两个槽；下由单把线组成的极相组时，右边要空过一个槽，下线口诀上"双隔二来单隔一"就是这个意思。比如下单把线组成的极相组 B_1 时，右边空过 1 个槽，10 槽已有线把的边，空过 11 槽，应将 B_1 右边下在 12 槽中，下线口诀的含义与下线顺序是相符的。

4）左手拿起正向极相组 C_1（双顺单逆不可差，双把线为顺时针方向），按照图 8-25c 所示 C_1 的电流方向，在定子铁心旁把 C_1 的大致位置摆好，证实极相组 C_1 与展开图上的电流方向一致，$C_{1\text{-}1}$ 在下面，$C_{1\text{-}2}$ 在上面，D_3 在 $C_{1\text{-}1}$ 的左边，C_1 与 C_2 的过线在 $C_{1\text{-}2}$ 的右边，左手握住 C_1 不要翻转，右手伸进 C_1 中，抓住 A_2、A_3、A_4 和 B_2、B_3、B_4，从 C_1 中掏出来，放在定子旁边，如图 8-43 所示。将 $C_{1\text{-}1}$ 不改变方向放入定子铁心内，如图 8-44 所示。把槽绝缘纸和引槽纸安放在 15 槽中，A、B 相绕组外甩的线把不要离铁心远了，以免线把变形。

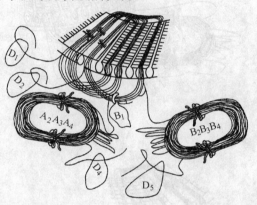

图 8-42　B_1 方向下反了，A_2、A_3、A_4
未从 B_1 中掏出

要保证线把形状下到定子槽中不变，若发现有的线头抽长了要一圈一圈退回到原来位置。解开 $C_{1\text{-}1}$ 右边的绑带，将 $C_{1\text{-}1}$ 右边下在 15 槽中（双隔二），安插入槽楔，如图 8-45 所示。下完线后，检查 $C_{1\text{-}1}$ 与 $C_{1\text{-}2}$ 的连接线从 15 槽中引出，D_3 在 $C_{1\text{-}1}$ 的左边，A、B 相外甩的线把从 $C_{1\text{-}1}$ 中掏中，证明 $C_{1\text{-}1}$ 下线正确。在以后的下线中，每遇上要下由双把线组成的极相组时，右边都要空过两个槽。

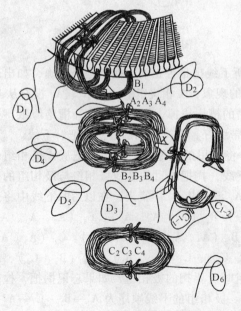

图 8-43　把 A、B 相外甩线把从 C_1 中掏出

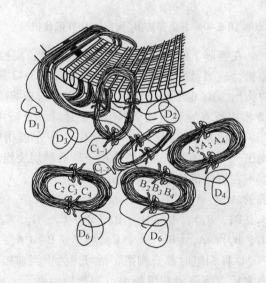

图 8-44　将 $C_{1\text{-}1}$ 正确摆放在定子内

5）开始下线时空过 A_1 和 B_1 左边不下，这种现象叫吊把，从 C_1 开始不再吊把，下完线把右边就下该线把左边。把槽绝缘纸和引槽纸安放在 7 槽中，解开 C_{1-1} 左边绑带，将 C_{1-1} 左边下在 7 槽中，如图 8-46 所示。检查 C_{1-1} 的节距是 1-9，D_3 下在 7 槽中，证明 C_{1-1} 下线正确。下线口诀中的"双九单八交叉下"中的"双九"，是指凡遇到由双把线组成的极相组，每把线的节距就是 1-9。

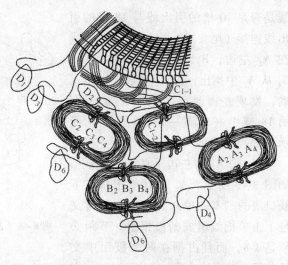

图 8-45　将 C_{1-1} 右边下在 15 槽中

6）把 C_{1-2}（与 C_{1-1} 方向一致）放入定子铁心内，检查 C_{1-2} 与 C_2 的过线应在 C_{1-2} 的右边，A、B 相绕组外甩的线把从 C_{1-2} 中掏出为正确。检查 C_{1-2} 无误后，把槽绝缘纸和引槽纸安放在 16 槽中，将 C_{1-2} 右边绑带解开，将 C_{1-2} 右边下在第 16 槽，把槽楔插入 16 槽中。下完 C_{1-2} 右边后，C_1 与 C_2 的过线从 16 槽引出为 C_{1-2} 右边下线正确。如图 8-47 所示。

图 8-46　将 C_{1-1} 左边下在 7 槽中

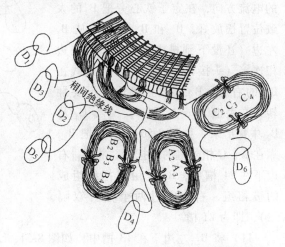

图 8-47　C_1 下完后，在 B_1、C_1 两端之间垫上相间绝缘纸

7）将 C_{1-2} 左边下在第 8 槽中，将 C_1 全部下完，如图 8-47 所示。C_1 下完后要照着图 8-25c 检查，D_3 应下在 7 槽中，C_{1-1} 应下在 7、15 槽中，节距是 1-9，C_{1-2} 应下在 8、16 槽中，节距也是 1-9，C_1 与 C_2 的过线从 16 槽中引出，A、B 相外甩的线把从 C_1 中掏出。在 C_1 与 B_1 两端之间垫上相间绝缘纸。在以后每下完一个极相组，就要在这个极相组与已下完的极相组两端之间垫上相间绝缘纸，进行初步整形。采用这种方法时，相间绝缘纸应垫好。

8）从绑在一起的 A_2、A_3、A_4 中解下 A_2（单把线），把 A_3、A_4 重新绑好，左手拿起反向极相组 A_2（单把为逆时针方向），按照图 8-25a 中 A_2 的电流方向，在定子铁心旁把 A_2 的大致位置摆放好，不要翻转，右手伸进 A_2 中，掏出 B_2、B_3、B_4 和 C_2、C_3、C_4，将 A_2 放在铁心内，如图 8-48 所示。摆放好 A_2 后，要检查一次 A_2 是否摆放正确，查看 A_1 与 A_2 的过线是否是 10 槽的引出线与 18 槽的引出线连接（尾接尾），A_2 和 A_3 的过线在 A_2 左边，B_2、B_3、B_4 和 C_2、C_3、C_4 从 A_2 中掏出，为 A_2 摆放、掏把正确，发现差错改正。将 A_2 右边下在第 18 槽中（单隔一），如图 8-49 所示。

9）将 A_2 的左边下在第 11 槽中，如图 8-49 所示。A_2 只有单把线，下线口决的"双九单八交叉下"的含义是下由单把线组成的极相组，节距必须是 1-8，而且占据在两个极面中交

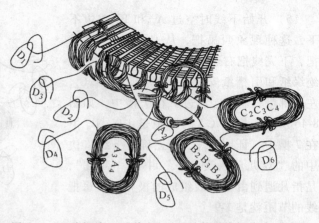

图 8-48　正确摆放 A_2，将 B、C 两处外甩线把从 A_2 掏出

叉着下，其电流方向"双顺单逆"（单把线电流方向为逆时针方向）。

10）把 B_2（双把线）从 B 相绕组上解下来，重新把 B_3、B_4 两边绑好，左手拿起正向极相组的 B_2（顺时针方向），注意 B_{2-2} 应在 B_{2-1} 的上面，按图 8-25b 所示 B_2 的电流方向，在定子铁心旁把 B_2 的大致位置摆放好，B_1 和 B_2 的过线从 B_1 左边（还没下到槽中）与 B_{2-1} 的左边相连接（头接头），B_2 与 B_3 的过线在 B_{2-2} 的右边。B_2 摆放正确后，不要翻转，右手把 A_3、A_4 和 C_2、C_3、C_4 从 B_2 中掏出来，如图 8-50 所示。把 B_{2-2} 靠在 A、C 相外甩的线把上，将 B_{2-1} 右边下在 21 槽中，B_2 是由双把线组成的极相组，右边空过两个槽（双隔二），即为 21 槽。

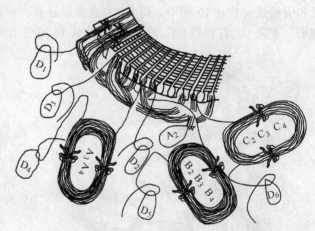

图 8-49　A_2 右、左边分别下在 18、11 槽

11）将 B_{2-1} 左边下在 13 槽中，如图 8-51 所示。

12）把 B_{2-2} 不翻转放入定子铁心中，把 B_{2-2} 的右边下到第 22 槽，见图 8-51。

13）将 B_{2-2} 左边下在 14 槽中，B_2 全部下完。要对着图 8-25b 详细检查 B_2，B_1 与 B_2 的过线是 5 槽的引出线与 13 槽引出线相连接，B_2 与 B_3 的过线从 22 槽中引出，A_3、A_4 和 C_2、C_3、C_4 从 B_2 中掏出，为 B_2 掏把、下线正确。在 B_2 与 A_2 两端之间垫上相间绝缘纸，B_2 下线结束。

14）把 C_2（单把线）从 C 相绕组中解下来，把 C_3、C_4 两边重新绑好，左手拿起反向极相组 C_2（单逆），按图 8-25c 所示 C_2 的电流方向，在定子铁心旁把 C_2 的大致位置摆放好，不要翻转，把 B_3、B_4 和 A_3、A_4 从 C_2 中掏出，放在一旁，如图 8-51 所示。在下线之前检查 C_2 的实际方向与图 8-25c 的方向相同，C_1 与 C_2 的过线应是 16 槽引出线与 24 槽引出线相连接（尾接尾），C_2 与 C_3 的过线从 C_2 的左边引出。检查无误后，将 C_2 右边空过一个槽（单隔一）下在 24 槽中。

15）将 C_2 左边下在第 17 槽中，极相组 C_2 下完。C_2 与 C_3 的过线从 17 槽中引出，A_3、A_4 和 B_3、B_4 从 C_2 中掏出，为 C_2 掏把、下线正确。检查无误后在 C_2 与 B_2 两端之间垫上相间绝缘纸。

16）解开 A 相绕组两边绑带，左手拿起正向极相组的 A_3（电流为顺时针方向），按图 8-25a 所示 A_3 的电流方向，在定子铁心旁把 A_3 的大致位置摆放好，不要翻转，右手把 C_3、C_4 和 B_3、B_4 从 A_3 中掏出，将 A_{3-2} 靠在 B_3、B_4 和 C_3、C_4 上，将 A_{3-1} 右边空过两个槽（双隔二）下在第 27 槽中。

17）将 A_{3-1} 左边下在 19 槽中。

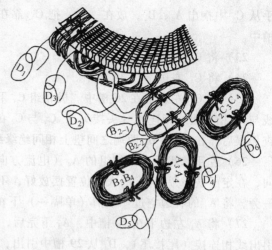

图 8-50　将 A、C 外甩线把从 B2 中掏出

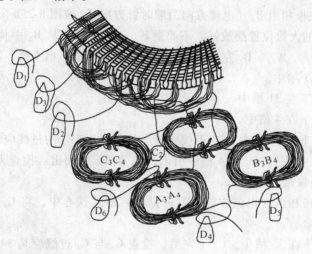

图 8-51　B_2 下好后，正确摆放 C_2，将 A、C 外甩
线把从 B_2 中掏出

18）将 A_{3-2} 右边下在 28 槽中。

19）将 A_{3-2} 左边下在 20 槽中。A_3 下完后，要确认 A_3 下线槽位、方向及掏把正确后，才能下另一个极相组。检查 A_2 与 A_3 的过线应是 11 与 19 槽引出线相连接（头接头），A_3 与 A_4 的过线从 28 槽中引出，B_3、B_4 和 C_3、C_4 从 A_3 中掏出，检查无误后，在 A_3 与 C_2 两端之间垫上相间绝缘纸，A_3 下线结束。

20）解开 B 相绕组的绑带，左手拿起反向极相组的 B_3（电流方向为逆时针方向），按图 8-25b 所示 B_3 的电流方向，在定子铁心旁把 B_3 的大致位置摆放好，不要翻转，右手把 A_4 和 C_3、C_4 从 B_3 中掏出来，放在一旁。将 B_3 右边空过一个槽（单隔一），下在第 30 槽中。

21）将 B_3 左边下在 23 槽中，极相组 B_3（单把线）的两个边下完。检查 B_2 与 B_3 的过线应是 22 槽与 30 槽引出线相连接（尾接尾），B_3 与 B_4 的过线从 23 槽中引出，A_4 和 C_3、C_4 从 B_3 中间掏出。检查无误后，在 B_3 与 A_3 两端之间垫上相间绝缘纸，B_3 下线结束。

22）解开 C 相绕组的绑带，左手拿起正向极相组的 C_3（电流方向为顺时针方向），右

手从 C_3 中掏出 A_4、B_4，放在一旁，把 C_{3-2} 靠在 A_4、B_4 上，将 C_{3-1} 右边空过两个槽，下在 33 槽中。

23）将 C_{3-1} 左边下在 25 槽中。

24）将 C_{3-2} 右边下在 34 槽中。

25）将 C_{3-2} 左边下在 26 槽中。极相组 C_3 下线完毕，检查 C_2 与 C_3 的过线应是 17 槽引出线与 25 槽引出线相连接（头接头），C_3 与 C_4 的过线从 34 槽引出，A_4、B_4 从 C_3 中掏出。检查无误后。在 C_3 与 B_3 两端之间垫上相间绝缘纸，C_3 下线结束。

26）左手拿起反向极相组的 A_4（电流方向逆时针方向），按图 8-25a 所示 A_4 的电流方向，在定子铁心旁把 A_4 的大致位置摆放好，不要翻转，右手把 B_4、C_4 从 A_4 中掏出，放在一旁，将 A_4 的右边空过一个槽（单隔一）下在 36 槽中。

27）将 A_4 左边下在 29 槽中，A_4 下完后，检查 A_3 与 A_4 过线应是 28 槽引出线与 36 相引出线相连接（尾接尾），D_4 从 29 槽中引出，B_4、C_4 从 A_4 中掏出。检查无误后，在 A_4 与 C_3 两端之间垫上相间绝缘纸，A_4 下线结束。

28）左手拿起正极相组 B_4（电流方向为顺时针方向），按图 8-25b 所示 B_4 的电流方向，在定子铁心旁把 B_4 的大致位置摆放好，不要翻转，右手将 C_4 从 B_4 中掏出，放在一边，将 B_{4-2} 靠在 C_4 上，将 A_{1-1}、A_{1-2}、B_1 左边撬起来，露出待下线的 3 槽 4 槽。将 B_{4-1} 右边空过两个槽（双隔二），下在 3 槽中。

29）将 B_{4-1} 左边下在 31 槽中。

30）将 B_{4-2} 右边下在 4 槽中。

31）将 B_{4-2} 左边下在 32 槽中，B_4 下线完毕。检查 B_3 与 B_4 的过线应是 23 槽引出线与 31 槽引出线相连接（头接头），D_5 从 4 槽中引出，C_4 从 B_4 中掏出。检查无误后，在 A_4 与 B_4 两端之间垫上相间绝缘纸。

32）将 C_4 反向极相组（电流方向逆时针方向）放入铁心中，将 C_4 右边空过一个槽下在 6 槽中。

33）将 C_4 左边下在 35 槽中，C_4 下完后，检查 C_3 与 C_4 过线应是 34 槽引出线与 6 槽引出线相连接（尾接尾），D_6 从 35 槽中引出。检查无误后，在 C_4 与 B_4 两端之间垫上相间绝缘纸，C 相绕组下线结束。

34）将 A_{1-1} 左边下在 1 槽中。

35）将 A_{1-2} 左边下在 2 槽中。A_1 下线完毕，检查 D_1 从 1 槽中引出。检查无误后，在 A_1 与 C_4 两端之间垫上相间绝缘纸，A 相绕组下线结束。

36）将 B_1 左边下在 5 槽中，B_1 下线完毕。检查 B_1 与 B_2 过线应是 5 槽引出线与 13 槽引出线相连接（头接头），D_2 从 12 槽引出。在 B_1 与 A_1 两端之间垫上相间绝缘纸，B 相绕组下线结束。

9. 接线

在接线之前要分别检查每相绕组是否与图 8-25 所示绕组展示分解图相符，检查方法是将定子垂直放在地上。查完 A 相查 B 相，最后再检查 C 相绕组，左手拿划线板，右手伸出一根手指，按图从每相绕组电流流进端查到电流流出端。

检查 A 相绕组的方法：将图 8-25a 摆放在定子旁，对着图检查 A 相绕组。从 D_1（1 槽引出线）开始，手指按电流的方向绕转，从 1 槽绕到 9 槽，查看 A_{1-1} 节距应是 1-9。从 9 槽绕到 2 槽，从 2 槽绕到 10 槽，找到 A_1 与 A_2 过线，右手指顺着 A_1 与 A_2 的过线绕转进 18 槽，从 18 槽绕进 11 槽，A_2 节距应为 1-8，用划线板找到 A_2 与 A_3 的过线，右手指顺着 11 槽的过线绕转进 19 槽，从 19 槽绕进到 27 槽，从 27 槽绕进到 20 槽，从 20 槽绕进到 28 槽，从 28 槽绕进 36 槽，从 36 槽绕到 29 槽。D_4 从 29 槽中引出，检查者随极相组位置转电动机一周，检查 A 相绕组极相组与极相组的连接、每把线节距、流过每把线电流方向与图 8-25a 相符。证明 A 相绕组正确，再测量 A 相绕组的电阻，用万用表 R×1k 档或 R×10k 档，一支表笔接 D_1，一支表笔接 D_4，表针指向 0 且摆动，证明 A 相绕组接通；表针不动，证明 A 相绕组断路，排除故障达到接通为止。

用同样的方法检查 B、C 两相下线是否正确、绕组是否为通路。然后再用绝缘电阻表测量绕组对地以及绕组之间的绝缘电阻其值应大于 0.5MΩ，绕组对地短路大多是由于槽口绝缘纸破裂或下线时绝缘纸向一端移动引起的，仔细检查，发现可疑处，慢慢撬动该端绕组再用绝缘电阻表测量，如果绝缘电阻小于 0.5MΩ，证明该槽绝缘纸有问题，应重新更换该槽的绝缘

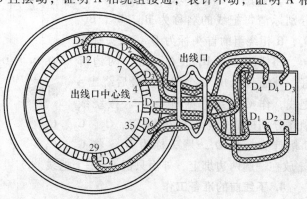

图 8-52　接线和定 1 槽的方法

纸，彻底排除故障。用同样的方法检查另外两相，经查三相绕组均无误后，将 6 个引出线套上套管（一定要套到根部）引出，接在接线板上相应的接线螺钉上。如电动机原来是 △ 形联结，就将三个铜片按 1、6，2、4，3、5 的顺序接起来。如果原电动机是星形联结，就将 D_4、D_5、D_6 三个接线螺钉用铜片接起来。如图 8-52 所示。

8.5.2　单层链式绕组的下线方法

下面以三相 4 极 24 槽，节距为 1-6 的电动机为例来介绍单层链式绕组的下线方法式绕组的下线方法。

24 槽下成 4 极电动机，$q = \dfrac{Z}{2pm} = \dfrac{24}{2 \times 2 \times 3} = 2$，由于是单层绕组，线把总数 $= \dfrac{Z}{2} = \dfrac{24}{2} =$ 12 把，每相 4 把线，每一相的"极相组数 = 级数"，故每一相有 4 个极相组。

1. 绕组展开图

图 8-53 画出了三相 4 极 24 槽节距 1-6 单层链式绕组展开图。从图可以看出，每相绕组由 4 个极相组组成，每个极相组由 1 把线组成，每把线的节距是 1-6，极相组与极相组采用头接头和尾接尾的连接方法连接。

2. 绕组展开分解图

为了使看图简便，有利于下线，将图 8-53 所示的绕组展开图分解成如图 8-54 所示的绕组展开分解图，在绕组展开分解图上端标有下线顺序数字，下线时按照线把上端标的下线顺序数字进行下线。

3. 线把的绕制与整理

这个电动机每相绕组共有 4 个极相组，每个极相线只有一个把线，所以绕线时要绕完 4

把线后断开，标为 A 相绕组。如图 8-
54a 所示，按每把线的绕线顺序分别标
清 A_1、A_2、A_3、A_4，A 相绕组的首头标
为 D_1，尾头标为 D_4。将 A 相绕组的 A_2、
A_3、A_4 放在一起两边绑好，外面只剩一
个把线 A_1。继续绕出 4 把线，定做 B 相
绕组，如图 8-54b 所示。按绕线顺序，
分别标清每把线的名称为 B_1、B_2、B_3、
B_4，B 相绕组的首头标为 D_2，尾头标为
D_5，将 B_2、B_3、B_4 放在一起，两边绑
好，外面只留 B_1 一个把线。最后绕出 4
把线，作 C 绕组，见图 8-54c。按绕线
顺序分别标清每把线的名称 C_1、C_2、C_3、C_4，
C 相首头标为 D_3，尾头标为 D_6，将 C_2、C_3、
C_4 放在一起两边绑上，外面只留 C_1 一个把线。

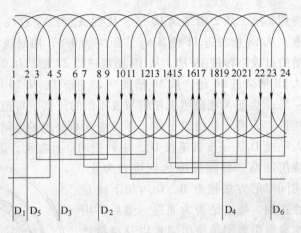

图 8-53　三相 4 极 24 槽节距 1-6 单层链式绕组展开图

4. 下线前的准备工作

按原电动机槽绝缘纸和相间绝缘纸的尺寸
裁制 24 条槽绝缘纸和 24 块相间绝缘纸放在定
子旁，再按槽绝缘纸的尺寸裁制几条作为引槽
纸，将制做槽楔材料及下线工具放在定子旁，
准备下线。

5. 下线顺序

三相 4 极 24 槽链式绕组的下线顺序是 A_1
→B_1（A_2、A_3、A_4）→C_1（A_2、A_3、A_4、B_2、
B_3、B_4）→A_2（B_2、B_3、B_4、C_2、C_3、C_4）
→B_2（A_3、A_4、C_2、C_3、C_4）→C_2（A_3、A_4、
B_3、B_4）→A_3（B_3、B_4、C_3、C_4）→B_3（A_4、
C_3、C_4）→C_3（A_4、B_4）→A_4（B_4、C_4）→
B_4（C_4）→C_4，详细下线步骤按图 8-54 线把
上端所标数字进行。括号内为下当前极相组时
所要掏的极相组。

6. 下线手法：边捻边推

7. 下线原则：嵌一槽，隔一槽

8. 下线方法

将图 8-54 摆放在电动机旁的工作台上，下
线步骤按线把上端数字顺序进行，具体如下：

1）将 A_1（正向极相组）按照图 8-54a 所
示电流方向摆放在定子铁心内，不要翻转，将
右边下在第 6 槽中，A_1 左边不下（吊把），将

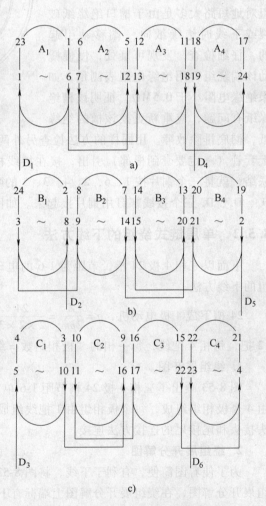

图 8-54　三相 4 极 24 槽节距 1-6 单
层链式绕组展开图分解图

a）A 相绕组　b）B 相绕组　c）C 相绕组

A_1 左边与铁心之间垫上绝缘纸，检查 A_1 与 A_2 的过线从 6 槽引出，D_1 从 A_1 左边引出为 A_1 下线正确。

2）左手拿着反向极相组 B_1，根据图 8-54b 所示的电流方向，大致在定子铁心内摆好位置，不要翻转，右手将 A_2、A_3、A_4 从 B_1 中掏出，放在定子旁。将 B_1 右边空过 1 个槽下在第 8 槽中，左边空着不下（吊把），B_1 下完后，将 D_2 下在第 8 槽中，A_2、A_3、A_4 从 B_1 中掏出，为 B_1 下线正确。

3）左手拿起正向极相组 C_1，根据图 8-54c 所示电流方向，大致在铁心内摆好位置，不要翻转，右手把 A_2、A_3、A_4 和 B_2、B_3、B_4 从 C_1 中掏出放在一旁，将 C_1 右边空过一个槽，下在第 10 槽中。

4）将 C_1 左边下在第 5 槽中，C_1 下完后检查 D_3 下在 5 槽，C_1 与 C_2 过线从 10 槽中引出，A_2、A_3、A_4 和 B_2、B_3、B_4 从 C_1 中掏出。检查无误后在 C_1 与 B_1 两端之间垫上相间绝缘纸。

5）从 A 相绕组中解下 A_2，把 A_3、A_4 绑在一起，左手拿反向极相组 A_2，根据图 8-54a 所示电流方向，大致在铁心内摆好位置，不要翻转，右手把 B_2、B_3、B_4 和 C_2、C_3、C_4 从 A_2 中掏出，放在定子旁，将 A_2 右边空过 1 个槽，下在第 12 槽中。

6）将 A_2 左边下在第 7 槽中，A_2 下线完成。检查 A_2 与 A_1 过线是 6 槽引出线连着 12 槽引出线，A_2 与 A_3 过线从 7 槽中引出，B_2、B_3、B_4 和 C_2、C_3、C_4 从 A_2 中掏出。检查无误后，在 A_2 与 C_1 两端之间垫上相间绝缘纸。

7）解下 B_2，左手拿起正向极向组 B_2，根据图 8-54b 所示电流方向，大致在铁心内摆好位置，不要翻转，右手从 B_2 中掏出 A_3、A_4 和 C_2、C_3、C_4 放在一旁，将 B_2 右边空过一个槽，下在第 14 槽中。

8）将 B_2 的左边下在第 9 槽中，B_2 下线完成。检查 B_1 与 B_2 过线从 B_1 左边连接 9 槽，B_2 与 B_3 的过线从 14 槽中引出，A_3、A_4 和 C_2、C_3、C_4 从 B_2 中掏出。检查无误后在 B_2 与 A_2 两端之间垫上相间绝缘纸。

9）解下 C_2，左手拿起反向极相组的 C_2，根据图 8-54c 所示电流方向，大致在铁心内摆好位置，不要翻转，右手从 C_2 中掏出 B_3、B_4 和 A_3、A_4，将 C_2 右边空过一个槽，下在 16 槽中。

10）将 C_2 左边下在 11 槽中，C_2 下线完成。检查 C_1 与 C_2 过线是 10 槽引出线与 16 槽引出线相连接，C_2 与 C_3 过线从 11 槽中引出，A_3、A_4 和 B_3、B_4 从 C_2 中掏出。检查无误后，在 C_2 与 B_2 两端之间垫上相间绝缘纸。

11）左手拿起正向极相组 A_3，根据图 8-54a 所示电流方向，大致在铁心内摆好位置，不要翻转，右手从 A_3 中掏出 B_3、B_4 和 C_3、C_4 放在一旁，将 A_3 右边空过一个槽，下在第 18 槽中。

12）将 A_3 左边下在第 13 槽中，A_3 下线完成。检查 A_2 与 A_3 的过线是 7 槽连着 13 槽，A_3 与 A_4 的过线从 18 槽中引出，B_3、B_4 和 C_3、C_4 从 A_3 中掏出。检查无误后，将相间绝缘纸垫在 A_3 与 C_2 两端之间，A_3 下线结束。

13）左手拿起反向极相组 B_3，根据图 8-54a 所示电流方向，大致在铁心内摆好位置，不要翻转，右手将 A_4 和 C_3、C_4 从 B_3 中掏出，将 B_3 右边空过一个槽，下在 20 槽中。

14）将 B_3 左边下在 15 槽中，B_3 下线完成。检查 B_2 与 B_3 的过线是 14 槽引出线与 20 槽引出线相连接，B_3 与 B_4 过线从 15 槽中引出，A_4 和 C_3、C_4 从 B_3 中掏出。检查无误后，在 B_3 与 A_3 两端之间垫上相间绝缘纸。

15）左手拿起正向极相组 C_3，根据图 8-54c 所示电流方向，大致在铁心内摆好位置，不要翻转，右手将 A_4、B_4 从 C_3 中掏出放在一旁，将 C_3 右边空过一个槽，下在 22 槽中。

16）将 C_3 左边下在 17 槽中，C_3 下线完成。检查 C_2、C_3 的过线是 11 槽引出线与 17 槽引出线相连接，C_3 与 C_4 过线从 22 槽中引出，A_4 和 B_4 从 C_3 中掏出。检查无误后，在 B_3 与 C_3 两端之间垫上相间绝缘纸，C_3 下线结束。

17）左手拿起反向极相组 A_4，根据图 8-54a 所示电流方向，大致在铁心内摆好位置，不要翻转，右手将 B_4 和 C_4 从 A_4 中掏出，放在定子旁，将 A_4 右边空过一个槽，下在 24 槽中。

18）将 A_4 左边下在第 19 槽中，A_4 下线完成。检查 A_3 与 A_4 的过线是 18 槽引出线连接着 24 槽引出线，D_4 从 19 槽中引出，B_4 和 C_4 从 A_4 中掏出。检查无误后，在 A_4 与 C_3 两端之间垫上相间绝缘纸。

19）把线把 A_1 和 B_1 的左边撬起来让出 B_4、C_4 右边待下的 2 槽和 4 槽。左手拿起正向极向组 B_4，根据图 8-54b 所示电流方向，大致在铁心内摆好位置，不要翻转，右手将 C_4 从 B_4 中掏出。B_4 右边空过一个槽，下在第 2 槽中。

20）将 B_4 左边下在第 21 槽中，B_4 下线完成。检查 B_3 与 B_4 的过线是 15 槽引出线连接着 21 槽引出线，D_5 从 21 槽中引出，C_4 从 B_4 中掏出。检查无误后，在 A_4 与 B_4 两端之间垫上相间绝缘纸。

21）拿起反向极相组 C_4，根据图 8-54c 所示电流方向，大致在铁心内摆好位置，不要翻转，将 C_4 右边空过一个槽，下在 4 槽中。

22）将 C_4 左边下在第 23 槽中，C_4 下线完成。检查 C_3 与 C_4 的过线是 22 槽引出线与 4 槽引出线相连接，D_6 从 23 槽中引出。检查无误后，在 C_4 与 B_4 两端之间垫上相间绝缘纸，C 相绕组下线结束。

23）将 A_1 左边下在 1 槽中，A_1 下线结束。检查 D_1 从 1 槽中引出，为 A_1 下线正确。在 A_1 与 C_4 两端之间垫上相间绝缘纸，A 相绕组下线结束。

24）将 B_1 左边下在 3 槽中，B_1 下线完成，检查 B_1 与 B_2 过线是 3 槽引出线与 9 槽引出线相连接。在 B_1 与 A_1 两端之间垫上相间绝缘纸，B 相绕组下线结束。

9. 接线

在接线之前要详细检查每相绕组是否按图 8-54 所示下在所对应槽中。先查 A 相绕组，具体方法是：将电动机定子铁心垂直放在地上，右手食指对着图 8-54a 从 D_1 开始，手指顺着电流方向查 A 相绕组，从 1 槽绕到 6 槽，从 6 槽查到 12 槽，从 12 槽绕到 7 槽，从 7 槽绕进 13 槽，从 13 槽绕到 18 槽，从 18 槽绕到 24 槽，从 24 槽绕到 19 槽，然后从 19 槽 D_4 伸出。A 相绕组查对后，用同样的方法，按图 8-54b 查 B 相绕组和按图 8-54c 查 C 相绕组。三相查完后，再用万用表分别测量三相绕组是否有断路现象，发现问题及时解决。然后用绝缘电阻表测量绕组对地以及绕组之间的绝缘电阻，发现短路故障及时排除。绝缘良好，开始接线。将 D_1、D_2、D_3、D_4、D_5、D_6 6 根引线套上套管分别接到电动机接线板所对应的接线螺钉上（套管一定要套到引出线的根部），原来接线板上的连接铜片不要改动。如果没有接线板，可按下面规定的接线法连接。

　　1）三角形联结。D_1、D_6（1 槽 23 槽引出线）相连接；D_2、D_4（8 槽 19 槽引出线）相连接；D_3、D_5（5 槽 2 槽引出线）相连接，接电源。

　　2）Y 形联结。D_1（1 槽引出线）引出接电源，D_2（8 槽引出线）引出接电源，D_3（5 槽引出线）引出接电源，将 D_4、D_5、D_6（23、19、2 槽引出线）连接一起。

8.5.3　单层同心式绕组的下线方法

　　下面以三相 2 极 24 槽节距为 1-12、2-11 的电动机为例，介绍单层同心式绕组的下线方法。24 槽下成 2 极，$q = \dfrac{Z}{2pm} = \dfrac{24}{2 \times 1 \times 3} = 4$，由于是单层绕组，线把总数 $= \dfrac{Z}{2} = \dfrac{12}{2} = 12$ 把，每相 4 把线，每一相的"极相组数 = 级数"，故每一相有两个极相组。

　　1. 绕组展开图

　　图 8-55 画出了三相 2 极 24 槽节距为 1-12、2-11 的单层同心式绕组展开图。D_1、D_4 分别代表 A 相绕的头和尾；D_2、D_5 分别代表 B 相绕组的头和尾；D_3、D_6 分别代表 C 相绕组的头和尾。每相绕组由 2 个极相组组成，每个极相组由 2 把线组成，大把节距是 1-12，小把线的节距是 2-11，极相组与极相组采用头接头和尾接尾的连接方法连接。

　　2. 绕组展开分解图

　　实际电动机三相绕组的 6 个极相组（12 把线）是按一定顺序排布在定子铁心中，初学者看绕组展开图会感到乱而不易懂。为了看图简单便于下线，将图 8-55 展开，分解成如图 8-56 所示的图，在绕组展开分解图上端标有下线顺序数字，下线时按绕组展开分解图进行下线。

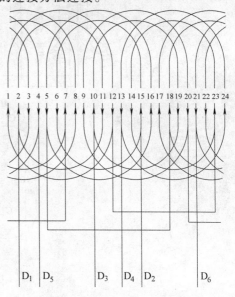

图 8-55　三相 2 极 24 槽节距为 1-12、1-11 的单层同心式绕组展开分解图

　　3. 线把的绕制和整理

　　这个电动机每相绕组由两个极相组组成，每个极相组是由一大把线套着一小把线组成（所以称同心式绕组）。同心式绕组绕制线把的方法是先绕小把后绕大把，按原电动机线径大小把周长的尺寸和匝数在万用绕线模上调精确，依次按小把-大把-小把-大把的顺序绕出 4 把线，为一相绕组。每把线两边用绑带绑好，剪断线头从绕线模上卸下线把，定做 A 相绕组，按图 8-56a 摆好 A 相绕组，按照绕线把的顺序，先绕的小把定做 A_{1-1}，小把线上的线头定做 D_1，第二绕出的大把线标为 A_{1-2}，第三绕出的小把线定做 A_{2-1}，第四绕出的大把线标为 A_{2-2}，A_{2-2} 上这根头标为 D_4，实际标注时要参照图 8-56a，将 A_{2-1} 和 A_{2-2} 放在一起，两个边用绑带绑好，放在一旁。用同样的方法绕出 4 把线定做 B 相绕组，标上线把 B_{1-1}、B_{1-2}、B_{2-1} 和 B_{2-2}，如图 8-56b 所示（注意标 B 相绕组与 A 相绕组标每把线的代号方法一样，只是下线时方向 B 与 A 相反）。把 B_{2-1}、B_{2-2} 放在一起，两边绑在一起，再用同样的方法绕出 4 把线定做 C 相绕组，按图 8-56c 将每把线分别标为 C_{1-1}、C_{1-2}、C_{2-1}、C_{2-2}，把 C_{2-1}、C_{2-2} 两边放在一起，两边用绑带绑好，准备下线。

4. 下线前准备工作

根据原电动机槽绝缘纸的尺寸依次裁出 24 条槽绝缘纸和几条同规格的引槽纸，裁 16 块相间绝缘纸，将下线工具、制槽楔材料放在定子旁准备下线。

5. 下线顺序

绕线时按小把→大把→小把→大把绕制，下线的顺序同样，也按着小把→大把→小把→大把下线，三相绕组下线顺序为 $A_{1-1} \rightarrow A_{1-2} \rightarrow B_{1-1} \rightarrow B_{1-2} \rightarrow C_{1-1} \rightarrow C_{1-2} \rightarrow A_{2-1} \rightarrow A_{2-2} \rightarrow B_{2-1} \rightarrow B_{2-2} \rightarrow C_{2-1} \rightarrow C_{2-2}$。

6. 下线手法：边捻边推

7. 下线方法

将图 8-56 摆在定子旁，下哪个极相组，就对照哪相绕组展开图，下线步骤按线把上端数字顺序进行。

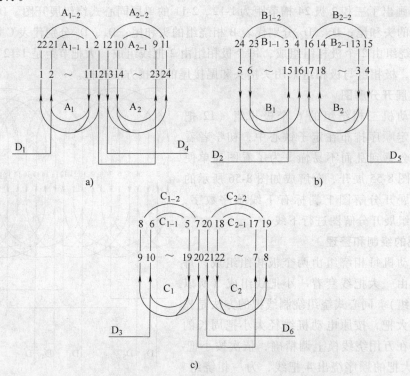

图 8-56　三相 2 极 24 槽单层同心式绕组展开分解图

a) A 相绕组　b) B 相绕组　c) C 相绕组

1）拿起正向极相组的 A_1，根据图 8-56a 中 A_1 所占的槽号将 A_1 在铁心内大致位置摆放好，不要翻转，将 A_{1-1} 右边下在 11 槽中，左边空着不下，在 A_{1-1} 左边与铁心之间垫上绝缘纸，防止铁心损伤导线绝缘层。

2）将 A_{1-2} 右边下在 12 槽中，两手将 A_1 两端轻轻向下按，A_1 下完后检查，D_1 应在 A_{1-1} 的左边，A_1 与 A_2 的过线下在 12 槽中。

3）左手拿起反向极相组 B_1，根据图 8-56b 中 B_1 所占的槽号将 B_1 在铁心内大致位置摆放好，不要翻转，右手将 A_2 从 B_1 中掏出放在一边，将 B_{1-2} 放 A_2 在上，将 B_{1-1} 右边空过两个槽下在 15 槽中，左边空着不下。

4）将 B_{1-2} 右边下在 16 槽中，左边空着不下，B_1 下完后，检查 B_1 与 B_2 的过线应在 B_{1-2} 左边，D_2 下在 15 槽中，A_2 从 B_1 中掏出。下完 B_1 可以看出，整个绕组中的极相组是由双把线组成，在开始下线时留有 4 把线（A_{1-1}、A_{1-2}、B_{1-1}、B_{1-2}）的左边空着不下（吊把）。

5）左手拿起正向极相组的 C_1，根据图 8-56c 中 C_1 所占的槽号将 C_1 在铁心内大致位置摆放好，不要翻转，右手将 A_2 和 B_2 从 C_1 中掏出，放在一边，将 C_{1-1} 右边空过两个槽下在 19 槽中。

6）将 C_{1-1} 左边下在 10 槽中。

7）将 C_{1-2} 右边下在 20 槽中。

8）将 C_{1-2} 左边下在 9 槽中，C_1 下完后，检查 D_3 应下在 10 槽中，C_1 与 C_2 的过线从 20 槽中引出，A_2 和 B_2 从 C_1 中掏出。在 C_1 与 B_1 两端之间垫上相间绝缘纸，对 C_1 两端进行初步整形，不要用力过大，以免使绝缘纸破裂，造成短路故障。

9）解开 A_2 两端的绑带，左手拿起反向极相组 A_2，根据图 8-56a 中 A_2 所占的槽号将 A_2 在铁心内大致位置摆放好，不要翻转，右手将 B_2 和 C_2 从 A_2 中掏出，将 A_{2-1} 右边空过两个槽下在 23 槽中。

10）将 A_{2-1} 左边下在第 14 槽中。

11）将 A_{2-2} 右边下在第 24 槽中。

12）将 A_{2-2} 左边下在 13 槽中，A_2 下完后检查 D_4 应从 13 槽中引出，A_1 与 A_2 的过线是 12 槽引出线与 23 槽引出线相连接（尾接尾），B_2 和 C_2 从 A_2 中掏出。在 C_1 与 A_2 两端之间垫上相间绝缘纸。

13）撬起 A_{1-1}、A_{1-2}、B_{1-1} 和 B_{1-2} 的左边，露出待下的槽位。解开捆着 B_{2-1}、B_{2-2} 两边的绑带，左手拿起正向极相组 B_2，根据图 8-56b 中 B_2 所占的槽号将 B_2 在铁心内大致位置摆放好，不要翻转，右手把 C_2 从 B_2 中掏出放在定子旁边，将 B_{2-1} 右边下在 3 槽中。

14）将 B_{2-1} 左边下在 18 槽中。

15）将 B_{2-2} 右边下在 4 槽中。

16）将 B_{2-2} 左边下在 17 槽中，B_2 下完后检查 D_5 应从 4 槽中引出，B_1 与 B_2 的过线是 B_{1-2} 左边与 18 槽引出线相连接（头接头），C_2 从 B_2 中掏出。在 B_2 与 A_2 两端之间垫上相间绝缘纸。

17）解开捆着 C_2 两边的绑带，将 C_{2-2} 摆放在一边，将 C_{2-1} 右边下在 7 槽中。

18）将 C_{2-1} 左边下在 22 槽中。

19）将 C_{2-2} 右边下在 8 槽中。

20）将 C_{2-2} 左边下在 21 槽中，C_2 下完后检查 D_6 应从 21 槽中引出，C_1 与 C_2 过线是 20 槽与 7 槽的引出线相连接（尾接尾）。将相间绝缘纸垫在 B_2 与 C_2 两端之间，C 相绕组下线完毕。

21）将 A_{1-1} 左边下在 2 槽中。

22）将 A_{1-2} 左边下在 1 槽中，A_1 下完后检查 D_1 应从 2 槽中引出。在 A_1 与 C_2 两端之间垫上相间绝缘纸，A 绕组下线结束。

23）将 B_{1-1} 左边下在 6 槽中。

24）将 B_{1-2} 左边下在 5 槽中，B_1 下线完毕，检查 B_1 与 B_2 的过线是 5 槽与 18 槽的引出线相连接（头接头）。在 B_1 与 A_1 两端之间垫上相间绝缘纸，B 绕组下线结束。

8. 接线

按照图 8-56a 详细检查 A 绕组每把线的节距、极相组与极相组连接是否正确，D_1、D_4 应分别从 2 槽和 13 槽引出，A 绕组应与图 8-56a 相符。确认无误后，测量 A 相绕组与外壳绝缘良好为 A 相绕组下线是否正确、绝缘是否良好。用同样的方法检查 B 相绕组和 C 相绕组。然后再查各绕组之间的绝缘电阻，三相绕组经核查测量无误后，将 D_1-D_6 分别套上套管（套管一定要套到引出线的根部）引出，接在接线盒上所对应的接线螺钉上，按原电动机接线方法连接起来。

8.6　绕组绝缘处理

1. 绕组浸渍和涂覆盖漆的目的

（1）绕组浸渍的目的

1）改善绕组的导热性和提高其散热性；

2）提高绕组耐电气强度；

3）提高绕组机械强度，使绕组粘结成一个整体，从而提高抗振性和机械稳定性；

4）提高绕组抗潮性、防霉性以及化学稳定性。

（2）绕组加涂覆盖漆的目的

1）提高绕组表面机械强度；

2）使绕组表面形成光滑的漆膜，增强耐油、耐电弧能力；

3）由于表面漆膜光亮、坚硬，可防止粉尘堆积，一旦积落粉尘，易于清除；

4）提高防霉能力。

2. 浸渍烘干工艺

预热目的是为了驱除线圈中潮气，同时加热线圈，保证浸渍温度。预热温度一般控制高于线圈绝缘耐热等级 5 ~ 10℃（因短期超过耐热等级是允许的），以缩短预热时间。预热过程中，每小时要测量一次电动机绝缘电阻值。当绝缘电阻值连续三次不变时，则认为绝缘电阻已稳定，预热完毕。

3. 浸漆

当前有沉浸法、浇漆法、真空浸漆和真空压力浸漆等方法。对于槽满率高、导线匝数多、线径细的电动机，宜采用真空压力浸漆法，目前多采用浇漆法和沉浸法。当预热后绕组温度降至 60 ~ 80℃ 时，便可开始浸漆。绝缘漆的粘度用 4 号粘度计测量。

粘度计使用方法是，用右手指堵住 ϕ4mm 的出口，粘度计中灌满绝缘漆，要求漆温为 20℃，用秒表记录时间。测量时打开右手指，让漆从 ϕ4mm 小口流出，同时用秒表记录时间，当杯中漆流光时，看秒表的指示，比如为 23s，说明绝缘漆的粘度为 23s。如果测量时，温度不是 20℃，也要记下当时温度，在温度换算表，可查出相当于 20℃ 时绝缘漆粘度值，4 号粘度计如图 8-57 所示。第一次浸漆的目的是为了使绝缘漆充满绕组和槽内所有缝隙当中，所以要求绝缘漆的流动性和渗透性要好，一般要求 20℃

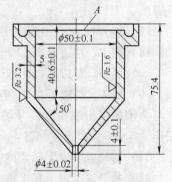

图 8-57　4 号粘度计

时漆的粘度为 18～23s。第二次浸漆目的是为了在绝缘表面形成漆膜,所以绝缘漆粘度要高些,一般要求 20℃时漆粘度为 28～32s。

4. 浸烘工艺

电动机的浸烘可分为两个阶段:第一阶段是使绝缘漆中的溶剂挥发掉,所以烘干温度不必太高,也称为低温阶段。烘干温度控制在略高于溶剂的挥发点即可,如二甲苯的挥发点是78.5℃,所以第一阶段的烘干温度控制在 70～80℃即可,这段烘干时间为 2～4h。此阶段的特点是溶剂大量挥发,所以要勤放风,排出炉内大量烟气,以防止着火和爆炸事故发生。第二段是绝缘漆基氧化和聚合,形成牢固的漆膜阶段。这时炉内温度可提高到 130℃±5℃,为高温阶段。此阶段由于绝缘漆基的化学反应,要求炉内有大量的空气进入,所以要定时补入外界空气,以增强漆膜强度和烘干时间。这段时间内,要隔 1h 测量一次电动机的绝缘电阻值。当连续稳定三次测量绝缘电阻值不变时,便认为电动机以干燥完毕。

5. 涂覆盖漆

电动机浸烘完毕后,应在 50～80℃进行涂盖工艺。一般采用喷漆方式,无此设备亦可用刷漆方式,但要刷匀,刷全面,否则不易保证质量。涂盖质量要求是漆膜厚度均匀,表面光亮。采用二次喷漆比一次喷漆达到同样的厚度的质量要好。如果使用晾干绝缘漆时,之后可以不经烘干处理;对于潮湿的恶劣环境要多喷几遍绝缘漆。

6. 简易烘干方法

图 8-58 所示为将灯泡吊挂在电动机内腔进行干燥绕组的方法。图 8-59 所示为用生石灰干燥法

图 8-58　把灯泡吊在定子中

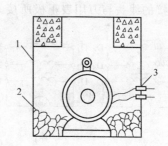

图 8-59　用生石灰干燥绕组

8.7　三相异步电动机定子绕组首末端判别

当电动机接线板损坏,定子绕组的 6 个线头分不清楚时,不可盲目接线,以免因此而引起三相电流不平衡,电动机绕组过热,转速降低甚至不转、熔丝烧断或烧坏定子绕组。因此必须分清 6 个线头的首末端后方能接线。6 个线头首末端判别方法如下:

1. 串联判别法

1)用绝缘电阻表或万用表的电阻档,分别找出三相绕组的各相两个线头。

2)先给三相绕组的线头作假设编号 D_1、D_4,D_2、D_5,D_3、D_6,并把 D_2、D_4 连接起来,构成两相绕组串联。

3)在 D_1、D_5 线头上接一只灯泡。

4）D_3、D_6 两上线头上接通 36V 交流电源。如果灯泡发光或用万用表测量 D_1、D_5 两线头上有电压，说明线头 D_1、D_4 和 D_2、D_5 的编号正确。如果灯泡不发光，或用万用表测不出电压，则把 D_1、D_4 或 D_2、D_5 任意两个线头的编号对调一下即可。

5）再按上述方法对 D_3、D_6 两个线头进行判别。判别时接线如图 8-60 所示。

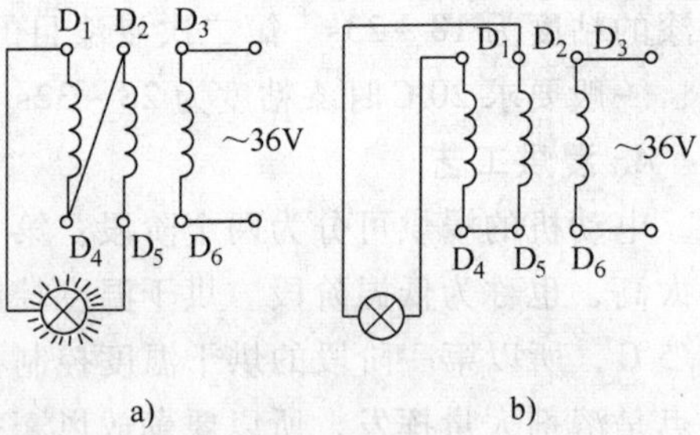

图 8-60　串联判别接线方法

a）灯亮说明两相头尾正确

b）灯不亮说明两相头尾不正确

2. 用万用表或微安表判别首末端

（1）方法一

1）先用绝缘电阻表或万用表电阻档分别找出三相定子绕组的各相两个线头。

2）给各相绕组假设编号为 D_1、D_4，D_2、D_5，D_3、D_6。

3）按图 8-61 接线，用手转动电动机转子，若万用表（微安档）指针不动，则证明假设的编号是正确的；若指针有偏转，说明其中有一相首末端假设编号不对，此时应逐相对调重测，直到正确为止。

（2）方法二

1）先分清三相绕组各相的两个线头，并假设编号后按图 8-62 的方法接线。

2）注视万用表（微安档）指针摆动的方向。合上开关瞬间，若指针摆向大于零的一边，则接电池正极的线头与万用表负极所接的线头同为首端或末端；若指针反向摆动，则电池正极所接的线头与万用表正极所接的线头同为首端或末端。

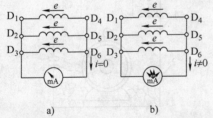

图 8-61　用万用表判别首末端方法一

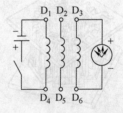

图 8-62　用万用表判别首末端方法二

3）再将电池和开关接另一相进行测试，就可以正确判别各相的首末端。

8.8　单相电容式异步电动机

单相电容式异步电动机在电动机系列中属于微型电动机，其容量为几瓦到几百瓦，凡是有 220V 单相交流电源的地方均能使用。由于它结构简单，成本低廉、噪声小、移动安装方便，对电源无特殊要求，已广泛用于工业、农业、医疗、办公场所，且大量应用于家庭，是电扇、洗衣机、电冰箱、空调器、鼓风机、吸尘器等家用电器的动力机，有家用电器的心脏之称。单相异步电动机按其定子结构和起动机构的不同，可分为电容式、分相式、罩极式等几种。下面以台扇电动机为例，介绍单相电动机的结构和工作原理。

8.8.1　台扇电动机

台扇电动机属于电容运转式电动机，主要用于台扇、落地扇，壁扇等电风扇作动力机。本节将分析其结构、机械拆装工艺及绕组拆换工艺。

单相电容式电动机是用于单相电源的笼型异步电动机，主要由定子、转子、端盖、轴承、外罩等组成。图 8-63 所示为单相台扇电动机结构。

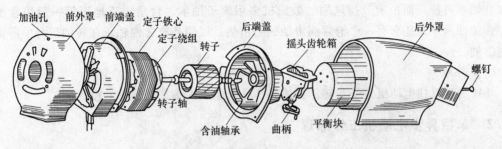

图 8-63　单相台扇电动机结构

（1）定子

与三相电动机类似，定子铁心由硅钢片叠压而成。其定子绕组由两套独立的、在空间相隔 90°电角度的对称分布绕组组成，一套叫主绕组，又称工作绕组；另一套叫副绕组，又称辅绕组或起动绕组，其原理图和实际结构图如图 8-64 所示。

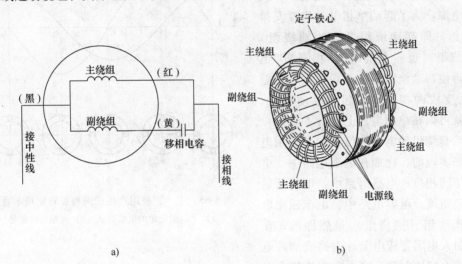

图 8-64　单相电容式电动机的接线原理图和定子实际结构
a）接线原理图　b）定子实际结构

（2）笼型转子

与三相电动机完全相同，只是体积小得多。它的转子槽要比定子槽多。如果定子是 8 槽，则转子采用 17 槽；若定子是 16 槽，转子则采用 22 槽。

（3）起动元件

电容式电动机的起动元件由起动绕组和电容器组成。它的特点是电动机起动并投入正常运行后，电容器和起动绕组均不断开电源，所以又称电容运行式电动机。

（4）端盖

分前端盖和后端盖，由铸铝或其他金属制成，用以固定电动机定子，并通过轴承支承笼型转子，保护定子绕组，保证定子和转子配合的准确与牢固。其中台扇电动机的前端盖连前罩壳，后端盖连齿轮箱。

（5）轴承

按电动机容量、种类的不同，所用轴承有滚子轴承和滑动轴承两类。滑动轴承又分轴瓦和含油轴承两种。而吊扇、排风扇、鼓风机多用滚子轴承。台扇、落地扇等一般用含油轴承。含油轴承外面还套有一个饱含润滑油的毛毡垫。以便补充含油轴承在转轴运行中所消耗的润滑油。

（6）外罩

外罩用于罩住电动机定子和转子，使其不受灰尘、水滴、杂物等的浸入。

8.8.2 单相异步电动机工作原理

由于单相绕组通入单相交流电后，产生脉振磁场，磁场大小虽然在空间按正弦规律分布，但其幅值的位置在空间固定不变，因此单相异步电动机不能自行起动运转。

我们知道三相绕组会产生旋转磁场，两相绕组也会产中旋转磁场（见图8-65），但我国供电电源只有单相、三相电源，没有两相电源。为了起动单相电动机要安排两套绕组，即起动绕组（也叫辅绕组）和工作绕组（也叫主绕组），相隔90°电角度，再使两套绕组相位不同（最好相差90°）则变成两相绕组，起动电动机后，电动机就可以在单相电源上运行了。

让两套绕组的电流相位不同是利用电路性质来实现的，比如在电阻电路中，电流与电压同相位；电感电路中，电流落后电压一定角度；电容电路中，电流领先电压。工作绕组（主绕组）是感性的，在辅绕组加入电阻变成电阻性电路或加入电容器变成电容性电路，则主、副绕组中电流的相位就会产生差别，如图8-66所示。

图8-66中曲线 i_m 是主绕组瞬时电流曲线，i_a 是副绕组瞬时电流曲线，这两条电流曲线相位差为 φ。在 t_1 时，$i_m = 0$，i_a 为正方向最大，按右手定则可知 i_a 产生的磁通向上，在 t_2 时 $i_a = 0$，i_m 最大，其产生的磁通 φ 向左。达到 t_5 后，可以看到磁场是逆时针旋转一周，因此产生了旋转磁

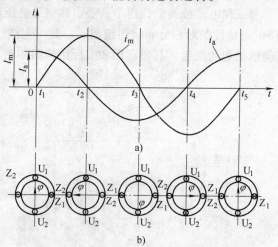

图 8-65 主、副绕组产生的两相旋转磁场示意图

a）主、副绕组的电流曲线　b）两相旋转磁场

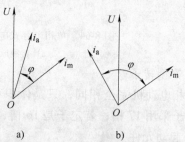

图 8-66 主、副绕组中电流相位差

a）纯电阻的副绕组中电流 i_a 与主绕组中电流 i_m 的相位差

b）副绕组中加电容器时的电流 i_a 与主绕组中电流 i_m 的相位差

场。有了旋转磁场，单相电动机的工作原理就跟三相电动机一样，用感应定律和左、右手定则进行分析。

8.9 变压器

变压器构造较为简单，但由于品种多、分类较复杂，本节将介绍变压器的构造与分类，并着重叙述电子电器所用小型变压器的构造及其分类。

8.9.1 变压器的构造

变压器主要由铁心、绕组和附件等组成。本节以小型变压器为例，分析其结构及主要部分的作用。

（1）铁心

铁心是变压器磁路的主体，分为铁心柱和磁轭两部分，如图 8-67 所示。其中铁心柱构成主磁路，磁轭使磁路形成闭合回路。为了减少铁心内部的涡流损耗和磁滞损耗。铁心多采用含硅量 5% 左右的厚度在 0.35 ~ 0.5mm 且表面有绝缘漆或氧化膜的硅钢片叠压而成。

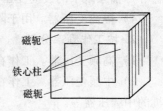

图 8-67　铁心结构

常用小型变压器的铁心形状有 E 形、F 形、口字形、C 形、日字形等冲片，如图 8-68 所示。为提高导磁性能，装配时通常要求交替叠装。

（2）绕组

绕组组成了变压器的电路部分，用漆包线在绕组骨架上绕制而成。绕组的作用是在通过交变电流时，产生交变磁通和感应电动势。

绕组在铁心上的常用绕法有两种形式。第一种为同心式，常将接高压端的绕组绕在内层。加上绝缘材料后，再将接低压端的绕组绕在外层。第二种为分段式，将变压器高、低压绕组各自分段绕在铁心上（实际多是先绕在线圈骨架上，再插上铁心片）。

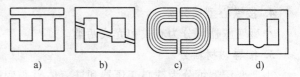

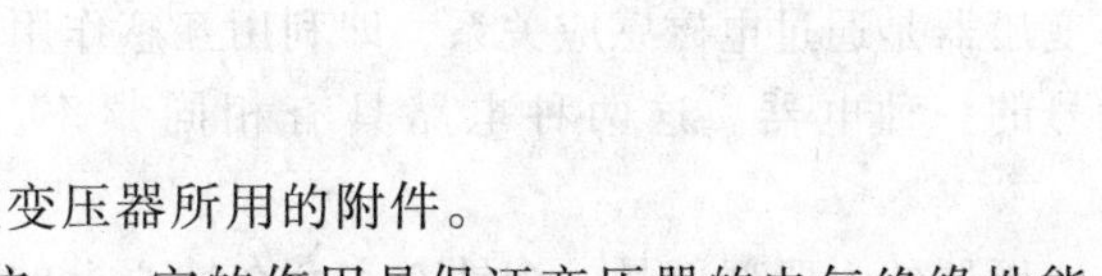

a)　　　b)　　　c)　　　d)

图 8-68　小型变压器铁心冲片形状
a) E 形　b) F 形　c) C 形　d) 日字形

（3）附件

电力变压器附件较多，下面介绍小型变压器所用的附件。

1）绝缘材料。这是变压器重要附件之一，它的作用是保证变压器的电气绝缘性能。主要要于铁心与绕组之间、绕组与绕组之间、绕组中层与层之间（此项有时不用）、引出线与其他绕组及铁心之间等部位的绝缘。小型变压器所用绝缘材料有青壳纸、聚酯薄膜青壳纸、聚酯薄膜、黄蜡绸（纸）等。用于引出线绝缘时，多选玻璃丝漆管或黄蜡管等。

2）屏蔽罩。在对漏磁通的防护要求较高的场合，变压器外层应加装用导磁材料制成的金属屏蔽罩，以防止漏磁通干扰线路工作。

3）绕组骨架。其作用是支撑和固定绕组，便于装配铁心。在变压器生产过程中，应首先制作绕组骨架，再绕线圈。

小型变压器部分附件如图 8-69 所示。

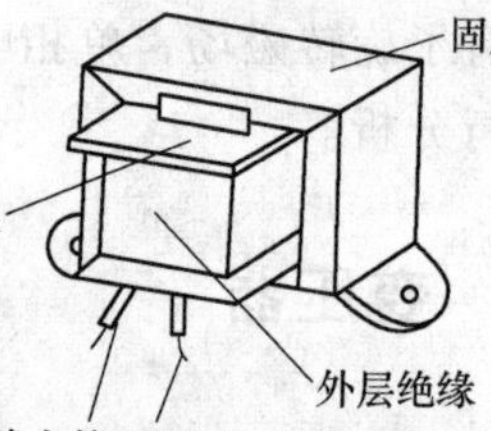

8.9.2　小型变压器的分类

在电子电器中，广泛使用小型变压器可按以下几个方面分类。

1. 按用途分类

1）电源变压器。为动力照明装置及电子电器整机提供电源。

图 8-69　变压器附件

2）选频变压器。为电子电器某些电路选择范围确定的工作频率，如接收机中的中频变压器。

3）耦合变压器。用于耦合信号、匹配阻抗，如音响设备中的输入变压器、输出变压器、广播系统中的线间变压器等。

4）隔离变压器。用于隔离对地的交流电源，确保带电维修时的安全。

2. 按工作频率分类

1）高频变压器。工作在较高频率范围，如接收机的天线线圈。

2）中频变压器。工作在接收机变频后的中频范围，如音响调谐器的中频变压器、电视机的中频压器等。

3）低频变压器。一般工作在音频范围，如输入变压器、输出变压器、线间变压器等。

3. 按绕组型式分类

按绕组型式分为双绕组变压器和多绕组变压器，如隔离变压器、单电源输出的变压器多为双绕组变压器；而线间变压器、音响与彩色电视机的电源变压器等，因有多路电源输出，为多绕组变压器。

4. 按铁心型式分类

小型变压器可分为心式和壳式两类。

5. 按导磁材料分

小型变压器可分为铁心变压器和铁氧体磁心变压器。

8.9.3　变压器的基本工作原理

变压器是通过电磁感应关系，即利用互感作用，从一个电路向另一个电路传递电能或传输信号的一种电器。这两种电路具有相同频率、不同电压和电流，也可以有不同的相数。

变压器的主要部件是一个铁心和套在铁心上的两个绕组（也叫线圈）。这两个绕组具有不同的匝数，且互相绝缘，如图 8-70 所示。实际上，两个绕组套在同一个铁心柱上，以增大耦合作用。图 8-70 中与电源相连的绕组，若是接收交流电能的称为一次绕组（俗称原边绕组），若是接收交流信号的则称为输入绕组。与负载相连的绕组，若是送出交流电能的称为二次绕组（俗称副边绕组），若是输出交流信号的则称为输出绕组。

1. 空载运行

当一次绕组加上交流电源电压 U_1 时，在一次绕组中即产生交流电流，由于此时二次绕组开路（不接负载），所以该电流称为空载电流，用 I_0 表示。又由于二次侧绕组呈开路状

态，则二次电流 $I_2 = 0$。此时，变
压器处于空载状态。

一次绕组空载电流 I_0 在绕组
包围着的铁心中产生一个交变的磁
通，该磁通通过闭合铁心的传导穿
过二次绕组。根据电磁感应的原
理，交变的磁通会在一、二次绕组
中产生电动势 E_1 和 E_2，根据有关
公式可以推导得到其大小分别为

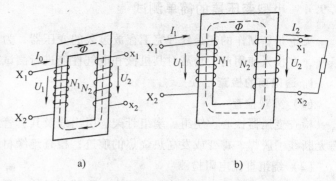

$$E_1 = 4.44fN_1\Phi_m \quad (8-1)$$
$$E_2 = 4.44fN_2\Phi_m \quad (8-2)$$

图 8-70　单相变压器工作原理图
a) 空载运行　b) 负载运行

式中　E_1 为一次侧感应电动势的有效值（V）；E_2 为二次侧感应电动势的有效值（V）；f 为
电源电压频率（Hz）；N_1 为一次侧绕组的匝数；N_2 为二次侧绕组的匝数；Φ_m 为铁心中主磁
通最大值（Wb）。

由式（8-1）和式（8-2）可得一、二次感应电动势之比等于一、二次绕组匝数之比，即

$$\frac{E_1}{E_2} = \frac{4.44fN_1\Phi_m}{4.44fN_2\Phi_m} = \frac{N_1}{N_2}$$

即在变压器空载运行时，因 I_0 很小，故一次绕组的电阻降及漏抗电压降也很小，在数值上
$E_1 \approx U_1$。因 $I_2 = 0$，E_2 在数值上等于二次绕组的空载电压 U_2，即 $E_2 = U_2$。所以有

$$\frac{E_1}{E_2} \approx \frac{U_1}{U_2} = \frac{N_1}{N_2} = K$$

式中，K 称为一、二次绕组匝数比，也称为变压器的额定电压比，旧称变比。当 $K > 1$ 时，
该变压器是降压变压器；当 $K < 1$ 时，该变压器是升压变压器；当 $K = 1$ 时，常用作隔离变
压器。欲使二次侧有不同的电压，只需在二次侧绕制不同匝数的绕组即可。但对于各类电气
系统中正常运行的各种产品变压器，其电压比是一个定值，不能随意改变。

2. 负载运行

当二次绕组接上负载后，如图 8-70b 所示，二次侧就有电流 I_2 流过，并产生磁通 Φ_2，
因而破坏了原来铁心中 Φ 的平衡。为"阻碍"Φ_2 对铁心中原有 Φ 的变化，一次电流将从空
载 I_0 电流增大到 I_1。因此，当二次电流增大或减小时，一次电流也会随之增大或减小。

变压器工作时本身有一定的损耗（铜损和铁损），但与变压器传输功率相比之下则是很
小的，可近似地认为变压器一次绕组输入功率 U_1I_1 等于其二次绕组输出功率 U_2I_2，即

$$U_1I_1 = U_2I_2$$

由此可得

$$\frac{I_1}{I_2} = \frac{U_2}{U_1} = \frac{N_2}{N_1} = \frac{1}{K}$$

以上分析表明，当二次绕组内通过电流时，一次绕组也要通过相应的电流，且一、二次
绕组内的电流之比，近似等于匝数比的倒数。这说明，变压器在改变电压的同时，也改变了
电流。

8.9.4　小型变压器的简单测试

无论是新制作的还是修理完工存放过久的变压器，为了保证它的性能指标基本符合使用条件，在投入使用前，均需对其机械和电气性能进行测试。

1. 通电前的检查

（1）外观检查

检查变压器铁心、绕组、绕组骨架、引出线及其套管、绝缘材料等有无机械损伤；绕组有无断线、脱焊、霉变或发高热烧焦的痕迹；检查绝缘材料是否老化、发脆、剥落等。

（2）绕组直流电阻检测

绕组直流电阻偏大时，能用万用表电阻档测量的，可直接用万用表分别检测各个绕组的直流电阻，并与标称值比较：若绕组电阻小，不能用万用表测试时，应用单臂电桥或双臂电桥进行检测。这样测得的电阻值比用万用表检测结果要精确得多。

（3）绕组绝缘电阻检测

用绝缘电阻表检测各个绕组之间，各绕组与铁心、与金属底板，屏蔽层之间的绝缘电阻，冷态时应达 50MΩ 以上。

2. 空载测试

（1）空载电流与空载输出电压的测试

小型变压器的通电测试电路如图 8-71 所示。在该电路中，闭合 S_1，调节调压器手柄，给一次绕组施加 220V 额定电压。分断 S_2，使变压器处于空载运行状态。此时电流表 A1 的读数即为所测空载电流。一般小型变压器空载电流为额定电流的 10% ~

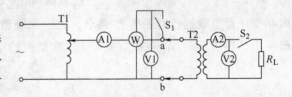

图 8-71　变压器通电测试电路

15%。若空载电流偏大，变压器损耗大，温升也将偏高。此时二次绕组所并联的电压表 V2 读数为该变压器空载输出电压 U_{2N}。

（2）耐压试验

变压器使用前应进行耐压试验，即每个绕组和其他绕组、铁心或屏蔽层之间，加以 3000V、50Hz 工频电压，持续 1min，若不发生击穿、打火等现象即为耐压试验合格。

（3）负载测试

1）额定输出电压和额定输出电流的测试。

在图 8-71 中，将待测变电器 T2 一次绕组接于 a、b 两端，闭合 S_2，使其带额定负载 R_L。当电压表 V1 读数为 220V 时，V2 的读数为该变压器额定输出电压。若该电压与标称值相差太远或无电压输出，说明绕组匝数有错或存在局部短路、开路等故障，应拆开绕组检查。

在该测试电路中，电流表 A1、A2 的读数分别为该变压器额定输入电流和额定输出电流。在输入电压为额定值时，若所测电流数值偏大，不是负载过重，就是一、二次绕组匝数不足。

2）温升测试

按图 8-71 电路加额定负载，通电数小时，待温升稳定后测试，温升以 40 ~ 50℃ 为宜。通常，变压器温升可用电阻法测试。通电前先测出一次绕组冷态直流电阻 R_1，因多数电源变压器一次绕组绕在变压器内层,不易散热,温度比较稳定,以它为测试对象比较准确。然后加上负载,通电数小时后切断电源,再测量一次绕组热态直流电阻 R_2。这样连续测几次,在几次所测直流电阻近似相等时,可认为所测温度为稳定时的终端温度。

8.9.5　变压器绕组的同极性端

当变压器只有一个一次绕组和一个二次绕组时,它的极性对于变压器的运行没有任何影响。但当变压器有两个或两个以上的一次绕组和几个二次绕组时,使用中就必须注意它们的正确连接,即根据绕组的极性正确连接线路,不然轻则不能正常使用,重则烧毁变压器或用电设备。

1. 同极性端的概念

如图 8-72 所示,变压器一次侧有两个相同的绕组,每个绕组的额定电压都是 110V。若把变压器接到交流电压为 220V 的电源上使用,很显然,必须把两绕组串联,串联的方法有两种,一种是将接线端 2 和 3 连起来,接线端 1 和 4 之间接 220V 交流电压,如图 8-73 所示。此时两绕组中的感应电动势方向相同,合成电动势增大,由于感应电动势与电源电压反相,绕组的电流很小,这种连接为正向串联,是正确的。若像图 8-74 所示那样,把接线端 2 和 4 连接在一起,在接线端 1 和 3 之间接 220V 交流电压,此时两绕组中的感应电动势方向相反,相互抵消,铁心中无磁通产生,绕组中的合成感应电动势为零,220V 电源电压全部加在只有很小直流电阻的一次绕组上,绕组中通过的电流很大,将会烧毁绕组,这种串联称为反向串联,是应该避免的。从上面分析可以看出,判断绕组端头电压极性,正确连接绕组是很重要的。为此,应引入同极性端的概念:当电流分别流入两个绕组时,产生的磁通方向相同,或者说当磁通发生变化时,两个绕组中产生的感应电动势方向相同,则把两绕组的流入电流端称为同极性端或同名端,用符号"·"标出。习惯上,一个绕组只标对应的一端即可。若电源电压为 110V,两个一次绕组应并联,并联时只能将对应的同极性端连在一起,如图 8-75 所示,否则将会有烧毁绕组的危险。反过来如需将两个绕组串联时,应把两绕组的异极性端连在一起,剩下的两个接线端接电源。同理,二次绕组进行串联或并联时,也必须根据同极性端进行正确连接。若串联时接错,输出电压为 0;并联时接错,将导致绕组烧毁。

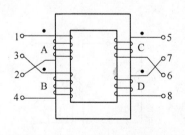

图 8-72　多绕组变压器

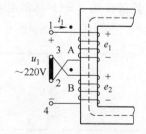

图 8-73　正向串联

不管绕组的串联或并联,都必须分清绕组的同极性端。那么,对绕组同极性端又如何判断呢? 下面分析绕组同极性端的判断方法。

2. 绕组同极性端的判断

(1) 观察法

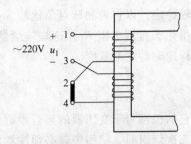

图 8-74　反向串联

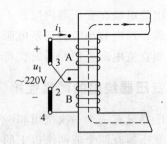

图 8-75　绕组的并联

　　观察变压器一次侧、二次侧绕组的实际绕向，应用楞次定律、安培定则来进行判别。例如，变压器一次侧、二次侧绕组的实际绕向如图 8-76 所示。当合上电源开关 S 的一瞬间，一次绕组电流 I_1 产生主磁通 Φ_1，在一次侧绕组产生自感电动势 E_1，在二次侧绕组产生互感电动势 E_2 和感应电流 I_2，用楞次定律可以确定 E_1、E_2、I_1 的实际方向，同时可以确定 U_1、U_2 的实际方向。这样可以判别出一次侧绕组 A 端与二次侧绕组 a 端电位都为

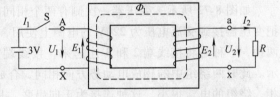

图 8-76　通过绕组实际绕向判定变压器同名端

正，即 A、a 是同名端；一次侧绕组 X 端与二次侧绕组 x 端电位为负，即 X、x 是同名端。

　　（2）实验法

　　当不知绕组的绕向时，可用直流法和交流法测定绕组的同极性端。

　　1）直流法。将变压器的两个绕组按图 8-77 所示连接，当开关 S 闭合瞬间，若电流表的指针正向偏转，则绕组 A 的 1 端和绕组 B 的 3 端为同极性端。这是因为当不断增大的电流流进绕组 A 的 1 端时，1 端的感应电动势极性为 "＋"，而电流表正向偏转，说明绕组 B 的 3 端此时也为 "＋"，所以 1、3 端为同极性端。如电流表的指针反向偏转，则绕组 A 的 1 端和绕组 B 的 4 端为同极性端。

　　2）交流法。把变压器两绕组的任意两端连在一起（如 2 端和 4 端），在其中一个绕组（如 A）上接上一个较低的交流电压，如图 8-78 所示。再用交流电压表分别测量 U_{12}、U_{13}、U_{34}，若 U_{13} 等于 U_{12} 与 U_{34} 之差，则 1 端和 3 端为同极性端；若 U_{13} 等于 U_{12} 与 U_{34} 之和，则 1 端和 3 端为异极性端（即 1 端和 4 端为同极性端）。

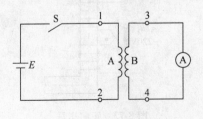

图 8-77　直流法

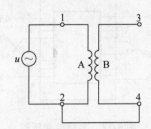

图 8-78　交流法

第9章　可编程序控制器和变频器的使用

9.1　可编程序控制器概述

可编程序控制器简称 PLC，是一种新型的通用自动控制装置，它将传统的继电器控制技术、计算机技术和通信技术融为一体，专门为工业自动控制而设计，具有功能强、可靠性高、编程简单、使用方便、功耗低等一系列优点。因此，工业上应用越来越广泛，近年来发展也很快。PLC 技术、CAD/CAM 以及机器人技术将发展成为现代工业自动化的三大支柱，PLC 将会跃居主导地位。学习和掌握 PLC 技术已成为工业自动化工作者的一项迫切任务。

1. PLC 的基本结构

PLC 是用微处理器来实现的许多电子式继电器、定时器和计数器的组合体，采用软件编程进行它们之间的连线（即内部接线），其内部结构如图 9-1 所示。

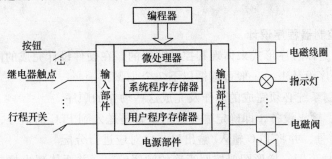

图 9-1　PLC 结构框图

（1）输入、输出部件

输入、输出部件是 PLC 与被控设备连接起来的部件。输入部件接收现场设备的控制信号（包括如限位开关、操作按钮、传感器信号等），并将这些信号转换成中央处理机能够接收和处理的数字信号。输出部件则相反，它是接收经过中央处理机处理过的数字信号，并把它转换成被控设备或显示设备所能接收的电压或电流信号，以驱动电磁阀、接触器等被控设备。

（2）中央处理机

中央处理机是 PLC 的"大脑"，包括微处理器（CPU）、系统程序存储器和用户程序存储器。微处理器（CPU）主要是处理和运行用户程序，监控中央处理机和输入、输出部件的状态，并作出逻辑判断，按需要将各种不同状态变化输出给有关部分，指示 PLC 的现行工作状况或必要的应急处理。

系统程序存储器主要存放系统管理和监控程序及用户做编译处理的程序。系统程序根据各种 PLC 的功能不同，制造商出厂前已固化，用户不能改变。用户程序存储器主要存放用户根据生产过程和工艺要求编制的程序，可通过编程器改变。

（3）电源部件

　　电源部件将交流电源转换成 PLC 的微处理器、存储器等电子电路工作需要的直流电源，使 PLC 能正常工作。

　　（4）编程器

　　编程器是 PLC 最重要的外围设备。PLC 需要用编程器输入、检查、修改和调试用户程序，也可以用它监视 PLC 的工作情况。

　　2. 可编程序控制器的分类

　　按结构形状不同，PLC 可分为整体式和机架模块式两种。

　　（1）整体式

　　整体式结构的 PLC 是将中央处理机、电源部件、输入和输出部件集中配置在一起，具有结构紧凑、体积小、重量轻、价格低等特点。小型 PLC 常采用这种结构，适用于工业生产中的单机控制。

　　（2）机架模块式

　　机架模块式的 PLC 是将各部分以单独的模块分开，如中央处理模块、电源模块、输入模块、输出模块等。使用时可将这些模块分别插入机架底板的插座上，配置灵活，便于扩展。根据生产实际的控制要求可配置各种不同的模块，构成不同的控制系统，一般大、中型 PLC 采用这种结构。

　　3. 可编程序控制器程序设计

　　PLC 控制系统是以程序形式来体现其控制功能的，在硬件设计完成的同时，软件设计也可同时进行，在程序设计上，一般可遵循以下 7 个步骤：

　　1）确定被控制系统必须完成的动作及完成这些动作的顺序。

　　2）分配输入、输出设备，即确定哪些外围设备是送入到 PLC 的信号，哪些外围设备是接收来自 PLC 的信号，并将 PLC 输入/输出口与之对应进行分配。

　　3）设计 PLC 梯形图。梯形图要按照正确的顺序编写，并要体现出控制系统所要求的全部功能及其相互关系。

　　4）将梯形图符号编写成可用编程器键入 PLC 的指令代码。

　　5）通过编程器将上述程序指令键入 PLC，并对其进行编辑。

　　6）调试并运行程序（模拟和现场）。

　　7）保存已完成的程序。

　　本章从工业应用角度出发，选择比较有代表性的日本三菱（MITSUBISHI）公司生产的 FX2N 系列 PLC 为对象，主要对它的硬件线路的连接、编程软件、基本指令及应用进行论述。

9.2　FX2N 系列 PLC 机器硬件认识及使用

　　1. FX2N 系列 PLC 外部端子的功能及连接方法、I/O 点的类别及技术指标

　　PLC 有单元式、模块式和叠装式三种结构形式，常用的结构形式是前两种。FX2N 系列为小型 PLC，采用单元式结构形式。FX2N-32MR 产品示意图如图 9-2 所示。

　　它由三部分组成，即外部端子（输入/输出接线端子）部分、指示部分和接口部分，各部分的组成功能如下。

（1）外部接线端子

外部接线端子包括 PLC 电源（L、N）、输入用直流
电源（24＋、COM）、输入端子（X）、输出端子（Y）、
运行控制（RUN）和机器接地等。它们位于机器两侧可
拆卸的端子板上，每个端子均有对应的编号，主要完成
电源、输入信号和输出信号的连接。

（2）指示部分

指示部分包括各输入及输出点的状态指示、机器电
源指示（POWER）、机器运行态指示（RUN）、用户程
序存储器后备电池指示（BATT）和程序错误或 CPU 错
误指示（PROG-E、CPU-E）等，用于反映 I/O 点和机器的状态。

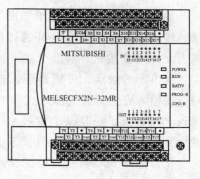

图 9-2　FX2N-32MR 产品示意图

（3）接口部分

FX2N 系列 PLC 有多个接口，打开接口盖或面板可观察到。主要包括编程器接口、存储
器接口、扩展接口和特殊功能模块接口等。在机器面板的左下角，还设置了一个 PLC 运行
模式转换开关 SW1，它有 RUN 和 STOP 两个位置，RUN 位置可使机器处于运行状态（RUN
指示灯亮）；STOP 位置可使机器处于停止运行状态（RUN 指示灯灭）。当机器处于 STOP 状
态时，可进行用户程序的录入、编辑和修改。接线端子板上也有一个 RUN 端子，它的功能
与 SW1 相同。如果该端子有输入信号，可使机器处于运行状态，否则机器处于停止运行状
态。接口的作用是完成基本单元同编程器、外部存储器、扩展单元和特殊功能模块的连接，
在 PLC 技术应用中经常用。

2. 机器的电源

FX2N 系列 PLC 机器上有两组电源端子，分别完成 PLC 电源的输入和输入回路所用直流
电源的供出。L、N 为 PLC 电源端子，FX2N 系列 PLC 要求输入单相交流电源，规格为 AC85
~264V50/60Hz。24＋、COM 是机器为输入回路提供的直流 24V 电源，为减少接线，其正
极在机器内已与输入回路连接，当某输入点需加入输入信号时，只需将 COM 通过输入设备
接至对应的输入点。一旦 COM 与对应点接通，该点就为"ON"，此时对应输入指示灯就会
点亮。机器输入电源还有一接地端子，该端子用于 PLC 的接地保护。

3. I/O 点的类别、编号及使用说明

I/O（输入/输出）端子是 PLC 的重要外部部件，是 PLC 与外部设备（输入设备、输出
设备）连接的通道，其数量、类别也是 PLC 的主要技术指标之一。一般 FX2N 系列 PLC 的
输入端子（X）位于机器的一侧，输出端子（Y）位于机器的另一侧。

FX2N 系列 PLC 的 I/O 点数量、类别随机器的型号不同而不同，但 I/O 点数量比例及编
号规则完全相同。一般输入点与输出点的数量之比为 1:1，也就是说输入点数等于输出点
数。FX2N 系列 PLC 的 I/O 点编号采用八进制，即 00 ~ 07、10 ~ 17、20 ~ 27 等。输入点前
面加"X"，输出点前面加"Y"。扩展单元和 I/O 扩展模块其 I/O 点编号应紧接基本单元的
I/O 编号之后，依次分配编号。

I/O 点的作用是将 I/O 设备与 PLC 进行连接，使 PLC 与现场构成系统，以便从现场通
过输入设备（元件）得到信息（输入），或将经过处理后的控制命令通过输出设备（元件）
送到现场（输出），从而实现自动控制的目的。

输入回路连接的示意图如图 9-3 所示。输入回路的实现是 COM 通过具体的输入元件（如按钮、转换开关、行程开关、继电器的触点、传感器等）连接到对应的输入点上，通过输入点 X 将信息送到 PLC 内部，一旦某个输入元件状态发生变化，对应输入点 X 的状态也就随之变化，这样 PLC 可随时检测到这些信息。

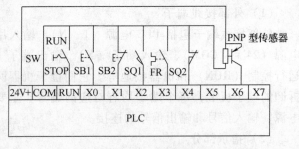

图 9-3　输入回路的连接

输出回路就是 PLC 的负载驱动回路，输出回路连接的示意图如图 9-4 所示。PLC 仅提供输出点，通过输出点，将负载和负载电源连接成一个回路，这样负载的状态就由 PLC 的输出点进行控制，输出点动作负载得到驱动。负载电源的规格应根据负载的需要和输出点的技术规格进行选择。在输出电路中，应注意的事项如下：

1）输出点的共 COM 问题。一般情况下，每个输出点应有两个端子，为了减少输出端的个数，PLC 在内部将其中的一个输出点采用公共端连接，即将几个输出点的一端连接到一起，形成公共端 COM。FX2N 系列 PLC 的输出点一般采用每 4 个点共 COM 连接，如图 9-5 所示。在使用时要特别注意，否则可能导致负载不能正确驱动。

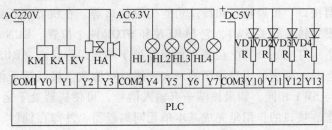

图 9-4　输出回路的连接

2）输出点的技术规格。不同的输出类别，有不同的技术规格，应根据负载的类别、大小、负载电源的等级、响应时间等选择不同类别的输出方式。要特别注意负载电源的等级和最大负载的限制，以防止出现负载不能驱动或 PLC 输出点损坏的情况。

3）多种负载和多种负载电源共存的处理同一台 PLC 控制的负载。负载电源的类别、电压等级可能不同，在连接负载时（实际上在分配 I/O 点时），应尽量让负载电源不同的负载不使用共 COM 的输出点。若要使用，应注意干扰和短路等问题。

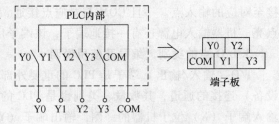

图 9-5　输出点的共 COM 连接

4）PLC I/O 点的类别、技术规格及使用。由于现场信号的类别不同，也为适应控制的需要，PLC I/O 具有不同的类别。其输入分为直流输入和交流输入两种形式，前者完成直流信号的输入，后者完成交流信号的输入；输出分为继电器输出、晶闸管输出和晶体管输出三种形式。继电器输出和晶闸管输出适用于大电流输出场合，晶体管输出、晶闸管输出适用于快速、频繁动作的场合。相同驱动能力，继电器输出形式价格较低。

9.3　编程软件及其使用

1. 基础知识

三菱 SWOPC-FXGP/WIN-C 编程软件是应用于 FX 系列 PLC 的中文编程软件，可在 Windows 9x 或 Windows3.1 及以上操作系统运行。

SWOPC-FXGP/WIN-C 编程软件的主要功能如下：

1）在 SWOPC-FXGP/WIN-C 中，可通过线路符号，列表语言及 SFC 符号来创建顺控指令程序，建立注释数据及设置寄存器数据。

2）创建顺控指令程序以及将其存储为文件，用打印机打印。

3）该程序可在串行系统中与 PLC 进行通信，文件传送，操作监控以及各种测试功能。

2. 系统配置

（1）计算机

要求机型：IBM PC/AT（兼容）；CPU：486 以上；内存：8MB 或更高（推荐 16MB 以上）；显示器：分辨率为 800×600 点，16 色或更高。

（2）编程和通信软件

采用应用于 FX 系列 PLC 的编程软件 SWOPC-FXGP/WIN-C。

1）接口单元采用 FX-232AWC 型 RS-232C/RS-422 转换器（便携式）或 FX-232AW 型 RS-232C/RS-422 转换器（内置式），以及其他指定的转换器。

2）通信线缆采用 FX-422CAB 型 RS-422 缆线（用于 FX2，FX2c 型 PLC、0.3m）或 FX-422CAB-150 型 RS-422 缆线（用于 FX2，FX2c 型 PLC，1.5m），以及其他指定的缆线。

3. SWOPC-FXGP/WIN-C 编程软件的操作环境

可运行在 Windows 9x/Windows3.1 或更高的操作系统。

4. SWOPC-FXGP/WIN-C 编程软件的使用

（1）系统的启动与退出

要想启动 SWOPC-FXGP/WIN-C，可用鼠标双击桌面上的 图标。图 9-6 为打开的 SWOPC-FXGP/WIN-C 窗口。

用鼠标选取"文件"菜单下的"退出"命令，即可退出 SWOPC-FXGP/WIN-C 软件，如图 9-7 所示。

（2）文件的管理

1）创建新文件。创建一个新的顺控程序的操作方法是：通过选择"文件"→"新文件"菜单选项，或者按"Ctrl"＋"N"键操作，然后在 PLC 类型设置对话框中选择顺控程序的目标 PLC 类型，如选择 FX2 系列 PLC 后，单击"确认"即可，如图 9-8 所示。

2）打开文件。从一个文件列表中打开一个顺控程序以及诸如注释数据之类的数据，操作方法是：先选择"文件"→"打开"或按"Ctrl"＋"O"键，再在打开的文件菜单中选择一个所需的顺控指令程序后，单击"确认"键即可，如图 9-9 所示。

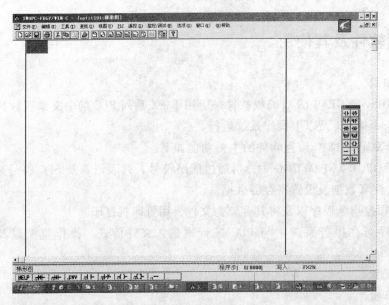

图 9-6 打开的 SWOPC-FXGP/WIN-C 窗口

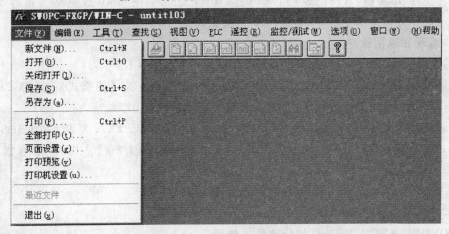

图 9-7 退出 SWOPC-FXGP/WIN-C 系统操作

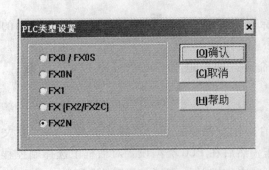

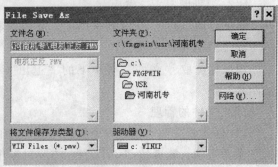

图 9-8 PLC 类型设置对话框   图 9-9 打开的文件菜单

3）文件的保存和关闭。保存当前顺控程序，注释数据以及其他在同一文件名下的数据。如果是第一次保存，屏幕显示如图 9-10 所示的文件菜单对话框，可通过该对话框将当前程序赋名并保存下来。操作方法是：执行"文件"→"保存"操作或"Ctrl"＋"S"键操作即可。

将已处于打开状态的顺控程序关闭，再打开一个已有的程序及相应的注释和数据，操作方法是执行"文件"→"关闭打开"菜单操作即可，如图9-7所示。

（3）梯形图编程

1）编辑操作。

①　梯形图单元块的剪切、复制、粘贴、删除、块选择以及行删除和行插入，可通过执行"编辑"菜单栏命令实现，如图9-11所示。

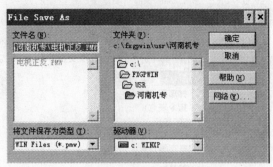

图9-10　文件保存对话框

②　元件名的输入、元件注释、线圈注释以及梯形图单元块的注释，可通过执行"编辑"菜单栏命令实现，如图9-11所示。

2）元件输入触点、线圈符号、特殊功能线圈和连接导线的输入，程序的清除，通过执行"工具"菜单栏命令实现，如图9-11所示。

3）梯形图的转换。将创建的梯形图转换格式存入计算机中，操作方法是：执行"工具"→"转换"菜单命令或按下F4键，如图9-11所示。在转换过程中显示梯形图转换信息，如果在不完成转换的情况下关闭梯形图窗口，被创建的梯形图被抹去。

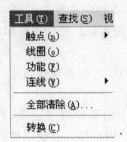

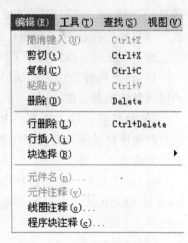

图9-11　［编辑］、［工具］和［查找］菜单栏

4）查找光标到程序的顶、底和指定程序步显示程序。有关元件接点、线圈和指令的查找，元件类型和编号的改变，元件的替换，可通过执行"查找"菜单栏实现，如图9-11所示。

（4）指令表编程

执行"视图"→"指令表"可实现指令表状态下的编程。通过"视图"→"指令表"或"梯形图"，可实现指令表程序与梯形图程序之间的转换，如图9-12所示。

（5）程序的检查

执行"选项"→"程序检查"，可选择相应的检查内容，然后单击"确认"，可实现对程序的检查，如图 9-13 所示。

（6）程序的传送。

传送功能如下：

［读入］：将 PLC 中的程序传送到计算机中。

［写出］：将计算机中的程序发送到 PLC 中。

图 9-12　视图菜单

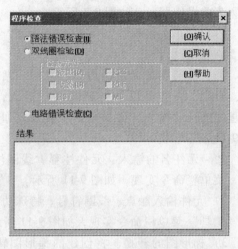

图 9-13　程序检查窗口

［校验］：将在计算机与 PLC 中的程序加以比较校验，操作方法是执行"PLC"→"传送"→"读入"、"写出"、"校验"菜单完成操作。当选择"读入"时，应在"PLC 模式设置"对话框中将已连接的 PLC 模式设置好，操作菜单如图 9-14 所示。

传送程序时，应注意以下问题：

1）计算机的 RS-232C 端口及 PLC 之间必须用指定的缆线及转换器连接。

2）执行完"读入"后，PLC 中的程序将被丢失，原有的程序将被读入的程序所替代，PLC 模式改变成被设定的模式。

3）在"写出"时，PLC 应停止运行，程序必须在 RAM 或 EEPROM 内存保护关断的情况下写出，然后进行校验。

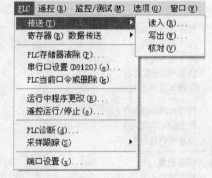

图 9-14　PLC 菜单

（7）监控操作

1）设置显示元件。设置在元件登录监控中被显示的元件，操作方法是在元件设置对话框中对以下各项进行设置。

［元件］：设置为待监控的起始元件。有效的元件为位元件 X、Y 和 M；字元件 S、T、C 和 D；变址寄存器 V 和 Z。

［显示点数］：设置由元件不断表示的显示点数，最大登录数为 48 点。

［刷新屏幕］：清除已显示元件，显示新的指定元件。

设置完成后点击登录按钮或按"Enter"键。

2）元件监控。监控元件单元的操作方法是执行"监控/测试"→"元件监控"菜单命令，屏幕显示元件登录监控窗口。在此登录元件，双击鼠标或按"Enter"键显示元件登录对话框，如图 9-15 所示。设置好元件及显示点数，再单击"确认"按钮或按"Enter"键即可。

3）元件测控。

① 强制 PLC 输出端口（Y）输出 ON/OFF。操作方法是执行"监控/测试"→"强制 Y 输出"操作，出现强制 Y 输出对话框，如图 9-16 所示。设置元件地址及 ON/OFF 状态，点击"确认"按钮或按"Enter"键，即可完成特定输出。

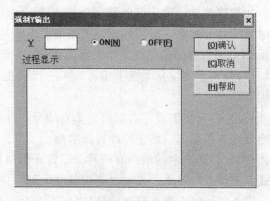

图 9-15　监控/测试菜单　　　　　　　　　图 9-16　强制 Y 输出对话框

② 强行设置或重新设置 PLC 的位元件状态。操作方法是执行"监控/测试"→"强制 ON/OFF"菜单命令，屏幕显示强制设置，重置对话框，如图 9-17 所示。在此设置元件 SET/RST，点击"确认"按钮或按"Enter"键可使特定元件得到设置或重置。

③ 改变 PLC 字元件的当前值。操作方法是执行"监控/测试"→"改变当前值"菜单命令，屏幕显示改变当前值对话框如图 9-18 所示。在此选定元件及改变值，点击"确认"按钮或按"Enter"键，选定元件的当前值则被改变。

④ 改变 PLC 中计数器或计时器的设置值。操作方法是在梯形图监控中，如果光标所在位置为计数器或计时器的输出命令状态，执行"监控/测试"→"改变设置值"菜单命令，屏幕显示改变设置值对话框。在此设置待改变的值并点击"确认"按钮或按"Enter"键，指定元件的设置值被改变。如果设置输出命令的是数据寄存器，或光标正在应用命令位置并且 D、V 或 Z 当前可用，该功能同样可被执行。在这种情况下，元件号可被改变。

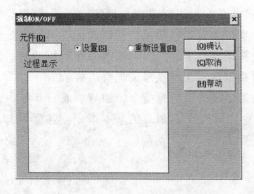

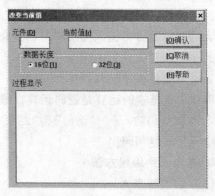

图 9-17　强制设置/重置对话框　　　　　　图 9-18　改变字元件的当前值对话框

9.4　FX2N 基本指令编程操作简介

1. PLC 的编程语言

PLC 的编程语言有梯形图语言、助记符语言、顺序功能图语言等。其中前两种语言用得较多。

（1）梯形图语言

梯形图是一种从继电器-接触器控制电路图演变而来的图形语言。它是借助于类似于继电器的常开触点、常闭触点、线圈以及串联与并联等术语和符号，可根据控制要求连接成表示 PLC 输入和输出之间逻辑关系的图形。它既直观又易懂。

1）梯形图应从上至下编写，每一行从左至右顺序编写。PLC 程序执行顺序与梯形图的编写顺序一致。

2）梯形图图左、右两边的垂直线分别称为起始母线、终止母线。每一逻辑行必须从起始母线开始画起，终止母线可以省略。

3）梯形图中的触点有两种，即常开触点和常闭触点。这些触点可以是 PLC 的输入触点或内部继电器触点，也可以是内部继电器、定时器/计数器的状态。与传统的继电器控制图一样，每一触点都有自己的特殊标记，以示区别。因每一个触点的状态存入 PLC 内的存储单元中，可以反复读写，所以同一标记的触点可以反复使用，次数不限。

4）梯形图的最右侧必须连接输出元素。

5）梯形图中的触点可以任意串联、并联，而输出线圈只能并联，不能串联。表 9-1 列出了梯形图符号和继电器-接触器控制系统符号的比较。

表 9-1　符号比较

符号名称	继电器-接触器控制系统符号	梯形图符号
常开触点		
常闭触点		
线圈		

（2）助记符语言

助记符语言是 PLC 的命令语句表达式。用梯形图编程虽然直观、简便，但要求 PLC 配置较大的显示器方可输入图形符号，这在一些小型机上常难以满足，所以助记符语言也是较常用的一种编程方式。不同型号的 PLC，其助记符语言也不同，但其基本原理是相近的。编程时，一般先根据要求编制梯形图语言，然后再根据梯形图转换成助记符语言。

PLC 中最基本的运算是逻辑运算，最常用的指令是逻辑运算指令，如与、或、非等。这些指令再加上"输入"、"输出"、"结束"等指令，就构成了 PLC 的基本指令。各型号 PLC 的指令符号不尽相同。

2. 基本器件编程方法

（1）输入触点 X

工业控制系统输入电路中的选择开关、按钮、限位开关等在梯形图中以输入触点表示，在编程时输入触点 X 可由常开┤├和常闭┤/├两种指令来编程。但梯形图中的常开或常闭指令与外电路中 X 实际接常开还是常闭触点并无对应关系，无论外电路使用什么样的按钮、旋钮、限位开关。无论使用的是这些开关的常开或常闭触点，当 PLC 处于 RUN 方式时，扫描输入只遵循如下规则：

1）梯形图中的常开触点┤├ X，与外电路中 X 的通断逻辑相一致，如外接线中 X5 是导通的（无论其外部物理连接于常开还是常闭触点），程序中的┤├ X5 即处理为闭合（ON）。反之，如外部 X5 连线断开，则程序中的┤├ X5 就处理为断开（OFF）。

2）梯形图中的常闭触点┤/├ X，与外电路中 X 的通断逻辑相反，如外接线中 X5 是导通的（无论其外部物理连接于常开还是常闭触点），程序中的┤/├ X5 处理为断开（OFF）。反之，如外部 X5 连线断开，则程序中的┤/├ X5 就处理为闭合（ON）。

梯形图中几个触点串联表示"与"操作，几个触点并联表示"或"操作。

PLC 应用于电动机起动停车控制的接线图与梯形图如图 9-19 所示，起动停车的 PLC 控制示例如下：

本例中的两个按钮在外接线中均使用了常开触点，故对应于上述程序。如果停车按钮的外接线使用了常闭触点，则梯形图程序中需要将常开触点 X1 换成常闭触点 X1，才能实现同样的控制功能。甚至可以将起停两个按钮都连接常闭触点，相应修改软件逻辑即可，这体现了应用 PLC 软件控制的方便之处。

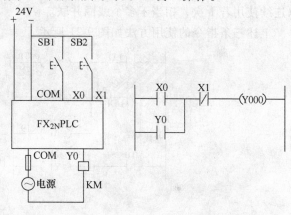

图 9-19　起动停车的 PLC 控制示例

（2）输出继电器 Y

继电器具有逻辑线圈及可以多次调用的常开触点、常闭触点。图 9-20 为应用输出继电器和普通内部继电器的简单程序。

该程序的功能如下：

1）PLC 进入 RUN 方式时，输出线圈 Y0 通电。

2）当接通输入触点 X10 后，内部继电器线圈 M100 通电，M100 常闭触点断开，常开触点导通，因此输出端 Y0 失电，Y1 得电。

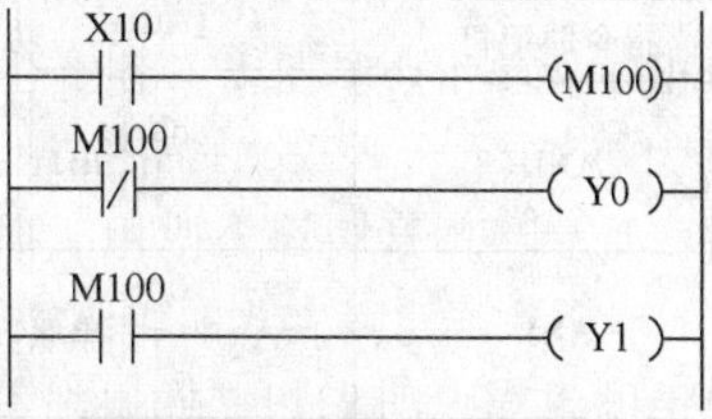

图 9-20　输出继电器和普通内部继电器的简单程序

3. 基本指令的编程

FX2N 系列 PLC 指令系统共有基本指令 27 条，步进指令 2 条，功能指令 100 多条（不同系列 PLC 有所不同）。这里介绍常用的基本指令。基本指令可以用简易编程器上对应的指令键输入，每条指令由步序号、指令符号和数据 3 部分组成。步序号即指令的序号，是指令在内存中存数的地址号。由 4 位十进制数组成，从 0000 开始。指令符即指指令的助记符，是语句的操作码，常用 2～4 个英文字母组成。数据即操作元件，是执行该指令所选用的继电器地址号或定时器，计数器设定值。

（1）逻辑取与输出线圈驱动指令 LD、LDI、OUT（见表 9-2）

表 9-2 LD、LDI、OUT 指令

指令助记符	功能	回路表示和可用软元件
LD	运算开始 a 触点	XYMSTC
LDI	运算开始 b 触点	XYMSTC
OUT	驱动线圈	YMSTC

表 9-2 中，LD 为取指令，用于常开触点与母线连接。LDI 为取反指令，用于常闭触点与母线连接。OUT 为线圈驱动指令，用于将逻辑运算的结果驱动一个指定线圈。OUT 指令可以连续使用若干次，相当于多个线圈并联。

上述三条指令的使用方法如图 9-21 所示。

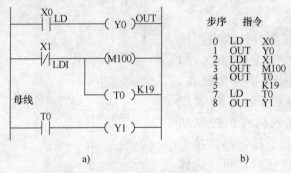

图 9-21 LD、LDI、OUT 指令用法
a）梯形图 b）语句表

（2）单个触点串联指令 AND、ANI（见表 9-3）

表 9-3 AND、ANI 指令

指令助记符	功能	回路表示和可用软元件
AND	串联 a 触点	XYMSTC
ANI	串联 b 触点	XYMSTC

表 9-3 中 AND 为与指令，用于单个触点的串联，完成逻辑"与"运算。ANI 为与反指令，用于常闭触点的串联，完成逻辑"与非"运算。

图 9-22 所示为这两条指令的使用方法。

这两条指令用法说明如下：

1）AND、ANI 指令均用于单个触点的串联，串联触点数目没有限制。该指令可以重复多次使用，指令的目标元件为 X、Y、M、T、C、S。

2）OUT 指令后，通过触点对其他线圈使用 OUT 指令称为纵接输出，如 OUT M101 指令后，再通过 T1 触点去驱动 Y4。这种纵接输出，在顺序正确的前提下，可以多次使用。

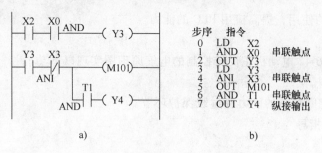

图 9-22　AND、ADI 指令用法

（3）触点并联指令 OR、ORI（见表 9-4）

表 9-4　OR、ORI 指令

指令助记符	功能	回路表示和可用软元件
OR	并联 a 触点	XYMSTC
ORI	并联 b 触点	XYMSTC

表 9-4 中 OR 为或指令，用于单个常开触点的并联。ORI 为或反指令，用于单个常闭触点的并联。

如图 9-23 所示为这两条指令的用法。

指令用法说明如下：

1）OR、ORI 指令用于一个触点的并联连接指令。若将两个以上的触点串联而电路块并联时，要用到 ORB 指令。

2）使用 OR、ORI 指令并联触点时，是从该指令的当前步开始，对前面的 LD、LDI 指令并联。该指令并联的次数不受限制。

（4）空操作指令 NOP 和程序结束指令 END

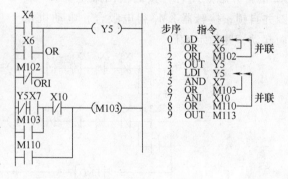

图 9-23　OR、ORI 指令用法

NOP 是一条空操作指令，用于修改程序。NOP 指令在程序中占一个步序，没有元件编号。在使用时，为修改或增减指令方便，可预先在程序中插入 NOP 指令。

END 指令用于程序的结束，是无元件编号的独立指令。在程序调试过程中，可分段插入 END 指令，再逐段调试；在该段程序调试好后，删去 END 指令。然后进行下段程序的调试，直到全部程序调试完为止。

9.5　电动机正反转控制 PLC 控制的技能训练

1. 实训目的

1）应用 PLC 技术实现对三相异步电动机的控制。

2）掌握编程的思想和方法。

3）熟悉 PLC 的使用，提高应用 PLC 的能力。

2. 控制要求

参考第 6 章图 6-42 电动机正反转控制的电气原理图实现以下功能：

1）正反停控制。

2）具有防止相间短路的能力有过载保护环节。

3. 实训内容及指导

（1）系统配置

三相电动机正反转控制电路如图 6-42 所示，PLC 输入/输出配置及接线图如图 9-24 所示。

电动机在正反转切换时由于接触器动作的滞后，可能会造成相间短路，所以在输出回路利用接触器的常闭触点采取了互锁措施。

（2）程序设计

采用 PLC 控制的梯形图如图 9-25a 所示。相应的的指令程序如图 9-25b 所示。类似于继电器-接触器控制，图中利用 PLC 输入继电器 X2 和 X3 的常闭触点实现双重互锁，以防止反转换接时的相间短路。

按下正转起动按钮 SB$_2$ 时，输入继电器 X2 的常开触点闭合，接通输出继电器 Y0 线圈并自锁，接触器 KM$_1$ 得电吸合，电动机正向起动，并稳定运行。

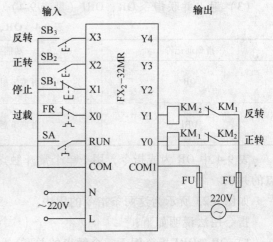

图 9-24　PLC I/O 接线图

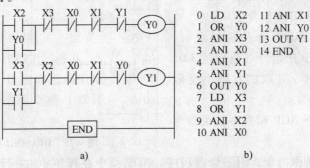

a)　　　　　　　　　　b)

图 9-25　三相异步电动机正反转控制的梯形图及指令表

a）梯形图　b）指令表

按下反转起动按钮 SB$_3$ 时，输入继电器 X3 的常闭触点断开 Y0 线圈，KM$_1$ 失电释放，同时 X3 的常开触点闭合接通 Y1 线圈并自锁，接触器 KM$_2$ 得电吸合，电动机反向起动，并稳定运行。

按下停机按钮 SB$_1$，或过载保护（FR）动作，都可使 KM$_1$ 或 KM$_2$ 失电释放，电动机停止运行。

（3）运行并调试程序

1）按正转按钮 SB$_2$，输出继电器 Y0 接通，电动机正转。

2）按停止按钮 SB$_1$，输出继电器 Y0 断开，电动机停转。

3）按反转按钮 SB₃，输出继电器 Y1 接通，电动机反转。

4）模拟电动机过载，将热继电器 FR 的触点断开，电动机停转。

5）将热继电器 FR 触点复位，再重复正转、反转、停转操作。

9.6 变频器基本知识介绍

变频器是将固定电压、固定频率的交流电变换为电压可调、频率可调的交流电的装置。变频器技术随着微电子技术，电力电子技术，计算机技术和自动控制理论等的不断发展而发展，其应用也越来越普遍。

1. 交流变频调速概况

过去，直流调速一直优于交流调速，对一些调速性能要求高的场合大都用直流调速，随着电力电子器件和微机技术的发展，20 世纪 80 年代初期出现了变频器，特别是近十多年来，变频器的性能得到了飞速发展，使得交流调速达到了与直流调速一样的水平，并且在某些方面超过直流调速，操作者通过设置必要的参数变频器就控制电机按照人们预想的曲线运行。例如，电梯运行的 S 形曲线、恒压供水控制、珍珠棉生产线的卷筒速度控制等。目前由于出现了高电压、大电流的电力电子器件，可对 10kW 的电动机直接进行变频调速以达到节能的目的。同时由于工作速度很高的电力电子器件的出现（IGBT），变频器应用日益广泛。

2. 变频器的分类

1）按变频器的主电路结构形式分类可分为交-直-交变频器和交-交变频器。

2）按变频电源的性质可分为电压型变频器和电流型变频器。

3）按控制方式的不同，变频器可以分为 U/f 控制、SF 控制（转差频率控制）、矢量控制（VC）和直接转矩控制 4 种类型。

①　U/f 控制就是常说的 VVVF（变压变频）调速控制，是一个开环控制，调速准确度不高，但线路简单，适用于调速准确度要求不高的场合。

②　SF 控制是闭环控制，准确度较高，通用性差，一般用在车辆控制中。

③　矢量控制是闭环控制，其调速范围宽，调速的动态性能接近直流调速，一般用在高准确度的场合，但其价格较高。

④　直接转矩控制主要通过检测获得的定子电压、电流，借助空间矢量理论计算电动机的磁链和转矩，通过与设定值的比较得到的差值来直接控制磁链和转矩。

4）根据调压方式不同，交-直-交变频器又分为脉幅调制（PAM）和脉宽调制（PWM）两种。

5）按变频器的用途分为通用变频器和专用变频器。

3. 变频器的基本工作原理

变频调速就是通过改变电动机的定子供电频率，平滑地改变电动机转速。当频率 f 在 0 ~50Hz 的范围内变化时，电动机转速的调节范围非常宽，在整个调速过程中都可以保持有限的转差功率，具有高准确度、高效率的调速性能。

由电动机基本理论可以知道，三相异步电动机的转速表达式为

$$n = \frac{60f}{p}(1 - s)$$

式中，n 为异步电动机的转速；f 为异步电动机的定子频率；s 为电动机的转差率；p 为电动机极对数。

由上式可知，转速 n 与频率 f 成正比，只要改变频率 f 即可改变三相异步电动机的转速。但是由于异步电动机电动势公式为

$$E_1 = 4.44fN\Phi_m \approx U_1$$

式中，E_1 为定子每相绕组感应电动势的有效值；f 为定子频率；N 为定子每相绕组的有效匝数；Φ_m 为每极磁通；U_1 为定子电压。

因此，定子电压与磁通和频率成正比。当 U_1 不变时，f 和 Φ_m 成反比，f 升高势必导致磁通的降低。通常电动机是按 50Hz 的频率设计制造的，其额定转矩也是在这个频率范围内给出的。当变频器频率调到大于 50Hz 时，电动机产生的转矩要以和频率成反比的线性关系下降。为了有效维持磁通的恒定，必须在改变频率时同步改变电动机电压 U_1，即保持 U_1 与 f 成比例变化。

对进行电动机调速时，为保持电动机的磁通恒定，需要对电动机的电压与频率进行协调控制。对此，需要考虑基频（额定频率）以下和基频以上两种情况。

基频，即基本频率 f_1，是变频器对电动机进行恒转矩控制和恒功率控制的分界线。基本频率是按电动机的额定电压（指额定输出电压，是变频器输出电压中的最大值，通常它总是和输入电压相等）进行设定的，即在大多数情况下，额定输出电压就是变频器输出频率等于基本频率时的输出电压值，因此，基本频率又等于额定频率（即与电动机额定输出电压对应的频率）。

在对异步电动机进行变压变频调速时，通常在基频以下采用恒转矩调速，在基频以上采用恒功率调速。

由式 $E_1 = 4.44fN\Phi_m \approx U_1$ 可见，Φ_m 的值是由 E_1 和 f_1 共同决定的，对 E_1 和 f_1 进行适当的控制，就可以使气隙磁通 Φ_m 保持额定值不变。具体分析如下：

1）基频以下的恒磁通变频调速。这是考虑从基频（电动机额定频率 f_{1N}）向下调速的情况。为了保持电动机的负载能力，应保持气隙主磁通 Φ_m 不变，这就要求在降低供电频率的同时降低感应电动势，保持 $E_1/f_1 =$ 常数，即保持电动势与频率之比为常数。这种控制又称为恒磁通变频调速，属于恒转矩调速方式。

但是，E_1 难于被直接检测和直接控制。当 E_1 和 f_1 的值较高时，定子的漏阻抗电压降相对比较小，如忽略不计，则可以近似地保持定子相电压 U_1 和频率 f_1 的比值为常数，即认为 $U_1 = E_1$，因此保持 U_1/f_1 为常数即可，这就是恒压频比控制方式，是近似的恒磁通控制。

当频率较低时，U_1 和 E_1 都较小，定子漏抗电压降（主要是定子电阻压降）不能忽略。在这种情况下，可以人为地适当提高定子电压以补偿定子电压降的影响，使气隙磁通基本保持不变。U/f 的控制关系如图 9-26 所示，其中曲线 1 为 $U_1/f_1 = C$（C 为常数）时的电压、频率关系，曲线 2 为有电压补偿时（近似 $U_1/f_1 = C$）时的电压、频率关系。实际装置中 U_1 与 f_1 的函数关系并不简单的如曲线 2 表示。通用变频器中 U_1 与 f_1 之间的函数关系有很多种，可以根据负载性质和运行状况加以选择。

2）基频以上的弱磁变频调速。这是考虑由基频开始向上调速的情况。频率由额定值 f_{1N} 向上增大，但电压 U_1 受额定电压 U_{1N} 的限制不能再升高，只能保持 $U_1 = U_{1N}$ 不变。这样必然会使主磁通随着 f_1 的上升而减小，相当于直流电动机弱调速的情况，属于近似的恒功率调

速方式。

综合上述两种情况，异步电动机变频调速的基本控制方式如图 9-27 所示。

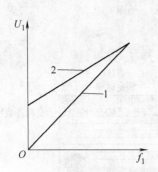

图 9-26　U/f 的控制关系

1—$U_1/f_1 = C$（C 为常数）电压—频率关系

2—有电压补偿时（近似 $U_1/f_1 = C$，C 为常数）
的电压—频率关系

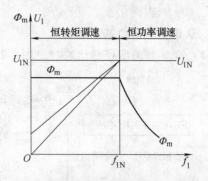

图 9-27　基本控制方式

由上面的分析可知，异步电动机的变频调速必须按照一定的规律同时改变其定子电压和频率，即必须通过变频装置获得电压和频率均可调节的供电电源，实现所谓的 *VVVF* 调速控制。变频器可适应这种异步电动机变频调速的基本要求。

4. 变频器的基本构成

变频器的基本构成如图 9-28 所示，由主电路（包括整流器、中间直流环节、逆变器）和控制电路组成。

各部分的作用如下：

1）网侧变流器。主要是对电网交流电进行整流。它的作用是把三相（也可以是单相）交流电整流成直流电。

2）逆变器。负载侧的整流器为逆变器，最常见的结构形式是 6 个主开关器件组成的三相桥式逆变电路，有规则的控制主开关的通与断，可以得到任意频率的三相交流电。

3）中间环节。变频器的负载一般为电动

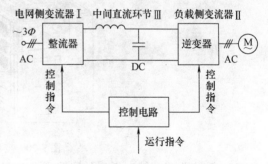

图 9-28　变频器的基本构成

机，属于感性负载，运行中中间直流环节和电动机之间总会有无功功率交换，这种无功功率将由中间环节来缓冲，故又叫中间储能环节。

4）控制电路。它主要是完成对逆变器的开关控制，对整流器的电压控制，以及完成各种保护功能。

5. 变频器的作用

变频调速能够应用在大部分的电动机拖动场合，由于它能提供精确的速度控制，因此可以方便地控制机械传动的上升、下降和变速运行。变频器应用还可以大大地提高工艺的高效性，同时可以比原来的定速运行电动机更加节能。

9.7　三菱 FR-E500 型变频器简介

1. 认识变频器的基本结构

（1）变频器的型号和铭牌（见图 9-29）

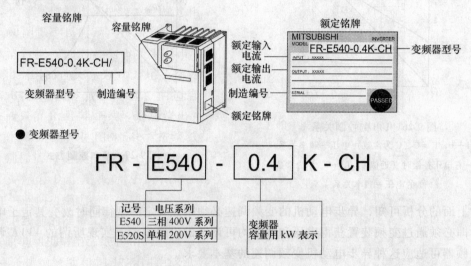

图 9-29　变频器的型号和铭牌

（2）变频器外观（见图 9-30）

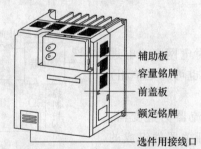

图 9-30　变频器前视图

（3）拆掉前盖和辅助板后的回路端子（见图 9-31）

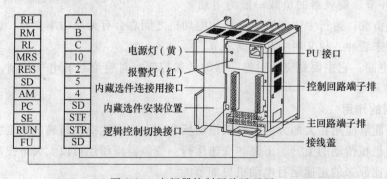

图 9-31　变频器控制回路端子图

注：PU 接口用于连接选件 FR-PA02-02，FR-PU04 以及 RS-485 通信。

2. 变频器各端子的作用与接线

变频器各端子的作用与接线如图 9-32 所示。

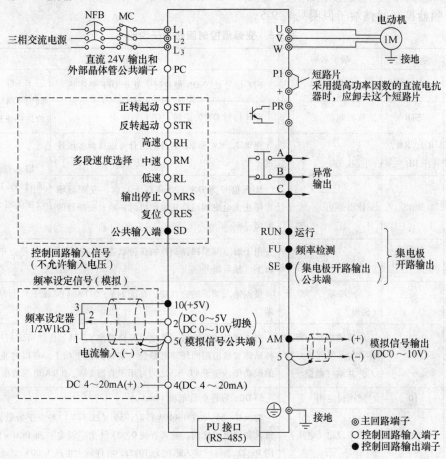

图 9-32　变频器各端子接线图

（1）主回路端子接线说明

1）电源输入 L_1、L_2、L_3 连接工频电源，在使用高功率整流器（FR-HC）以及电源再生共用整流器（FR-CV）时，请不要接任何设备。

2）U、V、W 为变频器输出，接三相笼型电动机。

3）+、PR 连接制动电阻器。

4）+、－连接作为选件的制动电阻。

5）+、P1 连接改善功率因数的 DC 电抗器。

6）变频器外壳必须接地。

7）单相电源输入时变成 L_1、N 端子。

（2）注意事项

1）设定器操作频率高的情况下，请使用 2W1kΩ 的旋钮电位器。

2）使端子 SD 和 SE 绝缘。

3）端子 SD 和端子 5 是公共端子，请不要接地。

4）端子 PC-SD 之间作为直流 24V 的电源使用时，请注意不要让两端子间短路。一旦短路会造成变频器损坏。

3. 变频器控制回路端子说明

变频器控制回路端子说明见表 9-5。

表 9-5　变频器控制回路端子说明

类型		端子记号	端子名称	说　明	
输入信号	接点起动功能	STF	正转起动	STF 信号处于 ON 便正转，处于 OFF 便停止	当 STF 和 STR 信号同时 ON 时，相当于给出停止指令
		STR	反转起动	STR 信号 ON 为逆转，OFF 为停止	
		RH，RM，RL	多段速度选择	用 RH，RM 和 RL 信号的组合可以选择多段速度	输入端子功能选择通过 Pr.180 ~ Pr.183 改变端能
		MRS	输出停止	MRS 信号为 ON（20ms 以上）时，变频器输出停止，电磁制动停止电动机时，断开变频器的输出	
		RES	复位	用于解除保护回路动作的保持状态。使端子 RES 信号处于 ON 在 0.1s 以上，然后断开	
		SD	公共输入端子（漏型[①]）	接点输入端子的公共端。直流 24V，0.1A（PC 端子）电源的输出公共端	
		PC	电源输出和外部晶体管公共端连接点输入公共端（源型[①]）	当连接晶体管输出（集电极开路输出），例如连接可编程序控制器时，将晶体管输出用的外部电源公共端接到这个端子，可以防止因漏电引起的误动作。端子 PC-SD 之间可用于直流 24V，0.1A 电源输出	
模拟	频率设定	10	频率设定用	5VDC，容许负荷电流 10mA	
		2	频率设定（电压）	输入 0 ~ 5V（或 0 ~ 10V）时，5V（或 10V）对应于为最大输出频率。输入和输出成比例。输入直流 0 ~ 5V（出厂设定）和 DC0 ~ 10V 的切换，用 Pr.73 进行。输入阻抗为 10kΩ，容许最大电压为 20V	
		4	频率设定（电流）	输入 DC4 ~ 20mA 时，20mA 为最大输出频率，输入和输出成比例。只在端子 AU 信号（注）处于 ON 时，该输入信号有效，输入阻抗 250Ω，容许最大电流为 30mA	
		5	频率设定公共端	频率设定信号（端子 2，1 或 4）和模拟输出端子 AM 的公共端。请不要接地	
输出信号	连接点	A，B，C	异常输出	指示变频器因保护功能动作而输出停止的转换连接点。AC230V，0.3A，DC30V，0.3A。异常时，B-C 间不导通（A-C 间导通）；正常时，B-C 间导通（A-C 间不导通）	输出端子的功能选择通过 Pr.190 ~ Pr.192 改变端子功能
	集电极开路	RUN	变频器正在运行	变频器输出频率为起动频率（出厂时为 0.5Hz，可变更）以上时为低电平，正在停止或正在直流制动时为高电平[②]。容许负荷 DC24V，0.1A	
		FU	频率检测	输出频率为任意设定的检测频率以上时为低电平，以下时为高电平[②]。容许负荷为 DC24V，0.1A	

（续）

类型		端子记号	端子名称	说　明	
输出信号	集电极开路	SE	集电极开路	端子 RUN，FU 的公共端子	
	模拟	AM	模拟信号输出	从输出频率、电动机电流或输出电压选择一种作为输出③。输出信号与各监示项目的大小成比例	出厂设定的输出项目：频率容许负荷电流 1mA，输出信号 DC0～10V
通信	RS-485	—	PU 接口	通过操作面板的接口，进行 RS-485 通信 ·遵守标准：EIA RS-485 标准 ·通信方式：多任务通信 ·通信速率：最大 19200bit/s ·最长距离：500m	

① 通过漏型、源型的切换，变为接点输入信号的公共端子，具体操作参照 FR-E500 的使用手册。
② 低电平表示集电极开路输出用的晶体管处于 ON（导通状态），高电平为 OFF（不导通状态）。
③ 变频器复位中不被输出。

4. 接线方法

电源、电动机和变频器的连接如图 9-33 所示，在连接时要注意电源线绝对不能接端子 U、V、W 上，若接错线可能造成变频器和外部设备损坏。由于变频器工作时可能会漏电，为安全起见，应将接触端子与接地线连接好，以便泄放变频器的漏电电流。

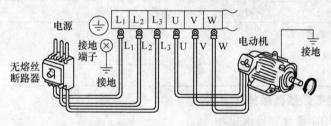

图 9-33　电源、电动机和变频器的接线

9.8　三菱 FR-E500 型变频器的简单使用

1. FR-PA02 型操作面板

FR-PA02 型操作面板的名称如图 9-34 所示。

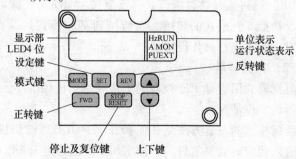

图 9-34　操作面板图

2. PU 操作面板各按键的作用和功能（见表 9-6、表 9-7）

表 9-6　操作面板的按键说明

按键	说　　明
RUN 键	正转运行指令键
MODE 键	可用于选择操作模式或设定模式
SET 键	用于确定频率和参数的设定
▲/▼ 键	·用于连续增加或降低运行频率。按下这个键可改变频率。 ·在设定模式中按下此键，则可连续设定参数
FWD 键	用于给出正转指令
REV 键	用于给出反转指令
STOP RESET 键	·用于停止运行 ·用于保护功能动作输出停止时复位变频器

表 9-7　单位和运行状态显示

表示	说　　明
Hz	表示频率时，灯亮
A	表示电流时，灯亮
RUN	变频器运行时灯亮。正转时/灯亮，反转时/闪亮
MON	监示显示模式时灯亮
PU	PU 操作模式时灯亮
EXT	外部操作模式时灯亮

3. FR-E500 型变频器面板操作及运行

（1）通过 MODE 键改变显示模式

要对变频器进行某项操作，需先在操作面板上切换到相应的模式。例如，要设置变频器的工作频率，需先要换到频率设定模式，再进行有关的频率设定操作。在操作面板可以进行 5 种模式的切换。

变频器接通电源（又称上电）后，变频器自动进入监视模式，如图 9-35 所示。操作面板上的"MODE"键可以进行模式切换，第一次按"MODE"键进入频率设定模式，再按"MODE"键进入参数设定模式，反复按"MODE"键可以进行监视、频率设定、参数设定、操作、帮助 5 种模式的切换。当切换到某一模式后，操作"SET"键或"▲"或"▼"键则可对该模式进行具体设置。

（2）相关监示

监视模式用于显示变频器的工作频率、电流大小、电压大小和报警信息，便于用户了解变频器的工作情况。

监视模式的设置方法是：先操作"MODE"键切换到监视模式，再反复按"SET"键，就会进入相应的监视项目。若按"SET"键超过 1.5s，会自动切换到上电监视模式。监视器在具体运行中可以更改监视的参数，可监视输出频率、输出电流、输出电压，还可进行报警

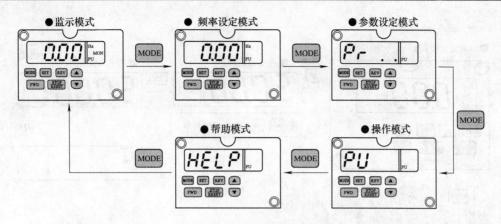

图 9-35 按 MODE 改变工作模式

注：频率设定模式，仅在操作模式为 PU 操作模式时显示。

监视，具体操作如图 9-36 所示。

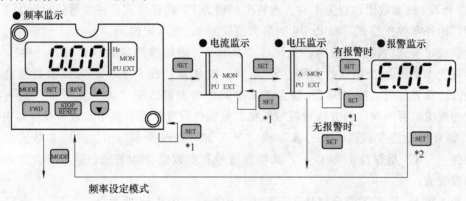

图 9-36 监视模式的设置

监视器可显示运转中的指令，EXT 指示灯亮表示外部操作，PU 指示灯亮表示 PU 操作，EXT 和 PU 灯同时亮表示 PU 和外部操作组合方式。

操作时，注意以下几点：

1）按下标有 *1 的 "SET" 键超过 1.5s，能把电流监视模式改为上电监视模式。

2）按下标有 *2 的 "SET" 键超过 1.5s，能显示最近 4 次的错误指示。

3）在外部操作模式下转换到参数设定模式。

（3）频率设定模式

频率设定模式用来设置变频器的工作频率，也就是设置变频器逆变电路输出电源的频率。

频率设定模式的设置方法为：先操作 "MODE" 键切换到频率设定模式，再按 "▲" 或 "▼" 键可以设置频率，如图 9-37 所示。设置好频率后，按 "SET" 键就可将频率存储下来（也称写入设定频率），这时显示屏就会交替显示频率值和频率符号 "F"，这时若按下 "MODE" 键，显示屏就会切换到频率监视状态，监视变频器工作频率。

（4）参数设定模式

参数设定模式用来设置变频器的各种工作参数。三菱 FR-E500 型变频器有近千种参数，

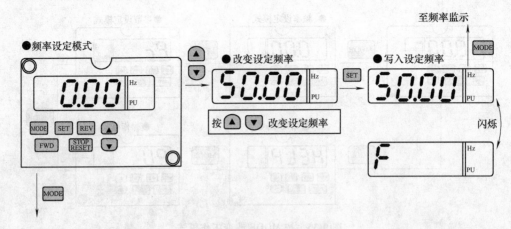

图 9-37　频率设定模式的操作

每种参数又可以设置不同的值，如第 79 号参数 Pr. 79 用来设置操作模式，其可设置值有 0 ~ 8。若将 Pr. 79 的参数值设置为 1 时，就将变频器为 PU 操作模式；将参数值设置为 2 时，会将变频器为外部操作模式。将 Pr. 79 的参数值设为 1，通常记做 Pr. 79 = 1。

参数设定模式的设置方法为：先操作 "MODE" 键切换到参数设定模式，再按 "SET" 键开始设置参数号的最高位，如图 9-38 所示，按 "▲" 或 "▼" 键可以设置最高位的数值。最高位设置好后，按 "SET" 键会进入中间位的设置，按 "▲" 或 "▼" 键可以设置中间位的数值。再用同样的方法设置最低位，最低位设置好后，整个参数号设置结束，再按 "SET" 键开始设置参数值，按 "▲" 或 "▼" 键可以改变参数值大小。参数值设置完成后，按住 "SET" 键保持 1.5s 以上，就将参数号和参数值存储下来，显示屏会交替显示参数号和参数值。

例如，把 Pr. 79 参数设定值从 2 更改为 1 的操作如图 9-38 所示。

（5）操作模式

操作模式用来设置变频器的操作方式。在操作模式下可以设置外部操作、PU 操作和 PU 点动操作。外部操作是指控制信号由控制端子外接的开关（或继电器等）输入的操作方式。PU 操作是指控制信号由 PU 接口输入的操作方式，如面板操作、计算机通信操作都是 PU 操作。PU 点动操作是指通过 PU 接口输入点动控制信号的操作方式。

操作模式的设置方法是：先操作 "MODE" 键切换到操作模式，默认为外部操作方式，按 "▲" 键切换至 PU 操作方式，如图 9-39 所示，再按 "▲" 键切换至 PU 点动操作方式，按 "▼" 键可返回到上一种操作方式，按 "MODE" 键会进入帮助模式。

（6）帮助模式

帮助模式主要用来查询和清除有关记录、参数等内容。

帮助模式的设置方法为：先操作 "MODE" 键切换到帮助模式，按 "▲" 键显示报警记录，再按 "▲" 键清除报警记录，反复按 "▲" 键可以显示或清除不同内容，按 "▼" 键可返回到上一种操作方式，具体操作如图 9-40 所示。

1）报警记录。用 "▲" 和 "▼" 键能显示最近的 4 次报警（带有 "." 的表示最近的报警）。

当没有报警存在时，显示 "E.　　　0." 具体操作如图 9-41 所示。

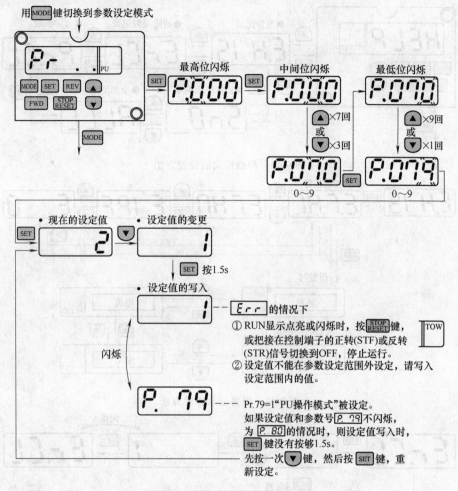

图 9-38　参数设定模式的设置方法

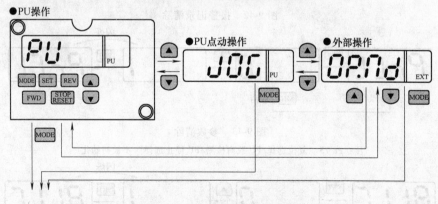

图 9-39　操作模式的设定方法

2) 报警记录清除。清除所有报警记录如图 9-42 所示。

3) 参数清除。将参数值初始化到出厂设定值，校准值不被初始化。Pr.77 设定为 "1" 时（即选择参数写入禁止），参数值不能被消除。具体操作如图 9-43 所示。

(7) 参数回复到出厂设置值（见图 9-44）

图 9-40　帮助模式的设置方法

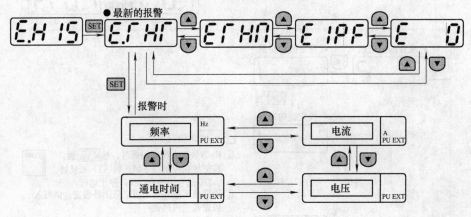

图 9-41　报警记录查看方法

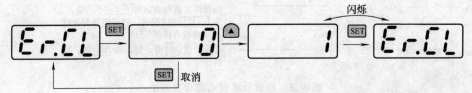

图 9-42　报警记录清除

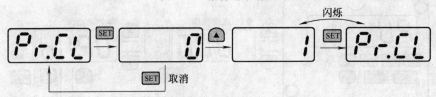

图 9-43　参数清除

注：Pr. 75 "复位选择/PU 脱离检测/PU 停止选择" 不被初始化。

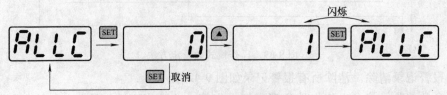

图 9-44　参数回复到出厂设置

注：Pr. 75 "复位选择/PU 脱离检测/PU 停止选择" 不被初始化。

9.9　变频器的操作、显示和功能预置

变频器都设有供用户方便操作的操作器和显示变频器运行状况及设定参数的显示器。用户可通过操作器对变频器进行设定、运行方式的控制。通用变频器的常用的操作方式如下：

1. 数字操作器和数字显示器

新型的通用变频器几乎都采用数字控制，使用数字操作器可以对变频器进行设定操作，如设定电动机的运行频率、电动机的运转方向、U/f 类型、加速时间、减速时间、电源电压等。

数字操作器作为人机对话接口使变频器参数设定方便，显示直观、清晰，运行操作简单。

数字操作器有若干个操作键、不同产品操作器不同，但有 4 个键是不可缺少的，即运行键、停止键、上升键、下降键。

数字显示器通常有 6 位或 4 位数字显示。它可以显示变频器的功能代码及其设定，在变频器运行之前，显示变频器的设定值；在运行过程中它作为一个监视器显示电动机的运行状态，可以实时显示电动机的基本运行数据，例如电压、电流、转速、变频器的输出频率，电流、电压等；在变频器发生故障时，可显示故障的种类等。

2. 远程操作器——参数板

远程操作器是一个独立操作单元，它利用专用电缆与变频器串行通信口连接，它不仅可以完成数字操作器所具有的操作功能（基本操作），而且可以完善数字操作器（面板）所不能完成的操作功能。三菱变频器的"参数板"就是远程操作器，其操作数量多、显示功能强，且能够完成对变频器的所有操作。

远程操作器带有液晶显示，显示信息量更多、更加直观。

3. 端子操作

控制端子包括频率指令的模拟设定端子、进行开关操作的输入信号端子、报警端子、监视端子，不同厂家的产品其端子设置虽有不同，但大部分是通过模拟控制端子连接加入电压、电流控制信号。

外加电压信号又有两种方式：①直接输入电压信号，通常用于与计算机、PLC、PID 调节器或其他控制装置配用的情况；②利用变频器内部提供的给定信号控制电压源，由外接电位器取出电压给定信号，送入变频器相应的控制端子。

显示功能：通常在操作面板上表达，可以看到电路参数（Hz、V、A 等）、运行状态（外部控制、PU 控制等）信息等。

在端子控制方式：通过 AM 显示运行频率的大小。

4. 变频器的操作模式

（1）PU 操作模式（用操作面板操作 PU 显示灯亮 Pr. 79 = 1）

PU 操作模式是将控制信号通过 PU 接口输入来控制变频器的运行，通过面板按键完成输出频率设定以及正转、反转、停止控制。

通过操作面板 FR-PA02 或远程操作器（参数板 FR-PA02）操作的步骤如下：

1) 首先将操作模式转化为 PU 操作模式。

2) 设定运行频率为 50Hz。按 "MODE" 键切换到频率设定模式，按 "▼" 和 "▲" 键改变设定值，按 "SET" 键写入。

3) 按 "FWD"（正转）或 "REV"（反转）键起动电动机。

4) 要停止，按 "STOP" 键即可。

说明设定为 50Hz，但变频器出厂已设定了频率上升时间，故仍为软起动。

（2）外部操作模式（根据外部的频率设定旋钮和外部起动信号的操作 EXT 显示灯亮 Pr. 79 = 2）

1) 输入电压信号控制。

2) 输入电压信号为 0 ~ +5V（也可为 0 ~ +10V，可以通过变频器设定值改变），直接由外部设备（例如 PLC，可调 5V 稳压电源等）提供，外部提供的电压信号与变频器的设定值要相配合。

3) 输入电压信号利用变频器内置电压源输出端 10（输出 +5V）配以频率给定电位器使 2 端和 5 端获得 0 ~ +5V 的信号电压，如图 9-45 所示。

4) 输入电流信号控制。

首先要将变频进入电流信号控制有效状态，电流信号从 4、5 两端输入，电流信号源工程上多为传感器，传感器的输出为 4 ~ 20mA 电流信号如图 9-46 所示。

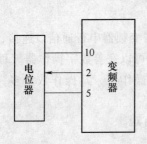

图 9-45　电压信号的输入

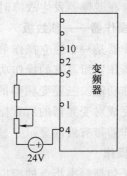

图 9-46　电流信号的输入

在 +24V 电源加上一可调电阻，使 4、5 两端同样可以获得 4 ~ 20mA 直流电流。如用电流源，则控制更为准确。

（3）并用模式（外部起动信号与操作面板并用的操作 Pr. 79 = 3）

1) 通电，操作模式选择：Pr. 79 设定为 3。

组合操作模式："EXT"、"PU" 两个指示灯都亮，进行外部控制起停 PU 操作频率设置。

2) 起动开关 STF（STR）ON。

3) 运行频率设定：使用操作面板按钮进入频率设定模式并进行单步设定，按 "▲" 和 "▼" 键改变频率，使电动机调速运转。

4) STF、STR 键断开停止。

（4）并用模式（外部设定运行频率，PU 操作起动、停止 Pr. 79 = 4）

1) 参数设置，Pr. 79 = 4。

2）外部输入频率信号。

3）PU 操作 FWD（起动，正转），REV（起动，反转）。

4）PU 操作 STOP，停止。

9.10　变频器的运行

1. 变频器的试运行

变频器在正式投入运行前应试运行。试运行可选择运行频率为 25Hz 点动运行，有 PU 和 EXT 两种运行模式。此时电动机应旋转平稳，无不正常的振动和噪声，能够平滑的增速和减速。

2. 变频器的 PU 点动运行

1）按动 MODE 键至参数设定模式，此时显示 Pr.。。

2）按动 ▲/▼ 键，使功能码为 Pr.15（点动频率的设置）。

3）按 SET 键读出原数据，按动 ▲/▼ 使显示值增至 25.00（注意，Pr.15 "点动频率" 的设定值一定要在 Pr.13 "启动频率" 的设定值之上）。

4）按 SET 键写入给定。

5）按动两次 SET 键显示下一个参数 Pr.16（点动运动时的加减速时间设定），也可以按动键 MODE 至参数设定模式，然后按动 ▲/▼ 键直至显示功能码 Pr.16。

6）按动 SET 键读出原数据。

7）按动 ▲/▼ 键，设定点动运动时的加减时间（时间设定值根据工业控制中实际需要设定，设定值偏大有利于电动机的平稳起动和停止，便于观察及时发现存在的问题和不足）。

8）按 SET 键写入给定。

9）按动 MODE 键至运行模式，按动 ▲/▼ 键至 PU 点动操作（即 JOG 状态）PU 灯点亮。

10）按住 FWD 或 REV 键使电动机进行正、反转，松开则电动机应停转。

3. 变频器的 PU 运行

PU 运行就是利用变频器的面板直接输入给定频率和起动信号。

1）按 MODE 键设置为参数的设定模式 Pr.。。

2）按动 ▲/▼ 键预置基准频率 Pr.3 为 50Hz，按 "SET" 确定。

3）按动 ▲/▼ 键至 Pr.79 设定值为 0，选择 PU/EXT 切换模式。

4）按 MODE 键返回频率设定，按动 ▲/▼ 键调节需要设定的频率，按 SET 键写入给定。

5）按下 `FWD` （或 `REV` ）键，起动电动机。按动
`▲`/`▼` 键按给定的值改变频率。

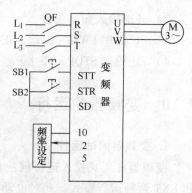

4. 外部运行

将 PR. 79 设为 2，此时 EXT 灯亮。

1）按图 9-47 所示接线。

2）接通 STF-SD，转动电位器，使电动机正向加速。

3）接通 STR-SD，转动电位器，使电动机反向加速。

4）同时接通 STF、STR 电动机停止。

5）不能用"STOP"键停止，按 SB1、SB2 即可停止。　　　图 9-47　变频器外部操作接线图

9.11　变频器常用控制功能与参数设置

变频器的功能是将工频电源转换成需要的频率电源来驱动电动机。变频器用于单纯可变速运行时，按出厂设定的运行参数即可。但由于电动机负载种类繁多，为了让变频器在驱动不同电动机负载时具有良好的性能，应根据需要使用变频器相关的控制功能，并且对有关的参数进行设置。变频器的控制功能及相关参数很多。

变频器运行前的功能参数预置如下：

（1）功能参数

各种变频器都具有许多可供用户选择的功能，用户在使用前必须根据生产机械的特点和要求对各种功能进行设定，这种预先设定的工作称为功能预置。准确地预置变频器的各项功能，可使变频调速系统的工作过程尽可能地与生产机械的特性和要求相吻合，使变频调速系统运行在最佳状态。

功能参数由功能码和数据码组成。变频器对各种功能按一定的方式进行编码，表示某功能的代码称为功能码。对每种功能可以进行设定的数据或代码，称为数据码。各种变频器的功能设置是大同小异的，但它们对功能码和数据码的编排方法的差异却很大。

1）功能码。功能码是表示各种功能的代码。例如，在三菱 FR-E500 型变频器中，功能码"Pr. 1"表示上限频率，功能码"Pr. 79"表示操作模式选择，功能码"F0. 08"表示下限频率。

2）数据码。数据码表示各种功能所需预置的数据或代码。它有以下几种情形：

① 直接数据。有些功能中所需预置的内容本身就是数据，如最高频率为 50Hz，升速时间为 20s 等。

② 赋值代码。有些功能中所需预置的内容本身并不是数据，如频率给定方式、升速方式、降速方式、操作模式选择等。在这种情况下，通常对于不同的预置内容分别用不同的代码来表示，称为赋值代码。例如，对于操作模式选择功能码"Pr. 79"，赋值为 0 表示外部操作方式，为 1 表示 PU 操作方式等。

（2）功能参数预置

用户在使用变频器时，必须根据负载的具体工况进行功能预置，这是决定能否用好变频器的一个非常重要的环节。如果不预置参数，变频器将按出厂时的设定运行。

功能预置一般都是通过编程方式来进行的。因此，功能预置都必须在编程模式下进行。尽管各种变频器的功能预置各不相同，但基本方法和步骤是十分类似的。大致如下：

1）转入编程模式。

2）查功能码表，找出需要预置参数的功能码。

3）在参数设定模式（编程模式）下读出该功能码中原有的数据。

4）修改数据码。

5）写入新数据。

6）转入运行模式。

变频器预置完成后，可在输出端不接电动机的情况下，就几个较易观察的项目（如升速和降速时间、点动频率等）检查变频器的执行情况是否与预置相符合，并检查三相输出电压是否平衡。

附录 电工实训中常用的基础知识

A.1 有关电路的基础知识

1. 电流

单位时间内通过导体横截面的电量叫做电流强度，简称电流，用符号 I 表示，即

$$I = \frac{Q}{t}$$

式中，I 为电流，单位为安培（A）；Q 为电荷量，单位为库仑（C）；t 为电流通过的时间，单位为秒（s）。

电流的基本单位名称是安培，简称安，用字母 A 表示。若在 1s 内通过导体横截面的电荷量为 1C，则电流就是 1A。常用的电流单位还有千安（kA）、毫安（mA）、微安（μA），它们之间的换算关系是

$$1kA = 10^3 A \qquad 1mA = 10^{-3} A \quad 1\mu A = 10^{-3} mA = 10^{-6} A$$

2. 电压

要使电荷做有规则地移动，必须在电路两端有一个电位差，也称为电压，用字母 U 表示。电压以伏特为单位，简称伏，常用字母 V 表示。有时也采用比伏更大或更小的单位，主要有千伏（kV）、毫伏（mV）。常用的电压单位还有微伏（μV）。它们之间的换算关系是

$$1kV = 10^3 V \quad 1V = 10^3 mV = 10^6 \mu V$$

3. 电动势

电源（例如发电机、电池等）能够使电流持续不断地沿电路流动，就是因为它能使电路两端维持一定的电位差，这种使电路两端产生和维持电位差的能力，就叫做电源的电动势，电动势常用字母 E 表示，单位也是伏特。

4. 电阻

电流在导体内流动时所受到的阻力称为电阻。用字母 R 表示。电阻的单位是欧姆（Ω）。在国际单位制中，电阻的常用单位还有千欧（kΩ）和兆欧（MΩ），它们的关系是

$$1k\Omega = 10^3 \Omega \quad 1M\Omega = 10^3 k\Omega = 10^6 \Omega$$

5. 电阻率

各种不同材料具有不同的电阻，为了区分不同材料的电阻，通常用一个叫电阻率的量来表示。电阻率又叫做电阻系数，它是指某种导体材料做成长 1m，横截面积为 $1mm^2$ 的导线，在温度为标准温度 20℃ 时的电阻。

6. 电功率

电流在单位时间内所做的功称为电功率。如果在时间 t 内，电流通过导体所做的功为 W，那么电功率为

$$P = \frac{W}{t}$$

式中，P 是电功率，单位名称是瓦（W）。

对于电阻器来说，电阻器消耗的功率为

$$P = UI = I^2R = U^2/R$$

7. 电流的热效应

当电流通过导体时，由于导体对电流具有一定的阻力，因此要消耗一定的电能，这时电能不断地转换为热能，使导体温度升高，这种现象称为电流的热效应。

实践证明，电流流过导体时产生的热量，与电流的二次方、导体本身的电阻以及电流通过的时间成正比，用公式表示为

$$Q = I^2Rt$$

式中　Q 为热量，单位为焦耳（J）。

8. 串联电路

把若干个电阻或电池等电气元件一个接一个成串地连接起来，使电流只有一个通路，也就是电气设备首尾相连叫做串联。

串联电路的特点如下：

1）串联电路中的电流处处相等，即 $I = I_1 = I_2 = I_3$。

2）串联电路中总电压等于各段电压之和，即 $U = U_1 + U_2 + U_3$。

3）电阻串联时，总电阻等于各个电阻值之和，即 $R = R_1 + R_2 + R_3$。

9. 并联电路

把若干电阻或电池等电气元件的一端连接在一点，另一端连接在另一点，这种连接形式称为并联电路。

并联电路具有以下一些特点。

1）电路中各支路两端的电压相等，且等于电路两端的电压，即 $U = U_1 = U_2 = U_3$。

2）电路中的总电流等于各支路电流之和，即 $I = I_1 + I_2 + I_3$。

3）并联电路的总电阻（等效电阻）的倒数，等于各并联电阻的倒数之和，即 $\frac{1}{R} = \frac{1}{R_1} + \frac{1}{R_2} + \frac{1}{R_3} + \cdots + \frac{1}{R_n}$。

10. 电路定律

欧姆定律为

$$I = \frac{U(E)}{R}$$

基尔霍夫第一定律（KCL）为对电路中的任一节点，流入节点的电流之和等于流出该节点的电流之和，写成一般形式为

$$\sum I = 0$$

基尔霍夫第二定律（KVL）为对任一闭合回路，沿任一回路绕行一周，各段电压的代数和恒等于零。其数学表达式为

$$\sum U = \sum E$$

11. 交流电的基本概念

大小与方向均随时间周期性变化的电流（电压、电动势）叫交流电。交流电的变化规

律随时间按正弦函数变化的称为正弦交流电，如图 A-1 所示。工程上用的一般都是正弦交流电。工作在交流电下的电路称为交流电路。

(1) 瞬时值

交流电在某一瞬间的数值称为交流电的瞬时值，用小写字母 e、u、i 等表示。

(2) 最大值

交流电的最大瞬时值称为交流电的最大值（也称振幅值或峰值），用字母 E_m、U_m、I_m 等表示。

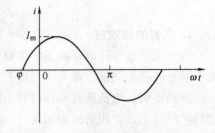

图 A-1　正弦交流电波形

(3) 有效值

若一个交流电和直流电通过相同的电阻，经过相同的时间产生的热量相等，则这个直流电的量值就称为该交流电的有效值，用大写字母 E、U、I 等表示。

对于正弦交流电，有效值与最大值的关系式为：$E_m = \sqrt{2}E$、$U_m = \sqrt{2}U$、$I_m = \sqrt{2}I$。平时所讲交流电的大小，都是指有效值的大小。

(4) 平均值

正弦交流电在正半周期内所有瞬时值的平均大小称为正弦交流电的平均值，用字母 E_p、U_p、I_p 等表示。正弦交流电平均值与最大值的关系为：$E_p = \dfrac{2}{\pi}E_m$、$U_p = \dfrac{2}{\pi}U_m$、$I_p = \dfrac{2}{\pi}I_m$。

(5) 周期和频率

交流电完成一次循环所需要的时间叫周期，用字母 T 表示；在每一秒内交流电重复变化的次数叫频率，用字母 f 表示。频率和周期是互为倒数。

我国工业上使用的正弦交流电频率为 50Hz，习惯上称为工频。

(6) 角频率

正弦交流电表达式的 ωt 项中，ω 常称为角频率或角速度，它表示交流电每秒钟内变化的角度，即 $\omega = \dfrac{a}{t}$。在这里的角度常用弧度来表示，故 ω 的单位是 rad/s。

(7) 正弦交流电的相位、初相角及相位差

在交流电表达式中，符号 sin 后面 ωt 为角度，不同正弦量在 $t = 0$ 时的初始值是不一样的。把 $t = 0$ 时正弦交流电的相位角称为初相角或初相位，因此完整的正弦交流电表达式应为

$$e = E_m \sin(\omega t + \varphi)$$

式中，$\omega t + \varphi$ 为相位；φ 为初相角（初相位）。

两个同频率交流电的相位之差叫相位差，用字母 φ 表示，即 $\varphi = (\omega t + \varphi_1) - (\omega t + \varphi_2) = \varphi_1 - \varphi_2$。

确定一个交流电变化情况的三个重要数值是最大值、频率和初相角。通常称之为交流电的三要素。

12. 三相交流电

三相交流电是由三相交流发电机产生，经三相输电线输送到各地的对称电源。三相电源对外输出的为 u_1、u_2、u_3 三个电动势，三者之间的关系为大小相等、频率相同、相位上互

差 120°，其波形如图 A-2 所示。表达式为

$$u_1 = U_m \sin\omega t$$
$$u_2 = U_m \sin(\omega t - 120°)$$
$$u_3 = U_m \sin(\omega t - 240°)$$
$$= U_m \sin(\omega t + 120°)$$

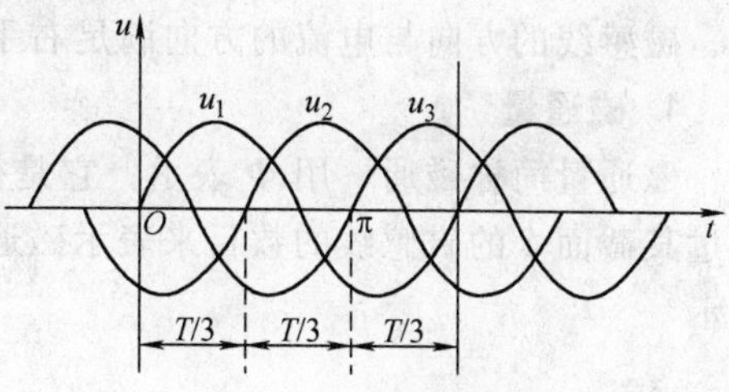

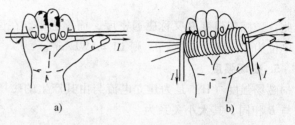

图 A-2 三相电压的波形

A.2 有关磁场的基础知识

1. 安培定则（右手螺旋定则）

当通电导体为直导体时，可用图 A-3a 所示方法判断磁场方向。具体方法是右手握直导体，拇指的方向为电流方向，弯曲四指的指向为磁场方向。当通电导体为螺旋管（线圈）时，右手握螺旋管，弯曲四指表示电流方向，拇指所指方向即为磁场方向，如图 A-3b 所示。

图 A-3 磁场方向判定

2. 法拉第电磁感应定律

如图 A-4 所示，当磁铁插入或拔出线圈的速度越快，指针偏转越大。也就是说回路中感应电动势的大小与穿过回路的磁通变化率成正比，这就是法拉第电磁感应定律。设通过线圈的磁通量为 Φ，则 N 匝线圈的感应电动势为

$$e = \left| N\frac{\Delta\Phi}{\Delta t} \right|$$

式中，e 为在 Δt 时间内感应电动势的平均值；N 为线圈匝数；$\dfrac{\Delta\Phi}{\Delta t}$ 为磁通变化率平均值。

线圈中感应电动势的方向，可用楞次定律进行判定。楞次定律的内容是：感应电流的磁通总是反抗原有磁通的变化。应用其判断感应电动势方向的具体方法是：

1）首先确定原磁通的方向及其变化趋势。

2）由楞次定律判断感应磁通方向，如果原磁通增加，则感应磁通与原磁通方向相反，反之则方向相同。

3）由感应磁通方向，应用右手螺旋定则判断出感应电动势或感应电流的方向。注意判断时必须把产生感应电动势的线圈或导体看做电源。

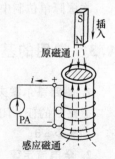

图 A-4 磁铁在线圈中的运动

3. 磁感应强度

磁感应强度又称磁通密度，用 B 来表示，它是描述磁场强弱及方向的物理量，单位为特斯拉（T）。通常用磁感线来形象地描绘磁场，即用磁感线的疏密程度表示磁感应强度 B 的大小，磁感线在某点的切线方向就是该点磁感应强度 B 的方向。

磁场是由电流产生的，磁感应强度 B 与产生它的电流之间的关系用毕奥-萨伐尔定律描

述，磁感线的方向与电流的方向满足右手螺旋关系。

4. 磁通量

磁通量简称磁通，用 Φ 表示，它是指穿过某一截面 S 的磁感应强度 B 的通量，通常用穿过某截面 S 的磁感线的数目来表示磁通的大小。其磁通与磁感应强度之间的关系可用下式表示

$$\Phi = \int_S B \mathrm{d}S$$

假设磁场均匀，且磁场与截面垂直时，上式可简化为：

$$\Phi = BS \text{ 或 } B = \frac{\Phi}{S}$$

为此，磁感应强度 B 又称磁通密度，简称磁密。在国际单位制中，Φ 的单位为 Wb（韦）；B 的单位为 T（特［斯拉］），则 $1\mathrm{T} = 1\mathrm{Wb/m}^2$。

5. 磁场强度

磁场强度（H）是为建立电流与由其产生的磁场之间的数量关系而引入的物理量，其方向与 B 相同，其大小关系为

$$B = \mu H \text{ 或 } H = \frac{B}{\mu}$$

式中，μ 为磁导率，它是反映导磁介质导磁性能的物理量，磁导率 μ 越大的介质，其导磁性能越好。磁导率的单位是 H/m。真空中的磁导率

$$\mu_0 = 4\pi \times 10^{-7} \mathrm{H/m}$$

其他导磁介质的磁导率通常用 μ_0 的倍数来表示，即

$$\mu = \mu_r \mu_0$$

式中，μ_r 为导磁介质的相对磁导率。

铁磁材料的相对磁导率 $\mu_r = 2000 \sim 6000$，但不是常数，非铁磁材料的相对磁导率 $\mu_r = 1$，且为常数。

在国际单位制中，磁场强度的单位为 A/m（安/米）。

A.3　常用的基本电磁定律

1. 磁路基尔霍夫第一定律

磁路中的任一闭合面内，在任一瞬间，穿过该闭合面的各分支磁路磁通的代数和等于零，即 $\sum \Phi = 0$。

2. 全电流定律（磁路基尔霍夫第二定律）

全电流定律又叫安培环路定律，与电路中的基尔霍夫第二定律相对应，故又称为磁路基尔霍夫第二定律。

在磁场中，沿任意一个闭合磁回路的磁场强度线积分等于该回路所环链的所有电流的代数和，即

$$\oint_l H \mathrm{d}l = \sum I$$

式中，$\sum I$ 就是该磁路所包围的全电流，故这个定律称作全电流定律，又称安培环路定律。

在工程应用中，上式也可写成

$$\sum Hl = \sum I$$

即沿着闭合磁路中，各段平均磁场强度与磁路平均长度的乘积 Hl（称磁压降）之和等于它所包围的全部电流 $\sum I$。

如图 A-5a 所示，应用全电流定律可写成

$$\oint_l H\mathrm{d}l = I_1 + I_2 + I_3$$

对于图 A-5b 所示情况，可以有

$$\sum Hl = \sum IN$$

式中，N 为线圈匝数；Hl 为磁压降；IN 称为磁通势。对于磁路中的任一闭合路径，在任一瞬间，沿该闭合路径的磁压降代数和等于该路径的所有磁通势的代数和。

当 H 与闭合路径 l 的循行方向一致时，Hl 取正，而当电流方向与上述选定的 l 循行方向符合右手螺旋关系时，IN 取正。

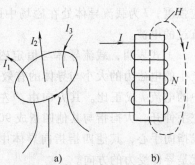

图 A-5 全电流定律的应用

3. 磁路欧姆定律

由安培环路定律可得

$$F = IN = Hl = \frac{lB}{\mu} = \frac{l\Phi}{\mu S} = R_m \Phi$$

式中，$R_m = \dfrac{l}{\mu S}$，称为磁路的磁阻。所以有

$$\Phi = \frac{F}{R_m} = \frac{IN}{R_m}$$

4. 电磁感应定律

变化的磁场会产生电场，使导体中产生感应电动势，这就是电磁感应现象。在电机中电磁感应现象主要表现在两个方面：①导体与磁场有相对运动，导体切割磁感线时，导体内产生感应电动势，称为切割电动势；②线圈中的磁通变化时，线圈内产生感应电动势。下面分别加以叙述。

对于由导体或线圈切割磁感线而感应的电动势，当 B、l、v 三个量互相垂直时，其感应电动势 e 的表达式为

$$e = Blv$$

式中，B 为磁感应强度；l 为导体有效长度；v 为导体相对于磁场运动的线速度。

上式表明，当导体在恒定磁场中沿与磁感线垂直方向运动时，所产生的感应电动势的大小与导体的有效长度 l、导体相对于磁场的运动速度 v 和磁感应强度 B 成正比。其方向可由"右手发电机定则"确定，即把右手手掌伸开，大拇指与其他四指成 90°角，如图 A-6 所示。如果让磁感线指向手心，大拇指指向导体运动方向，其他四指的指向就是导体中感应电动势的方向。

5. 电磁力定律

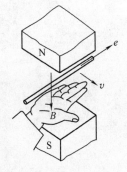

图 A-6 右手定则

　　载流导体在磁场中会受到电磁力的作用，当磁感线和导体方向互相垂直时，载流导体所受电磁力为

$$f = BlI$$

式中，f 为载流导体所受的电磁力；B 为载流导体所在处的磁感应强度；l 为载流导体处在磁场中的有效长度；I 为载流导体中流过的电流。

　　上式表明，载流导体与恒定磁场的磁感线相垂直时，其所产生的电磁力的大小与导体的有效长度 l、磁感应强度 B 和导体中的电流 I 成正比。其方向由"左手电动机定则"确定，即把左手伸开，大拇指与其他四指成 90°，如图 A-7 所示。如果磁感线指向手心，其他四指指向导体中电流的方向，大拇指的指向就是导体受力的方向。

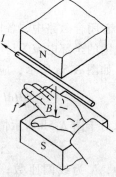

图 A-7　左手定则

参 考 文 献

[1]　常文平. 电工实习指导[M]. 北京：机械工业出版社，2006.

[2]　马全喜. 电工实习教程[M]. 北京：机械工业出版社，2008.

[3]　张仁醒. 电工基本技能实训[M]. 北京：机械工业出版社，2008.

[4]　曾祥富，邓朝平. 电工技能与实训[M]. 北京：高等教育出版社，2006.

[5]　牛维扬. 电工实习[M]. 北京：中国电力出版社，1996.

[6]　陈小虎. 电工实习[M]. 北京：中国电力出版社，1996.

[7]　松柏. 三相异步电动机自学指导[M]. 北京：北京科学技术出版社，1997.

[8]　常晓玲. 电气控制系统与可编程序控制器[M]. 北京：机械工业出版社，2005.

[9]　李俊秀，赵黎明. 可编程序控制器应用技术实训指导[M]. 北京：化学工业出版社，2002.

[10]　徐军贤，朱平. 电工技术实训[M]. 北京：机械工业出版社，2001.

[11]　郑凤翼. 三菱变频器原理与应用[M]. 北京：机械工业出版社，2012.

机械工业出版社相关书目

序号	书名	书号	定价	出版时间
电工微宝典系列				
1	LED 施工宝典	46138 – 8	28	201406
2	电工常用数据宝典	44564 – 7	19.8	201401
3	电工作业禁忌宝典	44841 – 9	24.8	201401
4	电气元器件宝典	44840 – 2	24.8	201402
5	物业电工宝典	45170 – 9	28	201402
6	电工常用电路宝典	45209 – 6	24.8	201402
7	电工操作口诀宝典	42438 – 3	19.8	201311
8	装修电工宝典	42244 – 0	18	201406
电工电子名家畅销书系				
1	简明实用电工查算手册	45760 – 2	49	201407
2	看图学修电动工具	47484 – 5	59.9	201409
3	图解电工口诀	44168 – 7	39.9	201408
4	图解电工技能入门	44063 – 5	49	201401
5	图解家装电工技能一点通	44256 – 1	33	201409
6	图解当代电工室内电气配线与布线一点通	43230 – 2	29	201309
7	图解维修电工技能一点通	43334 – 7	45	201310
8	图解低压电工上岗跟我学（双色板）	44422 – 0	49.9	201410
9	双色图解电工识图入门	42445 – 1	39.9	201306
10	图解电动机使用入门与技巧	42628 – 8	29.8	201307
11	图解 PLC 技术一点通	43994 – 3	39.9	201411
12	图解变频器技术问答	44500 – 5	47	201401
13	图解变频器使用与电路检修	42698 – 1	39.9	201308
14	常见电气故障排除技术技能手册	42416 – 1	49.9	201306
15	图解数控电气一点通（1CD）	45066 – 5	39.9	201401
16	图解电子电路一点通	45204 – 1	48	201403
17	图解 LED 应用从入门到精通	43011 – 7	39.8	201308
18	双色图解电子元器件核心知识与选用	43241 – 8	39.9	201309
19	电工电子实用电路 365 例	43390 – 3	49.8	201310
20	双色图解万用表检测电子元器件	43232 – 6	49.8	201310
21	图解万用表使用从入门到精通	43579 – 2	49.8	201410
22	图解电动自行车/三轮车维修从入门到精通	43248 – 7	39.8	201407
23	图解液晶彩电开关电源维修技能快训	43128 – 2	39.9	201309
24	图解液晶彩色电视机检修从入门到精通	43357 – 6	45	201401
25	图解小家电维修从入门到精通	44419 – 0	59.8	201407
26	全彩图解变频空调器维修从入门到精通	46320 – 7	49.8	201405
27	全彩图解空调器维修从入门到精通	41704 – 0	49.8	201312
学技能超简单				
1	学家装电工超简单	44237 – 0	39.9	201410
2	学电工识图超简单	45707 – 7	39.9	201404
3	学电工技术超简单	39974 – 2	39.9	201404
4	学 PLC 技术超简单	39993 – 3	38	201410
5	学电子元器件超简单	39871 – 4	38	201307
6	学电子技术超简单	43360 – 6	38	201309
7	学电子电路超简单	43878 – 6	38	201311
8	学空调器维修超简单	46895 – 0	39.9	201408
轻轻松松学电工系列				
1	就是要轻松：看图学家装电工技能（双色版）	48257 – 4	39.9	201411
2	就是要轻松：看图学电工技术（双色版）	47640 – 5	39.9	201410
3	就是要轻松：看图学电工识图（双色版）	47948 – 2	39.9	201411
4	完全图解家装电工技能快速掌握（双色版）	47760 – 0	49.9	201410
5	电工·水·电·暖·气·安防与智能化技能全攻略	39947 – 6	50	201312

以上图书由机械工业出版社电工电子分社出版。如需要更多的专业图书信息，请登录 www.cmpbook.com。

地址：北京市西城区百万庄大街 22 号 （100037）

购书咨询：010 – 88379766

如要出版新著，请与编辑联系。编辑电话：010 – 88379764 投稿信箱：fuchenggui52@163.com